ごみ有料化

山谷 修作［著］

丸善株式会社

まえがき

　全国の市町村で家庭ごみの有料化が進展している．家庭ごみの有料化とは，住民がごみ処理費用の一部をごみの排出量に応じて手数料として負担することである．筆者の調査では，2006年10月現在の全国1840市町村（東京23区を含む）の従量制有料化率（対象：可燃ごみ）はすでに52.9％に達している．有料化都市は1990年代後半から顕著に増え始め，2000年代に入ってさらに増勢を強めている．その背景として，次のことが挙げられる．

① 最終処分場の埋立容量の逼迫に直面する地方自治体が増加し，ごみ減量への取り組み強化を迫られたが，その際，家庭ごみ有料化が減量推進のための有効な手段であるとの認識が高まってきた
② 循環型社会形成推進基本法の制定を受け，各自治体は循環型社会づくりにおいて最優先順位に位置づけられる「発生抑制」に積極的に取り組むことになったが，有料化がそのための有力な手段と考えられるようになった
③ 容器包装リサイクル法の制定を受け，各自治体はリサイクル推進の取り組みを強化するようになったが，税収面の制約が厳しくなる中で税金により分別・資源化を行うことが困難になってきている
④ 自治体が資源物の分別・資源化を実施する際，可・不燃ごみを有料化すれば資源物の分別適正化へのインセンティブを提供できる
⑤ 近年，国の世論調査にみられるように，「経済的手法」や「応益負担」に対する国民の受容性が向上しており，また地域の住民の間にごみ処理を有料化した方が減量努力をする人としない人の公平性を確保できるとの認識も高まってきた
⑥ この数年間にわたり合併特例法のもと，全国で市町村合併の動きが活発化したが，合併を機に旧有料化自治体の手数料制度に合わせる形で有料化する新市が増えている
⑦ 複数の自治体が一部事務組合や広域連合を組織して広域的にごみ処理を行う場合，一部の構成自治体が有料化に踏み切ってごみを減らすと他の構成自治体も分担金の負担増を回避するために，有料化に追随する傾向がみられる
⑧ ごみ処理を無料とする自治体にとって，周辺自治体の有料化が進展してくる

と，自区域へのごみの流入を防止するために，有料化を検討せざるを得なくなる
⑨　2005年5月，国の廃棄物処理基本方針が改正され，地方公共団体の役割について，有料化を推進すべきであるとの方針が初めて示された．環境省の有料化ガイドラインも近く策定されることになっている

このように，有料化推進の機運はいやが上にも高まり，前向きに取り組もうとする自治体が増えてきた．これまで有料化導入事例が少なかった大都市についても，2005年10月実施の福岡市，2006年10月実施の京都市など，有料化の導入が広がりをみせてきた．

有料化の実施には，市民の理解が欠かせない．有料化について市民の理解を得るにはどうしたらよいか．地域の直面するごみ問題，有料化施策の目的，有料化の制度と併用施策，市民負担の大きさ，負担軽減の手段，見込まれる効果などについて，きちんと情報提供し，丁寧に説明することに尽きる．想定する手数料水準，世帯数，標準的な指定袋容量，年間使用枚数から手数料収入を試算し，この収入をその使途として資源化などに用いてさらに減量するというシナリオを市民に示せば，理解が得られやすいと思われる．

また，有料化は市民に新たな負担を求めることになるだけに，市民に対して，有料化によってどのようなメリットが得られるかを明確に示す必要がある．有料化によりごみ量の削減やリサイクル率の上昇をどれくらい見込むのかをあらかじめ，市民に示すことが望ましい．そして，有料化が導入されてからは，事後的に，ごみ量の削減やリサイクル率向上の実績をはじめ，収集コストの低減効果，焼却処理量の低減効果，埋立処分量の削減効果，廃棄物収支への影響など達成状況に関する情報をできる限り定量的に市民に提供していくことが重要である．最近では，有料化による焼却処理量の低減効果としてCO_2の削減量を示す自治体もある．

有料化の導入にあたっては，日頃ごみ減量に取り組む市民団体，自治会・町内会，公募市民，事業者など市民各層が参加する審議会や委員会を立ち上げ，討議を尽くし，市民意見を十分に反映させた有料化制度案をとりまとめ，一般市民に提示する必要がある．

審議会答申にそって条例改正案を議会に上程する方針を行政決定した場合は，事前に説明会を開催し，市民の理解を得るように努めなければならない．自治体担当者にとって有料化導入プロセスで一番つらいのはこの段階である．議会上程に先立って，有料化の実施計画について自治会・町内会などへの説明に追われることになる．有料化に反対する市民から罵声を浴びることも覚悟しなくてはなら

ない.

　条例が改正された後には，新たな制度によるごみ排出方法について，丹念な住民説明に取りかかる必要がある．有料化実施までの限られた期間に担当者が手分けして，時には他部局の職員も動員して，土日祝日返上，昼夜を分かたず説明に駆け回ることになる．これと併せて，広報紙，チラシ，ホームページ，横断幕，広報車，テレビ・ラジオなどあらゆる媒体を通じた情報提供も行われる．有料化の導入事業は，自治体にとっても，大きな負荷を生じるのである．

　それにもかかわらず，ごみ処理を有料化しようとする自治体の狙いは何であろうか．それは，ごみ減量への動機づけ，意識改革へのきっかけづくり，負担の公平化を実現することにある．有料化の導入はこうした狙いを実現するための手段に過ぎない．そうであれば，自治体にとって最も重要な取り組みは，有料化を実施してからの制度運用ということになる．

　有料化を導入した自治体がごみ減量効果を維持し続けるためには，市民の「慣れ」による価格シグナルの減衰など状況変化に絶えず目配りしつつ，有料化とその併用施策の効果を評価し，その情報を市民と共有するとともに，市民との協働のもとに制度の見直しや改善に取り組む必要がある．有料化導入の数年後にリバウンドの兆候が現れた際，市民と行政の協働になる協議会の主導で事業者の協力も得てマイバッグキャンペーンなどの奨励的施策に取り組み，市民意識の活性化に効果を上げた自治体もある．こうした市民の意識改革は，消費者の意識や行動に敏感な事業者の生産・販売活動の見直しにもつながると考えられる．

　本書では，家庭ごみ有料化の現状について最新のデータを整備すること，有料化によるごみ減量効果の強化とリバウンドの抑制に有効と考えられる併用施策について詳細に検討すること，有料化の制度運用に関して他の自治体の参考になるような先進的な取り組み事例を多数盛り込むこと，地域の住民や自治体が有料化施策を評価する際の基本的な視点を提示すること，に努めた．情報収集にあたっては，全国都市，都道府県へのアンケート調査，各自治体のホームページでの確認，200件以上に及ぶ自治体への電話による問い合わせを実施した．

　また，有料化制度の詳細な運用状況を把握することを狙いとして，全国各地で先進的な取り組みを行う自治体を訪れ，ヒアリングや意見交換を行った．ヒアリングにおいては通常よりも詳細な情報の提供を求めることもあったが，いずれの訪問先自治体においても真摯に対応していただいた．

　本書のベースになったのは，この2年足らずの間に雑誌編集者から請われるま

まに精力的に書き記してきた巻末の諸論考である．とりわけ『月刊廃棄物』に連載した「最新・家庭ごみ有料化事情」は，2005年7月から2006年10月まで15回の連載となり，自治体関係者から大きな反響を呼んだ．本書はそれらの論考に加筆・修正を施し，再構成することによってとりまとめたものである．

　本書は筆者が自ら実施した自治体アンケート調査と自治体ヒアリングなどフィールドワークで得られた情報や資料をもとに書かれた．したがって，通常巻末に掲載される参考文献リストを示すことは省いた．調査に協力された全国の自治体に感謝申し上げたい．

　本書のデータソースとなったアンケート調査やヒアリング調査は，独立行政法人 日本学術振興会より科学研究費（基盤研究(C)16530191）の補助を受けて実施した．科研費研究プロジェクトで研究協力者を務めてくれた信澤由之作新学院大学・嘉悦大学非常勤講師からは，雑誌論文と本書の作成過程でも多大な支援を受けることができた．

　また，本書の出版にあたっては，丸善株式会社出版事業部の小林秀一郎氏に大変お世話になった．記して感謝の念を表したい．

　この小著の刊行により，地域の住民や自治体担当者の方々が家庭ごみ有料化について理解を深められることに，些かなりとも役立つところがあれば幸いである．

2007年3月

山　谷　修　作

第2刷にあたって

　ごみ問題に関心を寄せる一般市民や自治体などから予想以上の引き合いがあって，本書は初版からわずか半年で，重版になりました．そこで，この機を捉えて，第2刷では第4章「有料化の効果と制度運用上の工夫」について，図表2点と関連する文章の差し替え（旧版の**図4-4**，**表4-4**の削除，**図4-2**，**図4-3**の挿入）を行い，読者に新たな知見を提供することとしました．循環型社会への道しるべの一つとして，ひき続き本書が活用されることを期待します．

2007年9月

山　谷　修　作

目　次

第1章　家庭ごみ有料化施策の展開 ……………… 1
1．家庭ごみ有料化の意義　1
2．有料化をめぐる近年の政策動向　3
3．都道府県による市町村の有料化への支援策　6
　(1) 都道府県による循環型社会推進への取り組み　6
　(2) 都道府県による家庭ごみ有料化支援策　7
　(3) 有料化支援策としての補助制度　9
　(4) 有料化支援に対する都道府県のスタンス　11
　(5) まとめ　12
4．有料化の制度設計上の課題　13
5．有料化にあたっての取り組み課題　14
　(1) 減量の受け皿整備　16
　(2) 奨励的施策の併用　16
　(3) 事業系ごみ対策の充実　18
　(4) 戸別収集の導入　18
　(5) 資源物有料化の是非　19
6．有料化によってもたらされたもの　21
　　──指定袋のダウンサイジングによるごみ減量──
7．有料化施策を成功に導くプロセス　23

第2章　家庭ごみ有料化の実施状況 ……………… 25
1．これまでの有料化全国調査　25
2．直近の全国都市有料化実施状況　26
3．全国町村の有料化実施状況　37
4．全国市町村の都道府県別有料化状況　43
5．手数料制度の特徴　45
　　──第2回調査から──

第3章　有料化の目的と制度運用 …………………………… 48
　　　　　——第2回全国都市家庭ごみ有料化アンケート調査から (1)——
　1．有料化の目的　48
　2．有料化時の制度変更　50
　　（1）収集方式の変更　50
　　（2）資源ごみ収集方法の変更　52
　　（3）小規模事業系ごみの扱いの変更　52
　3．有料化時の併用施策の導入　53
　4．手数料収入の使途と運用　55
　　（1）手数料収入の使途　55
　　（2）手数料収入の運用　55
　5．手数料の設定方法　57
　　（1）全国都市の動向　57
　　（2）コストベースの手数料設定プロセス　60
　　（3）地域の実情にあった手数料設定を　62

第4章　有料化の効果と制度運用上の工夫 …………………… 64
　　　　　——第2回全国都市家庭ごみ有料化アンケート調査から (2)——
　1．有料化によるごみ減量効果　64
　　（1）有料化でごみは減ったか　64
　　（2）手数料水準と減量効果の関係の一般的傾向　68
　　（3）併用施策はリバウンド防止に有効か　71
　　（4）有料化市のごみ排出原単位は小さいか　72
　2．有料化で不法投棄は増えるか　74
　3．有料化都市における制度運用上の留意点と工夫　76
　4．非有料化都市による有料化の評価と予定　79

第5章　韓国ソウル市の家庭ごみ有料化 ……………………… 81
　1．韓国のごみ収集・処理事情　81
　2．全国一斉のごみ有料化　82
　3．ソウル市の家庭ごみ有料化　84
　4．有料制と併行して実施された施策　87

(1) 資源物のリサイクル推進　87
　　(2) 生ごみリサイクルの推進　90
　　(3) 包装方法・材質規制　91
　　(4) 使い捨て用品の使用規制　92
　　(5) フリーマーケットの推進　94
　5．わが国への参考点　95
　［資料］韓国環境省「ごみ有料化施行指針」抄訳　96

第6章　高い手数料水準での有料化 …………………………… 103
　　　　——北海道十勝地域での有料化の実践——
　1．北海道十勝地方の有料化実施状況　103
　2．中札内村の家庭ごみ有料化　104
　3．帯広市の家庭ごみ有料化　107
　4．まとめ　112

第7章　超過量方式の有料化 ……………………………………… 114
　　　　——高山市と佐世保市の取り組み——
　1．高山市のシール制運用の取り組み　114
　2．佐世保市の二段階有料制の取り組み　119

第8章　多摩地域における有料化の伝播 ……………………… 126
　1．多摩有料化の特徴　126
　2．先駆した青梅市の戸別収集・有料化　127
　3．福生市・羽村市への波及　131
　4．大きな減量効果を上げた日野市有料化　135
　　(1) 青梅市に有料化の制度設計を学んだ日野市　135
　　(2) 日野市による多摩標準スキームの構築　137
　　(3) 徹底した合意形成と市民との協働で減量効果持続　138
　5．戸別収集によらない清瀬市のスキーム　140
　6．プラスチックを分別有料収集する昭島市　143
　7．手数料収入を基金で運用する東村山市　146
　8．有料化スキームの伝播　150

第9章　八王子市の有料化への取り組み　　152
　1．「幻の有料化」　152
　2．態勢整え再度有料化に挑む　154
　3．異色の手数料設定方法　156
　4．ごみ減量とリサイクル推進の効果　157
　5．手数料収入の使途　161
　6．今後の取り組み課題　163

第10章　有料化の制度設計に取り組んだ町田市審議会　　164
　1．有料化審議以前の経緯　164
　2．有料化を検討する審議会の始動　166
　3．第一関門となった委員アンケートのとりまとめ　168
　4．制度検討のための情報収集　170
　5．有料化の是非に関する委員意見の集約　173
　6．市民意見の反映　174
　7．審議会で設計された町田市の有料化制度　175
　8．リバウンド防止策の提言と取り組み状況　177
　9．有料化による減量効果　180
　10．今後の課題　182

第11章　ごみ減量化とヤードスティック競争　　183
　　　　　──多摩地域でのごみ減量の推進力──
　1．はじめに　183
　2．ヤードスティック競争の仕組み　184
　3．ごみ減量のヤードスティック方式　185
　4．ごみ減量ヤードスティック競争と家庭ごみ有料化　189
　5．おわりに　194

第12章　戸別収集の効果とコスト　　195
　1．戸別収集に対する市民のアクセプタンス　195
　2．各区モデル事業での戸別収集の効果　197
　3．福生市戸別収集の減量効果　200

4．戸別収集による経費増　201
　　5．戸別収集運用上の課題　204

第13章　不法投棄・不適正排出対策 …………………… 207
　　1．不法投棄に対する受け止め方　207
　　2．不適正排出の類型と対策　209
　　3．不法投棄・不適正排出防止への取り組み　210
　　4．集合住宅の不適正ごみ対策　213
　　5．おわりに　215

第14章　事業系ごみ対策と公企業の役割 …………………… 216
　　1．はじめに　216
　　2．地方自治体による事業系ごみ対策　216
　　　(1) 事業系ごみの処理制度　216
　　　(2) 事業系ごみ処理における課題　217
　　　(3) 事業系ごみ処理改善の方向　220
　　3．公社による事業系ごみ対策の一元化：札幌市のケース　222
　　　(1) 札幌市のごみ減量・リサイクル対策　222
　　　(2) 札幌市環境事業公社の役割　222
　　　(3) ごみの適正処理・リサイクル推進への取り組み　224
　　　(4) 公社の課題　226
　　4．まとめ　226

本書のベースとなった発表論文 …………………… 227

第1章

家庭ごみ有料化施策の展開

1. 家庭ごみ有料化の意義

　家庭ごみの有料化は，自治体のごみ処理が受益者を特定できるサービスであることに着目して，排出者に排出量に応じて処理費用の一部を負担してもらう制度である．有料化において手数料徴収の媒体として通常，指定袋が用いられるが，有料化が「単なる指定袋制」と異なるのは，指定袋の製造・流通費を上回る費用負担を排出者に求めることにより，自治体に収入が入る点である．そのイメージを図示すると，図1-1のようになる．

　有料化の主たる目的は，「ごみ減量・リサイクル推進」と「減量する人としない人の公平性の確保」にある．副次的な目的として，ごみ減量や分別に対する住民の意識改革，ごみの減量・リサイクル・適正処理に要する費用をまかなうための収入の確保などが挙げられることもある．

　従来の税金のみによる負担では，ごみ処理にコストがかかることについて，価格を通じてごみ排出者にシグナル（情報伝達）できない．ごみ処理が税金でまか

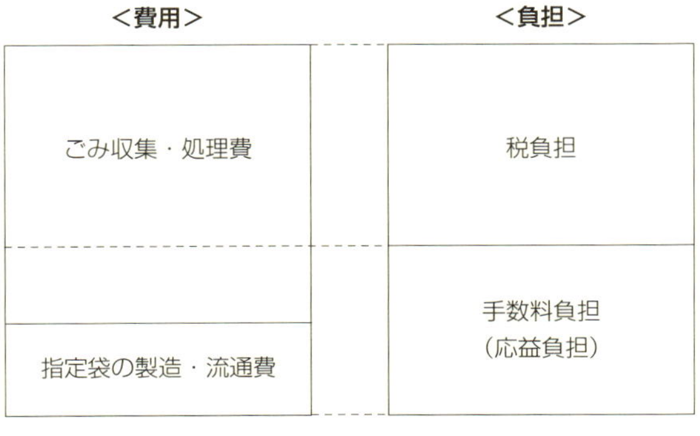

<費用>	<負担>
ごみ収集・処理費	税負担
指定袋の製造・流通費	手数料負担 （応益負担）

図1-1　有料化による排出者負担

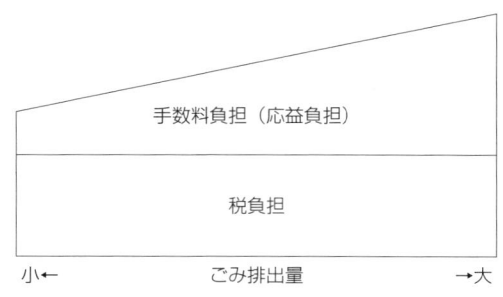

図 1-2 住民のごみ排出量と応益負担

なわれている場合，ごみ減量やリサイクルへの取り組みが住民にとって金銭的なメリットに結びつかないから，ごみの排出を抑制したり，手間をかけて資源物をきちんと分別する誘因を十分に提供できない．住民に対してごみ処理費用の一部について，ごみ排出量に応じた負担を求めることにすれば，排出抑制と分別適正化の誘因を強化できるのである．

また，税負担はごみの排出量と関係を持たないから，ごみ減量に努力する人とごみをたくさん出す人との負担の公平性も確保できない．図 1-2 に示すように，ごみ排出量に応じて負担を求める従量制の有料化が実施されると，減量努力をしてごみの排出量が少ない人の負担は小さくなり，減量努力をしないでごみをたくさん出す人の負担は大きくなる．ごみの有料化によってはじめて，排出量と負担とが直接関連性を持つようになる．

このように，従量制の有料化を実施することにより，地域社会の中でコスト意識が共有され，ごみの減量化と費用負担の適正化がもたらされることが期待できる[1]．

有料化によるごみ減量のメカニズムを図 1-3 で確認しておこう．縦軸に手数

---

[1] 世帯ごとに一定額の手数料を課する定額制の有料化では，ごみ処理費用の一部に見合う財源の確保はできるとしても，ごみ減量への誘因の提供と，排出量に応じた負担の公平性の確保は期待できない．そのため，定額制有料化を実施する自治体の多くが従量制への見直しを行ってきた．市については，最後に残った島根県大田市の単純従量制有料化，山口県山陽小野田市の「単なる指定袋制」へのそれぞれ移行に伴い，2006 年 3 月末日をもって定額制有料化を採用する都市はなくなった．

第1章　家庭ごみ有料化施策の展開　　3

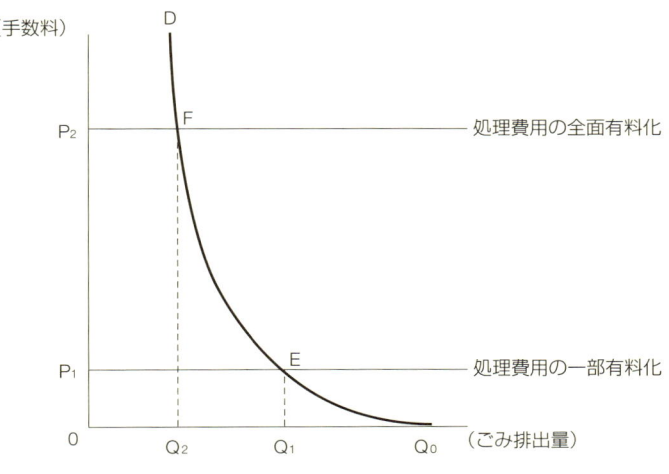

図1-3　有料化によるごみ減量のメカニズム

料水準，横軸にごみ排出量をとり，Dは自治体のごみ処理サービスに対する家庭の需要曲線である．ごみ処理をすべて税金でまかなう場合，ごみ排出量はQ_0であるが，有料化が実施されP_1の手数料が課せられるとQ_1に減少する．家庭の手数料支払額はP_1OQ_1Eとなる．ごみ処理費用をすべてまかなえるP_2の手数料を設定すればQ_2までごみ排出量を減らせるが，住民の負担が重くなり，不法投棄が増加するおそれがある．そのため，自治体のごみ手数料は処理費用の一部に見合う水準に設定されている．

2．有料化をめぐる近年の政策動向

　中央環境審議会は2005年2月，循環型社会の形成に向けた「市町村による一般廃棄物処理のあり方」についての意見具申をとりまとめたが，「家庭ごみ有料化の推進」はそこでの主要な提言の一つとして取り上げられた．意見具申は「有料化の推進」について，次のように提言している．

　「一般廃棄物の発生抑制や再使用を進めていくためには，経済的インセンティブを活用することが重要である．一般廃棄物処理の有料化は，ごみの排出量に応じた負担の公平化が図られること，住民（消費者）の意識改革につながることなどから，一般廃棄物の発生抑制等に有効な手段と考えられ，現に一定の

減量効果が確認されているところである．このため，国が方向性を明確に示した上で，地域の実情を踏まえつつ，有料化の導入を推進すべきと考えられる．

有料化に当たっては，実際に減量効果が得られるような料金設定及び徴収方法とすることが必要である．これまでの実施事例においては，周辺自治体の料金を参考として決めたり，ごみ処理費用から一定割合を算定することにより決めたりしている場合が多いが，有料化の目的や効果，コスト分析の結果を十分に検討した上で，料金レベルを決定する必要がある．

また，有料化直後にはごみ排出量が大きく減量されるケースが多いもののその後徐々に増加する『リバウンド』の抑制や，不適正排出，不法投棄の抑制等に関して対策を行い，減量効果を持続させるための総合的施策を展開することが必要である．地域住民に対し，施策導入に関する説明責任を果たすことも必要であり，有料化の導入効果とともに，一般廃棄物処理コストに関する情報開示を進めることが重要である．

国においては，これらの留意事項に関する考え方や，検討の進め方，これまでの知見等について，ガイドラインを取りまとめることにより，有料化を行う市町村の取組を支援していくことが望まれる．また，一般廃棄物処理の有料化は，行政サービスの経費の一部を，租税ではなく，手数料により負担していくものであることから，その分担のあり方等について，今後，検討していくべきである．」

中央環境審議会の意見具申を受けて同年5月，環境大臣は，廃棄物処理法に基づいてわが国の廃棄物処理の方向性や目標を定める「基本方針」を改正した．新たな基本方針には，地方自治体の役割について「経済的インセンティブを活用した一般廃棄物の排出抑制や再生利用の推進，排出量に応じた負担の公平化及び住民の意識改革を進めるため，一般廃棄物処理の有料化の推進を図るべきである」との文言が盛り込まれた．国の基本方針として初めて有料化推進が打ち出されたわけである．

実は，そこに至るまでに，地方自治体によるごみ手数料の徴収について，一部の団体や研究者から違法であるとする意見が出され，自治体関係者の間にも動揺が広がっていた．

地方分権一括法の施行に伴い，それまで地方自治体によるごみ有料化の根拠とされてきた廃棄物処理法の手数料規定が重複規定として削除され，地方自治法第227条の手数料規定に一本化された．国は，自治体によるごみ手数料の徴収につ

いては，地方自治法の手数料規定を根拠に行えると判断したのである．

これに対して，一部の団体等は，地方自治法の「普通地方公共団体は，当該普通地方公共団体の事務で特定の者のためにするものにつき，手数料を徴収することができる」という規定の「特定の者のためにするもの」の解釈について，旧自治省の半世紀以上前の行政実例にある「身分証明，印鑑証明，公簿閲覧等─私人の要求に基づき主としてその者の利益のために行う事務をいい，…もっぱら市町村自体の行政上の必要のためにする事務については手数料を徴収できない[2]」を引いて，「都市の住民で家庭ごみを排出しない者は居ないから，自治体による家庭ごみの処理サービスが特定の者の利益のために行われる事務とは法理的に解し難い」とした．

ごみの有料化は，ごみの排出段階において基本的にすべての住民から手数料を徴収することになるから，そのための制度を定めた条例は，地方自治法に違反し，無効であるとの主張である．こうした趣旨の意見は，意見具申のとりまとめ作業にあたった中央環境審議会廃棄物リサイクル部会（2004年12月）の場で自治労選出の委員から表明され，意見具申案のパブリックコメントでも寄せられていた．

「特定の者のためにするもの」の解釈について，環境省と中央環境審議会は審議会の場での事務局説明，パブリックコメントに対する回答の形をとって，次のような内容の見解を示した．「ごみの排出者は，市町村によるごみ処理サービスの提供によって受益者となることから，地方自治法が規定する『特定の者』にあたると考えられる．すなわち，排出者（住民）は，市町村にごみ処理というサービスを要求し，それが結果として多数になっているにすぎない．」この見解表明により，法的根拠をめぐる異議申し立ては，その論拠を失ったと考えられる．

有料化の法的根拠に関する国の統一見解を求める地方自治体の要望に応じて，環境省は2005年6月，全国廃棄物・リサイクル主管課長会議の席上，次のような環境省・総務省の統一解釈を示した．「地方分権一括法では，手数料徴収に関する地方自治法の規定と重複する個別法令上の規定を原則削除するという法文上の整理を行ったに過ぎず，市町村が従来通りごみ処理手数料を徴収することが可能であることに変更はない．すなわち，有料指定袋制を定めた条例によってごみ処理手数料を徴収することは，法の規定に違反しない．」これによって，有料化

---

2) この文書および主要論点については，京都市環境局「有料指定袋導入を巡っての法的論点整理について」（2005年9月）を参考にした．

の法的解釈をめぐる混乱は，ようやく終息することとなった．

3．都道府県による市町村の有料化への支援策

　家庭ごみ有料化を促進する要因として，当の地方自治体に固有なごみ処理事情など内部要因のほかに，ごみ処理の広域化，市町村合併，国の基本方針，都道府県の支援や市長会のイニシアティブといった外部的な要因も重要である．最近，一部の都道府県は，循環型社会推進方策の一環として，市町村の有料化推進に積極的に取り組みはじめた．2005年11月に47都道府県に対して筆者が実施したアンケート調査（回収率100％）の分析結果に基づいて，都道府県による市町村の家庭ごみ有料化に対する支援策の実施状況をみてみよう．

（1）都道府県による循環型社会推進への取り組み

　一般廃棄物行政は市町村の自治事務であるが，都道府県としても一定の役割を担っている．廃棄物処理法第4条2項では，都道府県は，市町村に対し，一般廃棄物の減量や適正処理の取り組みについて「必要な技術的援助」を与えるよう努めなければならない，と定めている．

　また，都道府県は，廃棄物処理法第5条の3に基づき，国の基本方針に即して，区域内における一般廃棄物を含む廃棄物の減量や適正な処理に関して廃棄物処理計画を策定している．これを上位計画として，市町村は一般廃棄物処理基本計画を策定することになる．

　このほか，都道府県は，区域内自治体の有料化や分別収集など一般廃棄物処理の実態について毎年とりまとめ，これを環境省に提出して同省の「一般廃棄物処理実態調査」に協力している．

　循環型社会推進形成基本法の制定を機に，一部の道府県は従来からの産業廃棄物行政を主に担当する課に加え，一般廃棄物の減量対策を取り組みの中心に据えた新たな部署として「循環型社会推進課（室）」を設置し，スタッフ力の強化を図った．県によっては，「ごみゼロ推進室」，「資源循環推進課（室）」といった名称が付けられている（表1-1）．

　以上のような背景のもとで，ごみ減量を推進する施策の一つとして市町村による家庭ごみ有料化を支援する取り組みが一部の都道府県により行われるようになったが，2005年5月に国が廃棄物処理法に基づく基本方針を改定して市町村に

表1-1 都道府県のごみ有料化担当課室

担当課室名	都道府県
循環型社会推進課	北海道, *山梨*, *和歌山*, 鳥取
循環型社会推進室	*京都*, *大阪*, 広島
ごみゼロ推進室	三重, *徳島*
資源循環推進課	岩手, *宮城*, 埼玉, *千葉*, 滋賀
資源循環推進室	石川
その他（廃棄物対策課, 環境整備課, 等）	青森, 秋田, 山形, 福島, 茨城, 栃木, 群馬, 東京, 神奈川, 新潟, 富山, 福井, 長野, 岐阜, 静岡, 愛知, 兵庫, 奈良, 島根, 岡山, 山口, 香川, 愛媛, 高知, 福岡, 佐賀, 長崎, 熊本, 大分, 宮崎, 鹿児島, 沖縄

(注) 斜体の府県の担当課室は，一般廃棄物対策を主管．そのほかは，産廃，一廃両業務を所管．

よるごみ有料化を推奨したことから，今後都道府県によるそうした支援が拡充されることが見込まれる．

(2) 都道府県による家庭ごみ有料化支援策

アンケートではまず，家庭ごみ有料化を推進するために，区域内市町村に対して何らかの支援策を講じているか，尋ねた．この質問に対する都道府県の回答は，**表1-2**に示すとおりである．これまでのところ特に支援策を講じたことはない，と答えたのは12県であった[3]．全体の74％にあたる35県が1つあるいは複数の支援策を講じている．

支援策の中で一番多かったのは，「会議や文書，ホームページなどを通じた，区域内市町村に対する情報提供や意見交換」で26の都道府県が実施している．ある県の担当者は，有料化支援のスタンスを聞いた次問の回答として積極派でも静観派でもない「その他」として，「市町村固有の事務であり，基本的に各市町村において決めることであるが，有料化を進めようとする市町村に対しては，情報提供などによりバックアップしたい」と記述している．市町村の自治事務としての有料化への支援に慎重な県でも，県内の有料化実施状況に関する情報提供等は，抵抗なく行える支援策のようである．

---

3) これまで支援策を講じたことがないと答えたところでも，今後について4県が「啓発のための検討会・講演会等の開催」（神奈川県），「国の方針に即した情報提供等」（長崎県）などを行いたいとしている．

表1-2 都道府県の有料化支援策

都道府県名	情報提供	検討会	補助金	講演会	その他	支援策なし
北海道	○					
青森県	○					
岩手県		○				
宮城県					○	
秋田県	○					
山形県	○	○				
福島県		○				
茨城県						○
栃木県						○
群馬県						○
埼玉県	○	○				
千葉県	○	○				
東京都	○		○			
神奈川県						○
新潟県	○					
富山県						
石川県	○			○		
福井県						○
山梨県		○	○			
長野県	○		○			
岐阜県						○
静岡県	○	○				
愛知県	○					
三重県	○	○	○			
滋賀県	○	○		○		
京都府	○					
大阪府		○				
兵庫県	○	○				
奈良県	○					
和歌山県						○
鳥取県	○	○	○			
島根県						○
岡山県	○					
広島県	○					
山口県						○
徳島県		○				
香川県	○					
愛媛県	○					
高知県					○	
福岡県						○
佐賀県	○					
長崎県						○
熊本県	○					
大分県		○	○			
宮崎県					○	
鹿児島県	○					
沖縄県	○					

次に多かったのは，「区域内市町村，市民，専門家などが参加した，有料化の導入を含む循環型社会づくり検討会の開催」で，14の府県が実施している．筆者が参加した検討会の事例を紹介しておこう．山梨県は2005年度，ごみ減量化を推進するため市町，市民団体，事業者，学識者からなる「ごみ減量化やまなしモデル検討委員会」を設け，家庭ごみ有料化を含めた排出抑制・リサイクル推進事業モデルを検討し，報告書をとりまとめた．県はこの報告書に基づいて，現在，モデル事業に取り組む県内市町村のごみ減量施策を支援している[4]．

市町村と一緒に有料化指針の作成に取り組む県もある．埼玉県は県内の自治体と構成する清掃行政研究協議会の中に「ごみ有料化検討部会」を立ち上げ，家庭ごみ有料化にあたって必要になる事項や成功するためのポイントなどについて検討し，2005年3月に報告書をまとめた．県版有料化ガイドラインとしての位置づけで，県内市町村に提示された．岩手県でも，家庭ごみ有料化を含むごみ減量施策に関する調査研究事業を実施し，調査結果をもとにマニュアルを作成し，市町村に提示している．

そのほかには，「区域内市町村が有料化の導入を検討する際の準備諸経費についての補助金交付」が6都県，「区域内市町村による有料化に関する講演会の企画・支援」が2県，「その他」が3県であった．

(3) 有料化支援策としての補助制度

補助金交付については，大分県，三重県，鳥取県，長野県，東京都，山梨県が制度を設けている．大分県の制度は有料化推進だけを狙いとしているが，他の5都県の制度は，幅広くごみ減量やリサイクル推進を目的としており，その中で有料化を補助対象事業の一つに位置づけたものである．これまでに補助実績が出ているのは，大分県と三重県である．

大分県の補助制度は「ごみ有料化推進事業実施要綱」と「ごみ処理有料化推進事業補助金交付要綱」に基づいて，2003～4年度に実施された．実施要綱には，事業の実施主体を市町村とし，補助対象事業費目について，審議会の設置，ごみ量・組成等調査，導入マニュアルの作成，啓発用ポスター・ビデオ等の作成，新

---

[4]「やまなしモデル」の第1号は，2006年度に実施された笛吹市の戸別収集・堆肥化事業である．この事業では，市内の住宅団地をモデル地区に選定し，100戸を対象に戸別収集を試験的に実施するとともに，生ごみを分別して団地内で一括して堆肥化，これにより可燃ごみが28.7％減少した．事業費の半額を県が補助した．

聞・テレビ等による広報，住民説明会の開催，試供袋の作製，その他知事が必要と認めるもの，とある．

知事は，市町村長から申請された計画を審査し，認定したものについて事業に要する経費の2分の1以内の額（1年度についての上限100万円）を補助する．交付実績は**表1-3**に示すとおりである．ちなみに，この制度を利用して2005年3月から有料化（単純，大袋30円）した臼杵市での補助金の主な使途は，①チラシ，ポスターなど印刷物作成，②住民説明会の会場借り上げ，③先進有料化自治体の視察（鳥栖市，相生市など4市）であった[5]．

大分県では，こうした県の支援策もあって県内自治体の有料化が進展し，無料制で残っているのは大分市をはじめとする5市のみとなったが，これらの市においても，市町村合併の相手町村が有料化を実施していることもあって，有料化を検討しているところである．

三重県の補助制度は「ごみゼロ社会実現プラン推進モデル事業実施要領」に基づいて，2005年度にスタートしたところである．向こう3か年にわたる廃棄物対策の重点プログラムとして位置づけられているという．補助対象事業は，市町村が住民，企業，民間団体等と連携・協力して実施するごみ減量関連の事業であって，実験的・先駆的なシステムの構築に関するものとされている．補助率は事業経費の2分の1以内である．初年度は3市町がモデル事業について補助を受けた[6]．

そのうち，伊賀市は，家庭ごみの有料化によりごみの減量化と分別の徹底を図るため，住民や団体，行政で組織される推進委員会を設置し，有料化制度に関する協議・検討を行うとともに，先進事例調査やアンケートによる住民意識調査，分別ハンドブックの作成を行った．同市は2007年1月から可燃ごみについて大袋1枚20円での有料化を実施したところである．

鳥取県の補助制度は，「一般廃棄物リサイクル等推進支援事業補助金交付要綱」に基づいて2005年度に開始された．要綱では，支援対象についてごみ減量・リサイクルに資する事業を実施する市町村とあり，有料化の検討・準備も含まれるが，初年度採択された三朝町と日吉津村の事業は生ごみリサイクルのモデル事業

---

5) 臼杵市では，家庭ごみ有料化を機に，可燃ごみ用の指定袋について，人間には中身が見えるがカラスには見えない特殊な黄色袋を採用し，カラス被害の防止に奏効している．
6) 採択された3市町のモデル事業とその進捗状況については，三重県「ごみゼロホームページ」に掲載されている．

表1-3 大分県の有料化推進補助実績

	対象自治体・補助金額			
2003年度	日田市	1,000,000円,	臼杵市	668,000円
2004年度	日田市	683,000円,	臼杵市	1,000,000円

であった．長野県で2005年度にスタートした「ごみゼロトップランナー事業」制度も有料化を含む先進的なごみ減量の取り組みに対して補助を行うが，初年度に採択されたのは生ごみリサイクル事業であった．

東京都の補助制度は島しょ町村のみを対象としている．多摩地域の自治体で有料化やリサイクルが進展する一方で，島しょ町村での出遅れが目立つことから，都として支援を要するとの趣旨である．根拠となるのは「廃棄物減量等推進費都補助金交付要綱」であり，交付対象事業の一つに「ごみの有料化事業」が挙げられている．この制度は2004年度から開始されたが，有料化補助の実績はまだ出ていない．

一方，講演会開催については，石川県と滋賀県が企画・支援していると回答した．筆者も，両県が企画・後援する県内自治体職員向けの講演会で講師を務めたことがある．他にも，岩手県，茨城県，千葉県，兵庫県などで県が企画・支援する県内自治体職員向けの講演会に協力したところである．

以上のように，今回のアンケート調査により，多くの都道府県が，家庭ごみ有料化について，市町村の自治事務であり，基本的には市町村が自主的に取り組むべきもの，との認識に立ちつつも，区域内市町村の取り組みを側面から支援していることが明らかとなった．

（4）有料化支援に対する都道府県のスタンス

次に，区域内市町村の家庭ごみ有料化支援についてのスタンスについて尋ねた．本音を引き出すため，この質問に対する回答については，個別の都道府県名は出さず，総数としてのみ集計することを言明した．回答は図1-4に示すとおりである．全体の60％にあたる28団体が「（ごみ有料化は）市町村の自治事務であるから，基本的に各市町村の取り組みを見守りたい」と答え，「市町村による有料化を積極的に支援したい」とする団体（11団体，23％）を大きく上回った．

近年，有料化支援に積極的な団体が徐々に増えてきているという実感はあるが，今回の調査では，都道府県全体としてみると，まだ少数派であることを確認できた．

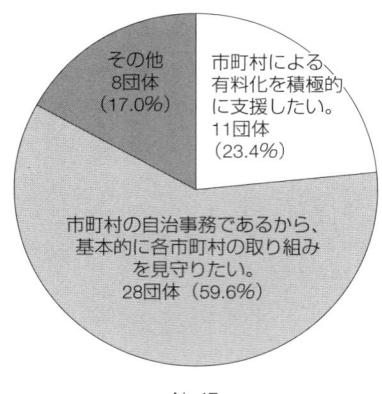

図1-4　有料化支援のスタンス（都道府県）

「その他」として記述があったもの中から，有料化支援に最も熱心に取り組んでいる団体の一つである三重県の回答を紹介することで，その取り組み姿勢を確認しておこう．「2005年3月に策定した『ごみゼロ社会実現プラン』の中で，市町村におけるごみ処理の有料化等経済的手法の活用を提案しており，モデル事業の実施などにより，それらの取り組みを推進している.」モデル事業に対する補助については既述のとおりである．

さらに続けて，こう述べている．「なお，有料制については，住民合意のもと市町村の主体的な意思決定により導入されるべきものであり，県としては導入そのものを推進するものではなく，住民がごみに関心を持ちごみ処理費用の負担のあり方等について，住民と行政が共に考える機会としての有料制度導入の検証を働きかけている.」県としては，有料化自治体が少ない状況の中で，市町村合併に伴って有料化に前向きな自治体が出てきている機を捉え，支援に乗り出したものとみられる．

(5) まとめ

都道府県アンケート調査では，多数の都道府県が情報提供，意見交換，検討会，モデル事業補助などさまざまな手段を用いて区域内自治体の有料化を側面から支援していることを把握できた．しかし，有料化支援のスタンスは，一般的にはまだ脇役に徹する，というものであることも確認できた．

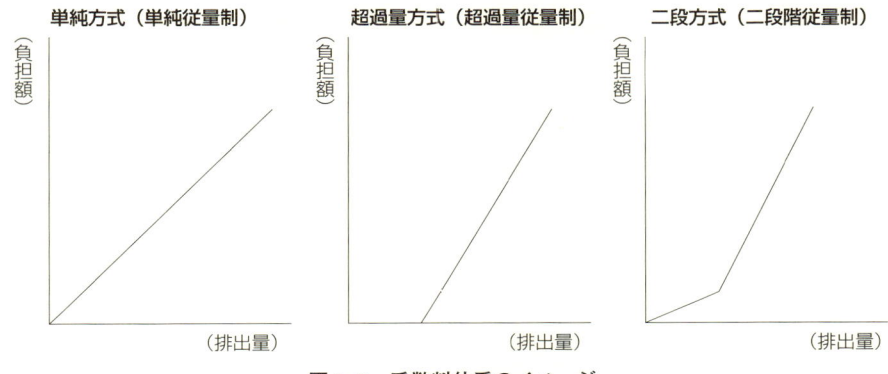

図1-5　手数料体系のイメージ

4．有料化の制度設計上の課題

　有料化の検討は，多くの市町村において審議会を立ち上げて行われる．審議会は，市民団体，自治会，事業者，公募市民，学識者などで構成されることが多い．そこにおける主要なアジェンダは，有料化の必要性と導入の是非，そして有料化するとした場合の制度のあり方の検討である．

　有料化の制度設計については，手数料の徴収方法（指定袋かシールか），手数料体系の選択，手数料水準の設定方法，有料化の対象ごみの選定，減免制度，手数料収入の運用方法などが検討対象とされる．ごみ減量効果の向上と市民負担の軽減を図る狙いで，有料化と併せて資源物収集の拡充（プラスチック容器包装の分別収集など），助成的プログラムの強化（集団資源回収奨励金や生ごみ処理機購入補助の増額など），奨励的プログラム（エコショップ認定制度やマイバッグキャンペーンなど）の導入を検討することも多い．最近では，排出者責任の明確化などを狙いとして戸別収集方式の検討に着手する自治体もある．

　手数料の徴収方法については，分別の徹底，収集作業員の安全確保，収集作業の効率化，美観確保などの観点から，指定袋によることが一般的である．また，手数料体系については，図1-5にイメージを示したように，単純，超過量，二段の3方式があるが，仕組みが簡潔なため住民にわかりやすく，運用コストも抑制でき，ごみ減量効果が持続しやすい単純方式が採用されるケースが多い．

　手数料水準の設定方法にあたっては，ごみの収集処理費の一定比率の負担を市民に求めるという考え方をはじめ，近隣自治体の手数料水準とのバランス，ごみ減量

効果と市民の受容性の見合い，などの要素が重視されている．実際には，複数の要素を勘案して決められることが多い．たとえば，北海道のように，近隣に有料化自治体が多数ある場合には，コストベースによるとしても，排出者負担比率を調整することにより，近隣自治体の手数料水準にさや寄せせざるを得なくなる．

　有料化の対象とするごみの選定については，まず可・不燃ごみとするか，可燃ごみのみとするかなどを決めることになる．次に，資源物について，無料とするか，可・不燃ごみよりも安い有料とするか，を決めなければならない．これまで資源物を無料とする自治体が多かったが，近年では西日本を中心に有料とする自治体も数を増している．また，一部の有料化自治体では，緑化推進の観点から，剪定枝・落ち葉を有料化の対象から除外している．

　社会的な減免制度については，手数料水準が比較的高い自治体で採用される傾向がある．多くの場合，減免は，生活保護受給世帯等について有料化による経済的負担の軽減を図るため，また紙おむつを使用する乳幼児や要介護者等のいる世帯について減量が困難なことへの対応として，実施されている．一方，地域の清掃活動に対する無料のボランティア袋の提供は，ほとんどの有料化自治体で行われている．

　手数料収入の運用については，これまで一般財源として運用されることが多かったが，近年では特定財源化や基金化による運用を行う自治体が増えている．特定財源や基金として運用することにより，収支状況や使途の透明化が図れる．基金創設による手数料収入の特定財源化は最近，福岡市や町田市など大都市での有料化において実施されている．

5．有料化にあたっての取り組み課題

　図1-6は，有料化実施によるごみ減量・資源化促進のイメージを示している．この図から，有料化に対応した住民のごみ減量のルートは2つあることがわかる．

　一つのルートは，住民がごみをできる限り発生させない行動をとることなどによる「発生抑制」である．ごみにならない製品を選んで買うこと，モノを大切にして長く使用すること，一方的に送られてくるダイレクトメールやパンフレットの受け取りを拒否することなど，発生抑制につながる行動は工夫次第で広がりを持つ．行政による発生抑制への取り組み方に関する情報提供や啓発活動，マイバッグキャンペーンやエコショップ認定制度など意識改革につながる奨励的施策の

第1章　家庭ごみ有料化施策の展開　15

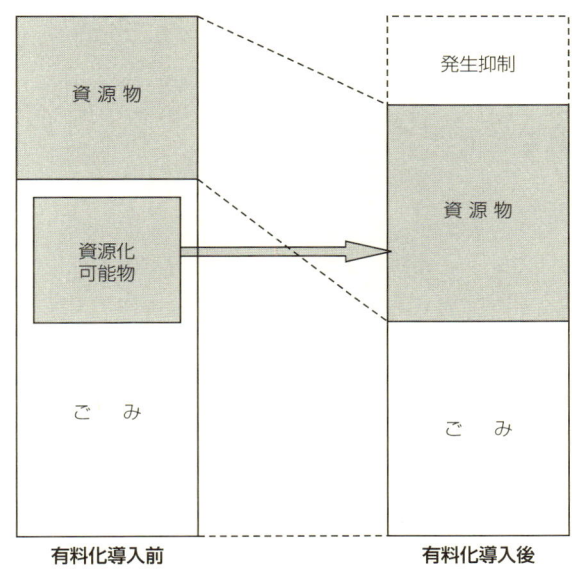

図1-6　有料化によるごみ減量・資源化効果

導入などは発生抑制の促進に効果的とみられる．しかし発生抑制は，多数の個人の環境意識と行動に依存するだけに，施策の効果を定量的に把握することは困難である．

もう一つの減量化ルートは，従来ごみとして排出していたものの中に含まれた「資源化可能物」を資源として分別排出することである．このルートによる可・不燃ごみの減量については，施策効果の定量的把握が困難な発生抑制とは異なり，行政によるリサイクルの受け皿整備と住民の協力を基盤として，かなり確実性の高い効果が見込める．

家庭ごみ有料化により持続的にごみ減量効果を上げるためには，十分な価格シグナルを与える手数料水準とすることに加え，減量の受け皿としての資源分別収集の充実，集団資源回収や生ごみ処理機購入などに対する助成的施策の拡充，発生抑制への意識改革を促すマイバッグキャンペーンやエコショップ認定制度など奨励的施策の導入，さらには排出者責任を明確化する収集方法としての戸別収集の導入，などを併用することが有効とみられる．これらの併用施策の導入は有料化による減量効果を高め，持続させる上で重要な取り組み課題として位置づけら

れる．また，最近議論されるようになった資源物有料化の是非も，今後の検討課題として重要である．

（1）減量の受け皿整備

　有料化にあたっては，減量の受け皿としての資源物収集の拡充が欠かせない．行政による資源物収集の整備だけでなく，住民の自主的活動としての集団資源回収の活発化にも注力する必要がある．後者の取り組みは，住民のリサイクル意識の向上を促進するだけでなく，行政収集による場合と比べて自治体の財政負担を軽減できることからも，重視されねばならない．こうした受け皿整備は，リサイクルを促進するだけでなく，有料化に伴う住民負担の軽減にもつながるから，有料化にあたって最重要の取り組み課題と言ってよい．

　リサイクルの受け皿整備にあたってまず行政が取り組むべきは，情報収集である．資源物の分別排出に住民の協力が得られるかどうかをアンケート調査や自治会・町内会・市民団体からのヒアリングを通じて把握する必要がある．併せて，ごみの組成調査分析を実施して資源化可能物を識別し，分別収集・資源化した場合の減量可能性を把握する必要がある．その上で，資源化に必要なルートや施設確保のフィジビリティ調査，所要コストに関連した予算面での検討も行われることになる．

　このような手順を経て，有料化と併行して資源回収の受け皿が整備されると，ごみ量はかなり減らせる．ちなみに，かなり高額の手数料（40L袋1枚80円）を設定した日野市では家庭ごみ（可・不燃ごみ）が40％強減少し，無料で収集される資源物が3倍近く増加したが，可燃ごみ用指定袋のサイズ別出荷枚数をみると，20L袋と10L袋が全体の75％を占めていた．市民が資源分別を強化して有料のごみを減らすことにより指定袋をダウンサイジングし，負担の軽減を図っている姿が浮かび上がってくる．

（2）奨励的施策の併用

　市民・事業者の自主的な取り組みをサポートする奨励的施策は，有料化と併用した場合，意識改革を通じてごみの発生抑制効果を高めることが期待される．主な奨励的プログラムとして，エコショップ認定制度，エコオフィス認定制度，マイバッグキャンペーン，フリーマーケット開催支援などが挙げられる[7]．

　中小事業者向けのごみ減量・環境配慮奨励施策として自治体が取り組むエコシ

ョップ・エコオフィス制度については，この数年の間に，全国の主要な取り組みをヒアリング調査した．その結果，①参加事業者の伸び悩みや制度の形骸化に直面している自治体が多い，②制度への参加を呼びかけても参加のメリットを提示できないので説得力が伴わない，③担当職員の業務が手一杯で報告書に基づく指導・助言などきめ細かなフォローアップができない，といった課題が浮き彫りになった．

エコショップ認定制度を活性化させるにはどうしたらよいのか．まず，認定制度への市民参加の向上策として，①広報やイベント等を通じた情報提供の充実により認知度を引き上げる，②制度の設計・運用において市民と行政が協働する，③参加により得られるメリットを市民に提示する，などの取り組みが必要と思われる．

また，事業者の参加を拡大するには，①自社の環境マネジメントに役立つことをアピールする，②取り組みによるコスト削減効果を明示する，③認定要件を緩やかにして，参加の間口を広げ，徐々に取り組みを強化できるようにする，④市民団体などの協力を得て，参加事業者に対して，取り組み上のアドバイスをする体制を整える，⑤参加事業者の取り組み成果や満足度についての情報をフィードバックする，などの工夫が求められる．

このうち，一般市民の参加を促す上で制度設計上重要な課題となるメリット提示については，区域内全エコショップで使用可能な「エコポイント制」を導入して，レジ袋辞退や簡易包装承諾時に共通ポイントを提供し，ポイント還元において自治体が上乗せ助成をする制度を工夫することが考えられる[8]．

市民対策の②や事業者対策の④については，水俣市において，「ごみ減量女性連絡会議」が認定時や毎年度の定期審査時に，行政に代わって認定や審査，監視，助言の作業を担っていることが参考になる．

また市民対策の①や事業者対策の⑤については，別府市の若手職員が毎年度店

---

[7] 筆者は2003年3月，奨励的施策の実施状況に関して全国自治体調査を実施した．その結果，県，市区レベルでのマイバッグキャンペーン，エコショップ，まち美化運動など多様な施策の運用実態について把握できた．調査結果については，山谷修作「循環型社会をめざした自治体における『奨励的施策』の展開と課題（前編：47都道府県調査編）（後編：383自治体調査編）」『月刊廃棄物』2003年10・11月号を参照されたい．

[8] このアイデアは，2006年8月に東京都市町村職員研修所で環境科実務研修講師を担当した際，筆者が出したグループ討議課題「エコショップ認定制度をどう活性化するか」について，多摩自治体の職員グループが討議の上で発表したものである．

舗から提出される報告書に基づいて優良取り組み店を訪問取材し，写真付きで市のホームページに取り組み内容を紹介しているケースなどが参考になる．

奨励的プログラムは工夫次第で活性化できる．情報の共有や共通エコポイントの導入によるエコショップ間の連携の枠組みづくりや行政と市民団体との連携の強化などによりプログラムを活性化し，市民の発生抑制への取り組みを促進することが望まれる．

（3）事業系ごみ対策の充実

家庭ごみ有料化によるごみ減量効果の経年劣化（リバウンド現象）の原因について分析すると，家庭系ごみについて減量効果が維持されているにもかかわらず，事業系ごみが増加して，家庭系ごみと事業系ごみを合計したごみ量のリバウンドを引き起こしていることが多い．有料化で持続的にごみ量を減らすには，事業系対策が不可欠である．家庭ごみ有料化にあたって，小規模事業者の家庭系収集への排出を制限するとか，手数料を割高に設定するなどの対策がとられることがある．しかし，本格的な事業系対策には手つかずの自治体が多いのではないか．

一部自治体は，事業系対策として，条例や指導要綱に基づいて，多量排出事業者に対して「減量計画書」の作成・提出と実績の報告を義務づけ，減量の指導や助言を行う制度を導入している．しかし，その運用実態をみると，計画書の提出や実績の報告を怠る事業者に対する督促を行わないとか，きめ細かな指導・助言を行うまでに至っていないケースも散見される．事業者に対するフォローアップ態勢の充実，指導対象事業者の拡大などにより，多量排出事業者対策に本格的に取り組む必要がある．

なお，こうした指導の対象外となる小規模事業者について，エコショップやエコオフィスの認定制度を導入して，ごみ減量への取り組みの枠組みを提供することができることは，既述の通りである．

（4）戸別収集の導入

有料化と同時に収集方法をステーション収集から戸別収集に切り替えると，排出ルールの遵守が確保され，ごみ減量効果が高まる．戸別収集には排出者責任を明確化でき，ごみ・資源の分別や排出マナーを改善する効果が期待できる．

台東区が2003年度にモデル地区（竜泉3丁目）で540世帯を対象に実施した戸別収集においても，顕著な効果が出た．**図1-7**と**図1-8**に示すように，戸別

収集導入後の1人1日当たりのごみ排出量は導入前と比べ，可燃ごみが11.0％，不燃ごみが10.7％減少した．可燃ごみについては，本来，不燃物や資源物として排出されるべき不適正排出物の混入率は，戸別収集導入後，不燃物が50％，資源物が42％減少した．また，不燃ごみについても，本来，可燃物や資源物として排出されるべき不適正排出物の混入率は，戸別収集導入後，可燃物が36％，資源物が31％減少している．戸別収集への切り替えに伴う収集車1台当たりの収集時間の変化については，可燃ごみで約2分，不燃ごみで約6分増加した．住民に対するアンケート結果では，分別が向上したとする意見が約70％を占め，大多数の住民はプライバシーが確保されていると回答している．

　戸別収集にはメリットが多いが，収集コストを増大させるという難点がある．戸別収集に伴うコストと時間の増分については，住宅密集地，業務区域，農村部など，地域特性に応じて大きく変化する．したがって，一概にどれくらいのコスト増になるかはいえないが，有料化と同時に戸別収集を導入した東京多摩の都市では，平均して20～30％程度収集費が増加したという．導入当初は収集時間がかなり長くなるが，慣れるに従って収集効率の改善が図られる．特に人口稠密な大都市部において有料化する際には，戸別収集の導入は重要な検討課題になると思われる．

(5) 資源物有料化の是非

　家庭ごみを有料化する際，多くの自治体はそれに合わせて（あるいはそれに先立って）資源物の分別収集を拡充するので，資源物量の増加により自治体の資源回収コストが膨らむことになる．容器包装プラスチックなどの資源物はごみよりも比重が軽いため収集効率が悪く，重量単位当たりの収集単価はごみと比べて高くなる．リサイクルだけでなく，リデュースやリユースを促進する観点からは，資源物についてもごみより安くして有料にすべきという議論が出てくる．一般論としては，かなり高い水準のごみ手数料を設定する場合には，第一段階としては，資源物について無料とし，市民が分別を強化することで経済的負担を軽減しやすくする方がよいのではなかろうか．その上で，家庭ごみの有料化が制度として定着した段階において，資源物を含むごみ総量削減の観点から必要と判断した場合には，あらためて市民に対して資源物有料化の問題提起をし，きちんと議論を尽くした上で導入することが望ましい．この検討課題については，基本的には，各自治体がごみ減量への取り組み理念，資源化状況，財政状況，住民の負担の大き

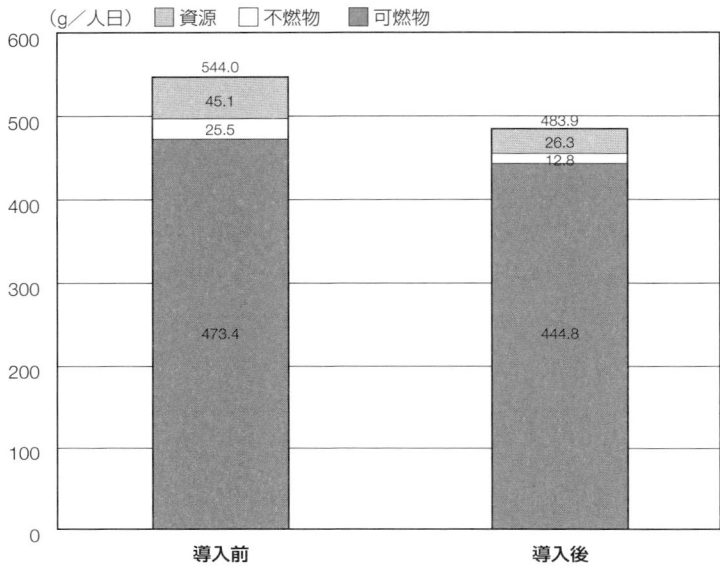

図1-7　戸別収集導入による可燃ごみ排出量の変化（台東区竜泉）

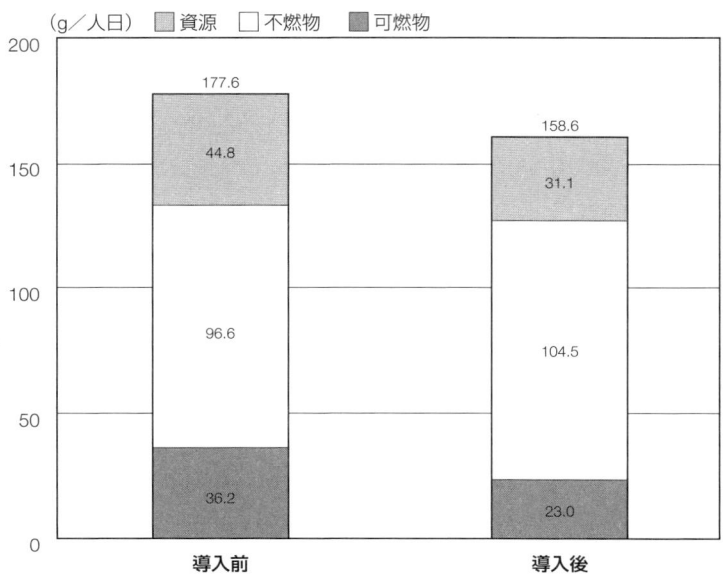

図1-8　戸別収集導入による不燃ごみ排出量の変化（台東区竜泉）

さと受容性などを勘案して判断することになる．

6．有料化によりもたらされたもの
──指定袋のダウンサイジングによるごみ減量──

　有料化直後においては，住民が新たな負担の増加を回避するために資源物の分別を強化したり，ごみになるものをできる限り家庭に持ち込まないなどの対応をとるから，ごみの減量効果は大きく出ることが多い．

　可・不燃ごみの減量効果は，有料化実施前に減量化があまり進展していなかった自治体で，高い手数料水準が設定され，減量の受け皿としての資源分別回収が強化された場合に大きく出る傾向がみられる．

　しかし，有料化によるごみの減量効果は，市民の慣れによるシグナル効果の希薄化，事業系ごみの増加傾向などさまざまな要因により，経年で次第に弱まる傾向がある．これがリバウンド現象である．

　リバウンドは，手数料体系別には超過量方式（特に超過量の手数料水準が低い場合や無料の基本量が多い場合）で起こりやすく，単純方式では手数料水準が低い場合，併用施策が講じられない場合に発生しやすい．

　有料化の導入時に減量効果を高め，その後のリバウンドを抑制するための併用施策として特に有効なのは，戸別収集への切り替えと資源回収の充実である．基本的にこの2施策を高い手数料水準での有料化と併用した東京多摩の自治体では，かなり大きな減量効果とリバウンド抑制の実績が上がっている．

　多摩地域の有料化都市におけるごみ減量への取り組みの調査から得られた知見に基づいて，筆者は，住民による「減量の取り組み尺度としての指定袋容量」に注目している．家庭ごみ有料化の制度設計において，指定袋の容量種は重要な意味を持つ．有料化が導入された自治体の住民は，家庭単位でのごみ減量の取り組みの目安として指定袋の容量を用いることができるからである．まず20L袋に挑戦し，減量実績が上がるようになったらさらに次の減量目標として10L袋に挑戦してみる，というように….

　したがって，自治体は，容量の異なる複数種の指定袋を取り揃えることによって，住民に減量への取り組みの利便性を提供することが望ましい．その上で，住民に対して，行政が自区域内における指定袋の容量別使用枚数の情報を提供し，具体的な減量方法を示しながらより小さな容量の袋にチャレンジするよう提案す

表1-4 可燃ごみ袋のサイズ別出荷枚数（2004年度）

市名		5L	10L	20L	40L
青梅市	枚数	—	1,178,000	2,731,820	1,351,000
	%	—	22.4	51.9	25.7
日野市	枚数	600,000	2,268,000	2,830,000	997,000
	%	9.0	33.9	42.3	14.9
福生市	枚数	281,940	910,900	1,300,080	705,810
	%	8.8	28.5	40.6	22.1
羽村市	枚数	162,000	705,000	1,098,000	561,000
	%	6.4	27.9	43.5	22.2
昭島市	枚数	329,000	983,000	1,921,500	1,204,500
	%	7.4	22.1	43.3	27.1
東村山市	枚数	435,960	1,588,750	2,275,230	1,015,640
	%	8.2	29.9	42.8	19.1
八王子市	枚数	2,405,650	5,359,100	6,292,420	3,164,920
	%	14.0	31.1	36.5	18.4
町田市	枚数	1,079,700	2,866,200	5,920,800	4,692,600
	%	7.4	19.7	40.7	32.2

（注）1. 日野市については、倉庫納品枚数で表記。
　　　2. 八王子市，町田市は，それぞれ2004年度，2005年度の後半期分の集計．

れば，大きな意識啓発効果が得られるのではなかろうか．

とりわけ，戸別収集を導入している場合には，ある家庭が自宅前に排出するごみ袋が近隣の人の目にさらされるから，他の家庭の指定袋容量と自宅のそれを見比べ，減量努力を怠っているように見られかねない大きな袋の使用を回避する行動が誘発される．かくして，隣近所の家庭間でより小さな容量をめざして「指定ごみ袋のダウンサイジング競争」意識が醸成されることになる．

表1-4は，多摩の有料化都市の可燃ごみ指定袋の容量種別の出荷枚数を示している．例示したすべての有料化都市で20L袋が最も多用されていることがわかる．有料化が実施される前，市販の45L袋を使用していた住民は，有料化が導入されると，新たな負担増を少なくするために，無料の資源物を有料指定袋からできる限り排除する分別行動をとるようになり，さらには生ごみ処理機の利用，買い物時のごみにならない製品の選択など消費行動やライフスタイルを見直すことによって，ごみマネジメントを強化する．

第1章　家庭ごみ有料化施策の展開　　23

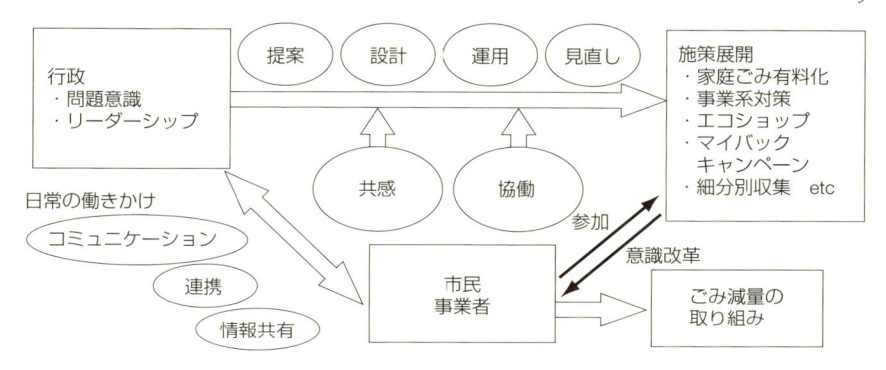

図1-9　施策の設計と運用のフロー

7．有料化施策を成功に導くプロセス

　筆者は，講演の席でよく，「家庭ごみ有料化の実施にあたっては，手数料は高い方がよいが，住民に負担をかけてはいけない」と，逆説的な言い方をする．その真意は，減量効果の出る水準に手数料を設定することが望ましいが，他方で減量の受け皿整備により，きちんと分別すれば負担を減らせる仕組みや，買い物など日常生活においてごみの発生抑制に自然体で取り組めるような仕組み，それに一定の社会的配慮などが必要，ということである．有料化を検討する自治体は，ごみの組成分析や住民意向調査などで基礎データを収集・分析し，ごみ減量・資源化のポテンシャルと住民の意向を把握した上で，有料化と併用施策の制度設計に取り組む必要がある．

　自治体が施策の枠組みをうまく設計し，運用するには，市民・事業者との協働が欠かせない．図1-9に描いたように，新たな施策展開を円滑に行う上でベースになるのは，行政による市民・事業者に対する日常の働きかけである．日頃から機会を捉えて市民団体や自治会，事業者団体とコミュニケーションや連携を図り，行政施策への理解を深めてもらう努力，市民と情報を共有する姿勢が，新しい仕組みづくりにあたって市民の共感を生む基礎となる．

　施策の枠組みづくりの段階から，実際の取り組みを実践する市民や事業者が参加できるようにし，施策の運用や見直しについても，市民の協力を得ることが望ましい．有料化にあたっての減量等推進員による排出指導，極小指定袋の導入に

ついての市民提案，エコショップ認定における市民団体による点検作業，細分別収集におけるボランティア分別指導など，実践例は多々ある．市民との協働による施策展開で意識改革が浸透したとき，有料化はごみの減量だけでなく，発生抑制にも大きな効果を上げるのではなかろうか．

　本章では，市町村が家庭ごみ有料化に取り組む際のさまざまな検討課題について，全国都市アンケート調査や自治体ヒアリング調査などで得た知見に基づいて整理した．もとより，全国各地の自治体はそれぞれ固有の歴史や風土に根ざし，社会構造や産業構造など地域特性が異なる．家庭ごみ有料化についても，地域の実情に合ったスキームを地域住民と行政の十分な意思疎通のもとで考案し，運用することが肝要と思われる．

第2章

家庭ごみ有料化の実施状況

1. これまでの有料化全国調査

　筆者は2000年9月に全国694の市区（すべての市と東京23区）に対して家庭ごみ有料化の実施状況に関するアンケート調査（以下，第1回調査，研究分担者：和田尚久氏）を実施した．この調査では，回収率が80％に及び，残る20％の市区について電話で制度確認を実施した．その結果，①従量制で有料化を実施する市区の比率がちょうど20％である，②有料化後に有料化への支持率が上昇する，③有料化当初かなりの減量効果が出る，④経年で次第にリバウンドが発生する傾向がみられる，⑤手数料水準が高いほどごみ減量効果が持続する傾向がみられる，⑥未導入の市区も大半が有料化を評価し導入を検討中である，などの知見が得られた[1]．

　その後，環境省の委託を受けて全国都市清掃会議が2001年度基準で3241の全国市区町村に対してアンケート調査（以下，全都清調査）を実施している．かなり詳細な経年データの記入を求めたこともあって，回収率は40％にとどまったが，回答自治体の42％（定額制を含む）が家庭ごみを有料化しているとの結果が得られた．この調査ではそのほかに，①小規模な町村などの自治体で有料化実施率が高い，②1人当たり排出量の多い自治体で有料化によるごみ減量効果が比較的顕著に現れる，などの知見が得られた[2]．

　筆者の第1回調査と全都清調査のわずか1年間での有料化率に関する大きな隔たりは，①ごみ処理事情の違いや歴史的な経緯もあって，規模の小さな自治体（町村）の方が大きな自治体（市）よりも有料化実施率が高いが，全都清調査の

---

[1] 第1回調査については，山谷修作「ごみ有料化施策と市民の反応」『月刊廃棄物』2000年12月，山谷修作・和田尚久「全国都市のごみ処理有料化施策の実態」『公益事業研究』2001年3月を参照．
[2] 全都清調査については，(社)全国都市清掃会議「ごみ処理有料化に係る調査報告書（抜粋）」『都市清掃』2003年11月を参照．

対象には町村が含まれたこと，②「有料化」の定義について，筆者の調査では従量制のみを「有料化」としたのに対し，全都清調査では定額制も「有料化」に含めたこと，③1年の間で有料化がかなりのペースで進展していたこと，④全都清調査では有料化している自治体の回答率が高かったと考えられること，などによる．

2005年2月に筆者は第2回全国都市家庭ごみ有料化アンケート調査（以下，第2回調査）を実施した．この調査では，回収率が83％に達し，これに市のホームページ（HP）と電話での確認を含めて，回収・確認率100％とした．

調査票では，「ごみ有料化」の定義を，「ごみの収集・処理について，指定袋やシールを用いて，従量制で，市に収入をもたらすような，実質的なごみ処理手数料を徴収すること」とした．このように定義することにより，市に収入が入らない単なる指定袋制との違いを明示するとともに，ごみ減量効果が期待できない定額有料制をここでの有料化の範疇に入れないことを明らかにした．

調査の結果，全国735市区のうち，有料化都市は全体の36.7％にあたる270市であった．第1回調査では，有料化都市の数は136市（全体の20％）であったから，4年半の間に家庭ごみ有料化が急速に進展していたことがわかる．

有料化都市の内訳を手数料の体系別にみると，指定袋やシールが1枚目から有料となる「単純方式」が228市，年間一定枚数の指定袋やシールを無料配布し，それを超えると有料となる「超過量方式」が35市，年間一定枚数の指定袋やシールについて低い価格で販売し，それを超えると価格が高くなる「二段方式」が7市であった．第1回調査では単純方式が105市，超過量方式が25市，二段方式が6市であったから，単純方式の急増ぶりが目立っていた[3]．

2．直近の全国都市有料化実施状況

筆者はその後も，家庭ごみ有料化の実施状況を観察している．全国都市の家庭ごみ有料化の現状をみると，有料化率はすでに5割近くに達している．都市規模別には，中小都市で有料化率が高く，東京23区や政令指定都市など大都市部で有料化があまり進んでいない．

表2–1は，2006年10月時点における全国の有料化都市と有料化実施年，可燃

---

[3] 第2回調査については，「最新家庭ごみ有料化事情①～④」『月刊廃棄物』2005年7・9・10・11月を参照．

ごみ用大袋（通常40または45L）1枚の価格[4]の一覧表である．全国都市数802市区のうち，有料化都市は363市で，有料化率は45.3％に達している．

全国都市の有料化状況を県別に示したのが**表2-2**である．佐賀県，福岡県，長崎県，高知県で90％を上回る有料化率となっている．これまで有料化市が存在しなかった神奈川県において，2006年度に入って大和市が有料化を実施したので，有料化市が存在しない県は岩手県だけとなった．

手数料体系別には，単純方式を採用する都市が323市で，有料化市全体の9割を占めている．超過量方式（二段方式を含む）の都市は，県別には大阪府，滋賀県，長野県に多く，大阪府では2006年度も池田市が導入している．しかし，全国的には超過量方式を採用する都市は減少傾向にある．無料とされる基本量部分について減量の誘因が働かないこと，制度運用の事務コストが大きいこと，ごみ減量施策の費用をまかなえるだけの手数料収入を確保できないことなどが，敬遠される理由とみられる．最近，倉吉市，安来市，洲本市が超過量方式から単純方式に切り替えており，長野市や岸和田市でも見直しの検討が行われている．

有料化が実施された時期については，**図2-1**に示すように，1990年代後半以降，家庭ごみを有料化する都市が顕著に増加し，現在もその勢いが続いている．2000年代後半に入ってからは，2005年1月以降2006年10月まで2年足らずの間に，92市が家庭ごみ有料化を実施している．

市区別の**表2-1**の開始年度欄にみられるように，多数の町村合併新市（「市制施行」の年月を表示）が家庭ごみを有料化している．全都清調査で示されたように，町や村での有料化比率が高いことから，町村合併によりこの2～3年の間に新たに市制を施行した新市の有料化率はきわめて高いものとなっている．これら新市の有料化実施年度については，2003年4月以降の町村合併新市の場合，市制施行の年月表示とした．

次に，手数料体系別に，全国都市における可燃ごみ大袋1枚の価格の分布をみておこう．**図2-2**は，単純方式の価格帯別都市数を示している．大袋1枚40円台の都市が最も多く71市，次いで30円台63市，20円台56市，50円台48市，10

---

[4] 家庭ごみ有料化の対象となる一般ごみは，可燃と不燃の両方としている都市が多いが，量の多い可燃のみとしている都市もある．守山市，箕面市など一部都市では可燃と不燃で手数料体系が異なる．たとえば，守山市では，可燃ごみに二段方式，不燃ごみに超過量方式を採用している．本表では，こうしたケースについて，可燃ごみの手数料体系を記載し，分析対象とした．

表2-1 全国都市の家庭ごみ有料化状況

■単純方式有料制（323市）

都道府県	市区	開始年度	円/大袋1枚	都道府県	市区	開始年度	円/大袋1枚
北海道	函館市	2002	80	宮城県	登米市	2005.4（市制施行）	50
	小樽市	2005.4	80	山形県	米沢市	1999	40
	帯広市	2004	120		新庄市	1999	50
	北見市	2004	90		寒河江市	1998	40
	網走市	2004	80		村山市	1995	40
	留萌市	2000	80		長井市	1999	40
	芦別市	2004	73		天童市	1995	40
	江別市	2004	80		東根市	1995	40
	赤平市	2003	80		尾花沢市	2005.10	30
	紋別市	2003	60		南陽市	1999	40
	名寄市	2003	80	福島県	白河市	1999	55
	三笠市	2004	80		田村市	2005.3	50
	根室市	1998	63	茨城県	水戸市	2006.4	30
	千歳市	2006.5	80		日立市	2002	30
	滝川市	2003	80		常陸太田市	1992	30
	砂川市	2000	80		北茨城市	2003	30
	歌志内市	2002	80		笠間市	1996	19.7
	深川市	2003	80		ひたちなか市	1995	20
	釧路市	2005.4	100		潮来市	2004	25
	室蘭市	1998	80		常陸大宮市	2004.10（市制施行）	15
	登別市	2000	80		高萩市	2002.10	30
	伊達市	1988	80		那珂市	2005.1（市制施行）	15.8
	石狩市	2006.10	80		稲敷市	2005.3（市制施行）	20.5
青森県	八戸市	2001	30		小美玉市	2006.3（市制施行）	20
	むつ市	1995	40	栃木県	鹿沼市	2006.10	40
秋田県	能代市	2001	36		矢板市	1995	40
	横手市	2000	40		さくら市	2005.3（市制施行）	40
	湯沢市	1992	33.3				
	鹿角市	1999	12				
	潟上市	2005.3（市制施行）	33.3				

第 2 章　家庭ごみ有料化の実施状況

都道府県	市区	開始年度	円/大袋1枚
	那須烏山市	2005.10 （市制施行）	20
群馬県	安中市	1998	20
埼玉県	秩父市	1996	50/35L
	蓮田市	2000	50
	幸手市	2006.10	50
千葉県	銚子市	2004	30
	館山市	2002	30
	木更津市	2004	45
	匝瑳市	1970	40
	旭市	1973	45
	八千代市	2000	24
	鴨川市	2004	50
	富津市	1971	15/30L
	袖ケ浦市	2001	16
	山武市	2006.3 （市制施行）	40 （旧1町） 50 （旧2町1村）
	南房総市	2006.3 （市制施行）	50
	いすみ市	2005.12 （市制施行）	50
東京都	八王子市	2004	75
	武蔵野市	2004	80
	青梅市	1998	48
	昭島市	2002	60
	調布市	2004	80
	日野市	2000	80
	東村山市	2002	72
	福生市	2002	60
	清瀬市	2001	40
	稲城市	2004	60
	羽村市	2002	60
	あきる野市	2004	60
	町田市	2005.10	80
	小金井市	2005.8	80
	狛江市	2005.10	80
神奈川県	大和市	2006.7	80
新潟県	長岡市	2004	52
	三条市	2003	45
	新発田市	1999	50
	十日町市	2001	52.5/50L
	見附市	2004	40
	村上市	2002	35
	燕市	2002	45
	佐渡市	2004.3	20
	魚沼市	2004.11 （市制施行）	35
	南魚沼市	2004.11 （市制施行）	45
	妙高市	2005.4	50
	胎内市	2005.9 （市制施行）	50
富山県	高岡市	1998	40
	射水市	2003	30
	魚津市	1995	18
	黒部市	1995	18
	砺波市	1992	30
	小矢部市	1995	20
	南砺市	2004.11 （市制施行）	20
石川県	七尾市	2000	60
	輪島市	2000	30
	珠洲市	2001	30
	かほく市	2004.3 （市制施行）	40
	能美市	2005.2 （市制施行）	25

都道府県	市区	開始年度	円/大袋1枚
福井県	あわら市	2004（市制施行）	30
	坂井市	2006.3（市制施行）	30
山梨県	南アルプス市	2003.4（市制施行）	20
	北杜市	2004.11（市制施行）	15
	笛吹市	2004.10（市制施行）	20
長野県	上田市	1996	50/30L
	飯田市	1999	60
	小諸市	2006.10	41
	東御市	2003	50/30L
	大町市	2005.4	30
	塩尻市	2005.10	60
	安曇野市	2005.10（市制施行）	30
岐阜県	多治見市	1996	50
	瑞浪市	1977	16.5
	恵那市	1976	31.5
	美濃加茂市	1972	30
	可児市	1971	30
	山県市	2003.4（市制施行）	50
	瑞穂市	2003.5（市制施行）	50
	飛騨市	2004（市制施行）	68
	本巣市	2004.2（市制施行）	50
	郡上市	2004.3（市制施行）	25
	下呂市	2004.3（市制施行）	65
	海津市	2005.3（市制施行）	40

都道府県	市区	開始年度	円/大袋1枚
静岡県	御前崎市	2004.4（市制施行）	20
	伊豆の国市	2005.4（市制施行）	9
	牧之原市	2005.10（市制施行）	20
愛知県	津島市	2002	20
	知立市	1971	13
	日進市	1970	15
	愛西市	2005.4（市制施行）	20
	清須市	2005.7（市制施行）	8
	弥富市	2006.4（市制施行）	20
三重県	桑名市	2002	15
	鳥羽市	2006.10	45
	いなべ市	2003.12（市制施行）	15
	志摩市	2004.11（市制施行）	50
滋賀県	甲賀市	1987	25
	野洲市	1982	25
	湖南市	2004.10（市制施行）	25
京都府	京都市	2006.10	45
	福知山市	2001.2	45
	綾部市	1999	30
	宮津市	2006.10	45
	亀岡市	2003.9	40
	京丹後市	2004	30
	舞鶴市	2005.10	40
	南丹市	2006.1（市制施行）	76.65
大阪府	貝塚市	2004	9
	泉佐野市	2006.4	50

第2章 家庭ごみ有料化の実施状況

都道府県	市区	開始年度	円/大袋1枚
兵庫県	洲本市	1994	35 (旧超過量方式)
	相生市	1998	45
	豊岡市	2003	50
	篠山市	1981	45
	養父市	2004 (市制施行)	60
	丹波市	2004.11 (市制施行)	100
	南あわじ市	2005.1 (市制施行)	30
	朝来市	2005.4 (市制施行)	80
	淡路市	2005.4 (市制施行)	42
	宍粟市	2005.4 (市制施行)	25
	加東市	2006.3 (市制施行)	30
奈良県	大和高田市	2006.4	45
	橿原市	2003	45
	桜井市	2000	47
	五條市	1994	50
	御所市	2005.1	40
	宇陀市	2006.1 (市制施行)	40
和歌山県	橋本市	1970年代	13
	御坊市	1995	50
	田辺市	1995	42/50L
	有田市	1995	30
	紀の川市	2005.11 (市制施行)	15
鳥取県	境港市	2004.10	40
	倉吉市	1996	30 (旧超過量方式)
島根県	松江市	2005.3	18

都道府県	市区	開始年度	円/大袋1枚
	浜田市	2004	30
	出雲市	2001	40 (旧超過量方式)
	大田市	2006.4	50
	安来市	1972	45 (旧超過量方式)
	江津市	1972	30
	雲南市	2004.11 (市制施行)	50 (旧4町)/ 63 (旧2町)
岡山県	津山市	1997	52.5
	瀬戸内市	2004.11 (市制施行)	15.7
	備前市	2004	45
	赤磐市	2005.3 (市制施行)	45
	新見市	2005.4	50
	総社市	2006.4	50
	美作市	2005.7	30
	真庭市	2005.3 (市制施行)	50
広島県	呉市	2004	20
	安芸高田市	2004.3 (市制施行)	65
	庄原市	2005.3 (市制施行)	35/30L (80/80L)
山口県	山口市	2005.10	10
	下関市	2003	45
	防府市	2000	13
	岩国市	2003	30
	美祢市	1979	15/30L
徳島県	鳴門市	2002	35
	小松島市	1994	25
	吉野川市	2004.10 (市制施行)	25

都道府県	市区	開始年度	円/大袋1枚
	美馬市	2005.3（市制施行）	30
	阿波市	2005.4（市制施行）	25
香川県	高松市	2004	40
	善通寺市	1995	40
	さぬき市	2002	30
	東かがわ市	1997	30
	丸亀市	2005.10	40
	三豊市	2006.1（市制施行）	30
愛媛県	今治市	1999	20
	宇和島市	1996	35
	八幡浜市	1997	30
	大洲市	1998	40
	伊予市	2005.4（市制施行）	40
	西予市	2004.4（市制施行）	40
高知県	室戸市	2002	30
	安芸市	2000	40
	南国市	1975	30
	土佐市	1999	50
	須崎市	1974	46
	四万十市	1996	50
	宿毛市	1976	52
	土佐清水市	1989	20
	香南市	2006.3（市制施行）	30
	香美市	2006.3（市制施行）	25
福岡県	福岡市	2005.10	45
	北九州市	1998	50
	大牟田市	2006.2	40
	久留米市	1993	25/30L

都道府県	市区	開始年度	円/大袋1枚
	直方市	1998	63
	飯塚市	1998	70
	田川市	1996	40
	柳川市	1976	20
	嘉麻市	1999	52.5
	朝倉市	1993	50
	八女市	1983	20
	筑後市	1971	20
	行橋市	2002	60
	宗像市	1977	42
	太宰府市	1992	40
	前原市	1992	50
	中間市	1995	71.4
	小郡市	1998	50
	筑紫野市	1993	50
	春日市	2006.4	45
	大野城市	1994	39.9
	古賀市	1978	60
	福津市	2005.1（市制施行）	55
	うきは市	2005.3（市制施行）	20
	宮若市	2006.2（市制施行）	84
佐賀県	佐賀市	1996	40
	唐津市	2000	34
	鳥栖市	1994	40
	多久市	1993	40
	小城市	2005.3（市制施行）	25
	伊万里市	1972	40
	武雄市	1969	42
	鹿島市	1972	40
	嬉野市	2006.1（市制施行）	30

第 2 章　家庭ごみ有料化の実施状況

都道府県	市区	開始年度	円/大袋1枚
	神埼市	2006.3（市制施行）	20
長崎県	島原市	1972	21
	大村市	2001	30
	平戸市	1973	30
	松浦市	1972	26
	対馬市	2004.3（市制施行）	60
	壱岐市	2004.3（市制施行）	40
	五島市	2000	40
	西海市	2005.4（市制施行）	15
	雲仙市	2005.10（市制施行）	50
	南島原市	2006.3（市制施行）	80（旧6町）/19（旧1町）/15（旧1町）
熊本県	八代市	1999	50
	人吉市	1992	20
	玉名市	1996	25
	天草市	1997	50
	山鹿市	2005.4	25
	菊池市	1985	15
	宇土市	2000	35
	上天草市	2004.3（市制施行）	15
	宇城市	2005.1（市制施行）	20
	阿蘇市	2005.2（市制施行）	21
	合志市	2006.2（市制施行）	20
大分県	別府市	1997	21
	日田市	2004	35
	臼杵市	2005.3	30
	竹田市	1981	20
	佐伯市	2005.4	30
	豊後高田市	2005.7	25
	豊後大野市	2005.3（市制施行）	30
	由布市	2005.1（市制施行）	25
	国東市	2006.3（市制施行）	42
宮崎県	宮崎市	2002	40
	串間市	1998	25
	西都市	1969	30
鹿児島県	鹿屋市	2001	54
	阿久根市	2004	31.5
	大口市	1995	38
	西之表市	2004	40
	垂水市	1996	15
	薩摩川内市	1994	15
	日置市	2005.5（市制施行）	25
	曽於市	2005.7（市制施行）	15
沖縄県	那覇市	2002	30
	うるま市	2004	30
	宜野湾市	2004	30
	石垣市	2003	20
	浦添市	1994	20
	糸満市	1975	20
	沖縄市	2000	20
	豊見城市	2003	21
	南城市	2006.1（市制施行）	20

■二段方式有料制（7市）

都道府県	市区	開始年度	円/一段大袋1枚	円/二段大袋1枚
長野県	長野市	1996	13	30
	伊那市	2003	30	180
	駒ヶ根市	2003	30	180
岐阜県	関市	1996	6	300
滋賀県	守山市	1982	10	150
山口県	柳井市	1978	7	50
宮崎県	都城市	1995	8	35.7

（注）1. 2006年10月現在.
2. 可燃ごみの手数料水準と手数料体系で表記.
3. 2003年4月以降の町村合併による新市のみ（市制施行）と表記.

■超過量方式有料制（33市）

都道府県	市区	開始年度	円/超過大袋1枚
茨城県	下妻市	1997	15
千葉県	野田市	1995	170
	君津市	2000	180
新潟県	阿賀野市	2004.4（市制施行）	50
石川県	羽咋市	1994	70
長野県	須坂市	2003	100
	千曲市	2000	80
岐阜県	大垣市	1994	150
	高山市	1992	105
静岡県	御殿場市	2002	150
愛知県	碧南市	1999	100
	東海市	1995	110
	高浜市	1995	50
滋賀県	長浜市	1999	100
	米原市	2005.2（市制施行）	100
	草津市	1977	110
	栗東市	1980	100
大阪府	岸和田市	2002	100
	池田市	2006.4	80
	富田林市	1996.2	100
	河内長野市	1996.2	100
	箕面市	2003	60/30L
	大阪狭山市	1996.2	100
兵庫県	加西市	1994	100
和歌山県	新宮市	2002	60
岡山県	笠岡市	2002	100
広島県	三原市	1995	50
山口県	萩市	1993	40
愛媛県	西条市	1994	100
	東温市	1994	50
福岡県	大川市	1994	30
長崎県	佐世保市	2005.1	210
	諫早市	1994	20

第2章 家庭ごみ有料化の実施状況　35

表2-2　都道府県別の市有料化状況

都道府県	全市数（A）	有料化市数（B）			有料化率
		単純	超過量・二段	計	（B／A）（％）
北海道	35	23	0	23	65.7
青森県	10	2	0	2	20.0
岩手県	13	0	0	0	0
秋田県	13	5	0	5	38.5
宮城県	13	1	0	1	7.7
山形県	13	9	0	9	69.2
福島県	12	2	0	2	16.7
茨城県	32	12	1	13	40.6
栃木県	14	4	0	4	28.6
群馬県	12	1	0	1	8.3
埼玉県	40	3	0	3	7.5
千葉県	36	12	2	14	38.9
東京都	49（含23区）	15	0	15	30.6
神奈川県	19	1	0	1	5.3
新潟県	20	12	1	13	65.0
富山県	10	7	0	7	70.0
石川県	10	5	1	6	60.0
福井県	9	2	0	2	22.2
山梨県	13	3	0	3	23.1
長野県	19	7	5	12	63.2
岐阜県	21	12	3	15	71.4
静岡県	23	3	1	4	17.4
愛知県	35	6	3	9	25.7
三重県	14	4	0	4	28.6
滋賀県	13	3	5	8	61.5
京都府	14	8	0	8	57.1
大阪府	33	2	6	8	24.2
兵庫県	29	11	1	12	41.4
奈良県	12	6	0	6	50.0
和歌山県	9	5	1	6	66.7
鳥取県	4	2	0	2	50.0
島根県	8	7	0	7	87.5
岡山県	15	8	1	9	60.0
広島県	14	3	1	4	28.6
山口県	13	5	2	7	53.8
徳島県	8	5	0	5	62.5
香川県	8	6	0	6	75.0
愛媛県	11	6	2	8	72.7
高知県	11	10	0	10	90.9
福岡県	27	25	1	26	96.3
佐賀県	10	10	0	10	100
長崎県	13	10	2	12	92.3
熊本県	14	11	0	11	78.6
大分県	14	9	0	9	64.3
宮崎県	9	3	1	4	44.4
鹿児島県	17	8	0	8	47.1
沖縄県	11	9	0	9	81.8
合計	802	323	40	363	45.3

（注）2006年10月現在.

36

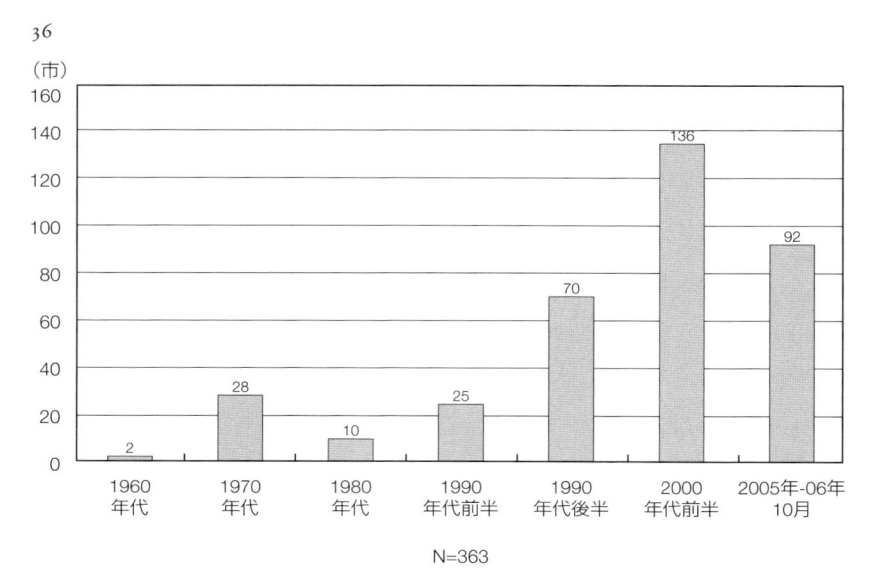

```
(市)
160
140
120                                                    136
100                                                              92
 80                                              70
 60
 40
            28                      25
 20                    10
      2
  0
   1960   1970   1980   1990    1990    2000   2005年-06年
   年代    年代    年代    年代前半  年代後半  年代前半   10月
```

N=363

図2-1　年代別の有料化都市数推移

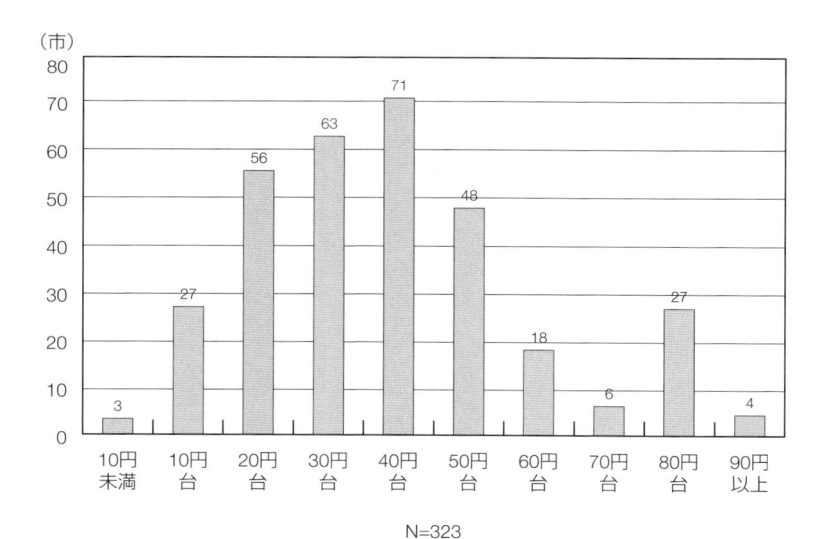

```
(市)
80
                          71
70              63
60        56
                                48
50
40
                                          27
30   27
20                                  18
10                                            6           4
    3
 0
   10円  10円  20円  30円  40円  50円  60円  70円  80円  90円
   未満   台    台    台    台    台    台    台    台   以上
```

N=323

図2-2　価格帯別都市数：単純方式

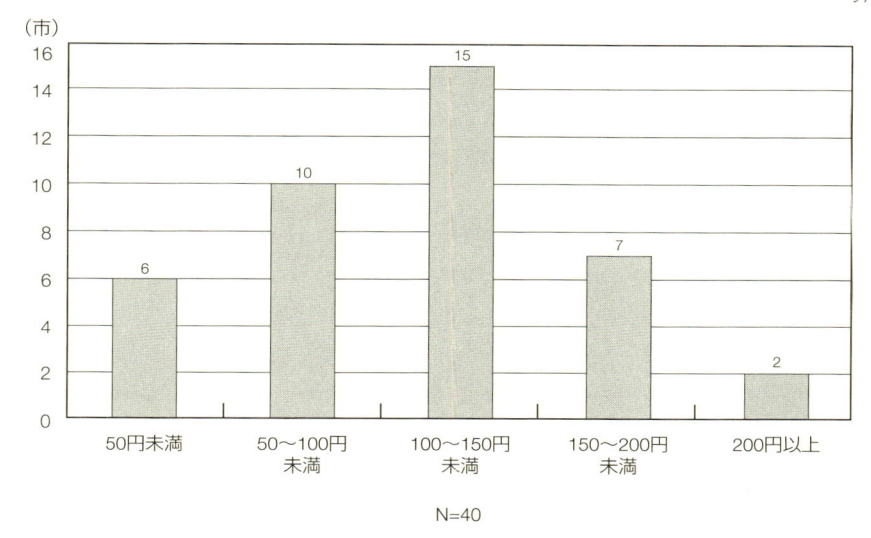

図2-3 価格帯別都市数：超過量・二段方式

円台と80円台がそれぞれ27市の順であった．家庭ごみを有料化している全国都市の大袋1枚の中心価格帯は40円である．しかし，近年の傾向として，一部地域において比較的高い手数料を設定する都市が出現してきたことが挙げられる．大袋1枚80円台の都市は，第1回調査（2000年）のときの2市から，北海道と東京多摩を中心として，大幅に増加している．また，第1回調査時に存在しなかった90円以上も，北見市（90円），丹波市・釧路市（100円），帯広市（120円），の4市出現している．

超過量方式およびその変形としての二段方式を採用する都市における大袋1枚の価格分布は，図2-3に示される．有料の超過袋について大袋1枚100円以上150円未満が中心価格帯で15市と多く，次いで50円以上100円未満が10市と続く．

3．全国町村の有料化実施状況

全国町村の有料化実施状況については，これまで詳細な調査が実施されたことはなかった．この空白を埋めることを狙いとして，筆者は2006年10月，47都道府県に対して「都道府県内町村の家庭ごみ有料化状況調査票」を発送して，区域内町村の有料化実施状況に関する情報提供を依頼した．

この調査では,「有料化」について,「従量制で,指定袋の製造・流通原価を上回る指定袋価格が設定されており,自治体に収入が入るケース」を想定している旨,明示した．その上で,家庭系可燃ごみを有料化している町村名と大袋(容量45L程度)1枚の価格(超過量方式の場合,超過大袋1枚の価格)の情報提供を求めた.

　大多数の都道府県から情報提供を受けることができたが,島嶼部を抱える一部の県からはデータが整備されていない旨の回答を得た．データ未整備の県については,県内のすべての町村に筆者が直接電話で確認する作業を行った．都道府県からの回答を『全国市町村要覧(平成18年版)』と照合し,補足的な確認・問い合わせ作業を実施して,表2-3に示すように,2006年10月時点の全国町村の有料化実施状況を把握することができた.

　判断が難しいのは,指定袋価格15円程度の町村の扱いである．一部県からは県内自治体の指定袋価格のリストを提供され,「有料化」か「単なる指定袋制」かの判断を委ねられたが,可燃ごみ大袋1枚15円前後の町村については,町村が指定袋制をどちらに位置づけているか,問い合わせて確認した．したがって,大袋1枚18円の価格であっても原価相当との位置づけであれば「単なる指定袋」として除外し,10円の価格でも自治体が収入を見込む「有料化」と位置づけている場合にはリストアップした．電話確認した限りでは,大袋1枚10円台のグレーゾーンの中で,15円が「有料化」と「単なる指定袋制」の分岐点となるようである．15円に設定する自治体については「有料化」と位置づけるケースが多数で,「単なる指定袋制」とする自治体は少数である．15円未満となると「単なる指定袋制」が断然優勢となり,15円超ではほとんどの場合,「有料化」として位置づけられていた.

　全国町村の2006年10月現在の有料化率を確認しておこう(表2-4)．町については,全国842町のうち,有料化町は502町で,有料化率は59.6%であった．また,村については,全国196村のうち,有料化村は108村で,有料化率は55.1%であった．町村の中には月額いくらといった定額制の有料化を実施しているところもあるが,この調査リストからは除外した.

　手数料体系別には,大部分の有料化町村が単純方式を採用している．超過量方式(二段方式を含む)をとる町村の数は14町村で,有料化町村全体の2.3%にすぎない．地域的には,超過量方式をとる町村のうち,半数の7町村が大阪府と滋賀県に属している.

第2章　家庭ごみ有料化の実施状況　39

表2-3　全国町村の家庭ごみ有料化状況

都道府県	町村名と大袋1枚の価格
北海道	松前町78円, 福島町50円, 知内町31円, 木古内町47円, 八雲町105円, 長万部町120円, 上ノ国町105円, 江差町105円, 厚沢部町105円, 乙部町105円, せたな町105円, 今金町105円, 奥尻町125円, 寿都町150円, 黒松内町150円, 蘭越町100円, ニセコ町100円, 喜茂別町90円, 京極町80円, 倶知安町80円, 古平町80円, 奈井江町80円, 上砂川町80円, 栗山町70円, 月形町シール20円, 浦臼町80円, 新十津川町80円, 妹背牛町80円, 秩父別町80円, 雨竜町40円（20L）, 北竜町80円, 沼田町80円, 東神楽町30円, 当麻町シール35円, 比布町シール35円, 愛別町シール35円, 上川町シール35円, 東川町100円, 美瑛町30円, 上富良野町90円, 下川町84円, 中川町80円, 増毛町80円, 苫前町100円, 羽幌町100円, 遠別町80円, 天塩町80円, 幌延町40円（20L）, 浜頓別町45円, 中頓別町47円, 枝幸町30円, 豊富町80円, 大空町90円, 美幌町80円, 津別町90円, 清里町90円, 小清水町90円, 訓子府町95円, 置戸町95円, 佐呂間町90円, 遠軽町90円, 上湧別町90円, 湧別町90円, 滝上町70円, 興部町52円, 豊浦町80円, 洞爺湖町80円, 壮瞥町80円, 白老町80円, むかわ町シール70円, 日高町70〜80円, 平取町70円, 新冠町100円, 新ひだか町80円, 浦河町200円, 様似町200円, えりも町200円, 音更町120円, 士幌町120円, 上士幌町120円, 新得町120円, 清水町120円, 芽室町120円, 大樹町70円, 広尾町70円, 幕別町120円, 池田町120円, 豊頃町120円, 本別町120円, 陸別町135円, 浦幌町120円, 釧路町100円, 浜中町100円, 標茶町80円, 弟子屈町108円, 白糠町105円（35L）, 別海町60円, 中標津町80円, 標津町90円, 羅臼町120円, 島牧村150円, 真狩村60円, 初山別村100円, 中札内村160円, 更別村160円, 鶴居村100円, 仁木町超過量40円 （＜参考＞可燃無料・不燃有料：美旦町40円/20L, 斜里町90円, 鹿追町120円）
青森県	平内町30円, 今別町20円, 外ヶ浜町20円, 鰺ヶ沢町30円, 深浦町30円, 板柳町15円, 野辺地町30円, 横浜町20円, 大間町30円, 蓬田村20円, 六ヶ所村20円, 東通村30円, 風間浦村30円, 佐井村30円
秋田県	三種町30円, 八峰町36円, 藤里町36円, 五城目町40円, 八郎潟町50円, 羽後町33.3円, 大潟村50円, 東成瀬村22円
岩手県	なし
宮城県	なし
山形県	西川町40円, 朝日町40円, 大江町40円, 河北町40円, 高畠町40円, 川西町40円, 小国町40円, 白鷹町40円, 飯豊町40円, 金山町50円, 最上町50円, 舟形町50円, 真室川町50円, 大蔵村50円, 鮭川村50円, 戸沢村50円
福島県	石川町30.7円, 浅川町30.7円, 古殿町30.7円, 三春町25円, 小野町30円, 矢吹町55円, 棚倉町33.5円, 矢祭町33.5円, 塙町33.5円, 広野町50円, 楢葉町50円, 富岡町50円, 大熊町50円, 双葉町50円, 浪江町50円, 玉川村30.7円, 平田村30.7円, 西郷村55円, 泉崎村55円, 中島村55円, 鮎川村33.5円, 北塩原村35円, 川内村50円, 葛尾村50円, 飯舘村50円
茨城県	茨城町20円, 大洗町20円, 城里町25円, 河内町15円, 利根町20円（30L）, 美浦村20.5円, 八千代町超過量50円

都道府県	町村名と大袋1枚の価格
栃木県	益子町50円，茂木町50円，市貝町50円，芳賀町50円，塩谷町40円，高根沢町40円，那珂川町20円
群馬県	吉岡町15円，吉井町20円，神流町15円，下仁田町25円，中之条町40円，長野原町40円，草津町22円，東吾妻町40円，みなかみ町70円，板倉町40円，明和町35円，榛東村15円，上野村20円，南牧村25円，嬬恋村40円，六合村40円，高山村40円，片品村16円，川場村40円，昭和村40円
埼玉県	杉戸町40円，白岡町50円，騎西町30円，横瀬町50円，皆野町50円，長瀞町50円，小鹿野町50円
千葉県	栄町45円，神崎町35円，多古町40円，横芝光町50円，九十九里町25円，芝山町50円，一宮町65円，睦沢町65円，白子町65円，長柄町65円，長南町65円，大多喜町65円，鋸南町50円，長生町65円
東京都	大島町18.4円，瑞穂町60円
神奈川県	二宮町21円
新潟県	聖籠町60円，湯沢町50円，荒川町35円，山北町35円，弥彦村45円，関川村35円，神林村35円，朝日村35円
富山県	入善町18円，朝日町18円
石川県	川北町25円，津幡町40円，内灘町40円，中能登町40円，能登町40円，志賀町超過量・シール100円，宝達志水町超過量32円
福井県	越前町25円，美浜町19円，高浜町15円，おおい町20円，若狭町19円
山梨県	市川三郷町20円，増穂町14.9円，鰍沢町15円，早川町20円，身延町20円，南部町20円，山中湖村30円
長野県	小海町30円，佐久穂町20円，軽井沢町45円，御代田町35円，立科町25円，長和町50円，辰野町44円，箕輪町44円，飯島町44円，松川町60円，高森町85円，阿南町80円，木曽町60円，上松町50円，南木曽町50円，波田町40円，池田町41円，川上村40円，青木村50円，南箕輪村44円，中川村44円，宮田村44円，清内路村80円，阿智村80円，平谷村80円，下條村80円，売木村80円，天龍村80円，泰阜村80円，喬木村60円，豊丘村84円，大鹿村86.1円，木祖村60円，王滝村60円，大桑村50円，麻績村41.5円，筑北村41.5円，生坂村41.5円，山形村17.85円，朝日村70円，松川村41.5円，白馬村60円，小谷村50円，小川村33円，中条村50円
岐阜県	岐南町105円，養老町40円，関ヶ原町40円，神戸町50円，輪之内町50円，安八町50円，揖斐川町50円，大野町50円，池田町40円，坂祝町30円，富加町50円，川辺町75円，七宗町50円，八百津町75円，白川町100円，御嵩町50円，東白川村155円，白川村63円，北方町超過量100円
静岡県	松崎町50円，西伊豆町23円，富士川町25円，由比町25円，吉田町20円（30L），川根町20円，川根本町30円（35L），森町25円，新居町12.6円
愛知県	東郷町15円，長久手町15円，七宝町20円，美和町30円，大治町20円，蟹江町20円，幸田町20円，三好町20円，設楽町20円，東栄町20円，飛島村20円，豊根村20円，甚目寺町二段5円/25円

第2章　家庭ごみ有料化の実施状況

都道府県	町村名と大袋1枚の価格
三重県	南伊勢町30円，木曽岬35円
滋賀県	木之本町35円，余呉町35円，西浅井町35円，虎姫町超過量100円，湖北町超過量100円，高月町超過量100円
京都府	加茂町30円，笠置町30円，和束町30円，京丹波町77円，南山城村30円
大阪府	太子町超過量100円，河南町超過量100円，能勢町超過量100円，千早赤阪村超過量100円
兵庫県	多可町35円，市川町15円，上郡町35円，佐用町40円，神河町15.75円，香美町51円，新温泉町50円
奈良県	斑鳩町45円，三宅町20円，田原本町45円，高取町40円，上牧町45円，河合町15円，吉野町50円，大淀町45円，下市町50円，黒滝村50円，天川村50円，十津川村35円，下北山村40円，上北山村40円，川上村50円，東吉野村50円
和歌山県	紀美野町30円，湯浅町25円，日高町50円，白浜町31円，かつらぎ町50円，広川町20円，由良町50円，上富田町30円，九度山町90円，有田川町25円，みなべ町45円，すさみ町32円，高野町15円，美浜町50円，日高川町50円，古座川町20円，串本町20円
鳥取県	岩美町25円，若桜町42円，智頭町60円，八頭町35円，三朝町40円，湯梨浜町30円，琴浦町20円，北栄町30円，日南町45円，日野町30円，江府町30円，日吉津村50円，大山町超過量100円
島根県	東出雲町60円，飯南町63円，斐川町20円，川本町60円，美郷町63円，邑南町63円，津和野町50円，吉賀町50円，海士町70円，西ノ島町シール80円，隠岐の島町シール80円，知夫村100円
岡山県	建部町52円，瀬戸町45円，和気町45円，早島町30円，里庄町12円，鏡野町12円，久米南町52円，美咲町12円，吉備中央町20円，新庄村50円，西粟倉村30円
広島県	安芸太田町50円（30L），北広島町65円（30L），大崎上島町45円，世羅町150円，神石高原町50円（30L）
山口県	上関町25円，田布施町20円，平生町20円，美東町30円，阿武町50円，阿東町30円
徳島県	勝浦町25円，石井町25円，神山町31円，那賀町30円，牟岐町30円，美波町30円，海陽町30円，板野町23円，上板町25円，つるぎ町30円，佐那河内村30円
香川県	土庄町15円，小豆島町30円，三木町40円，直島町21円，宇多津町45円，綾川町30円，琴平町30円，多度津町40円，まんのう町40円
愛媛県	上島町30円，砥部町40円，内子町40円，松野町40円，鬼北町40円，愛南町30円
高知県	東洋町30円，奈半利町40円，田野町40円，安田町40円，大豊町60円，春野町50円，いの町50円，仁淀川町20円，中土佐町45円，佐川町20円，越知町20円，檮原町50円，津野町60円，四万十町50円，大月町50円，黒潮町50円，馬路村90円，大川村60円，日高村50円，三原村30円

都道府県	町村名と大袋1枚の価格
福岡県	那珂川町31.5円，宇美町15円，篠栗町25円，志免町30円，須恵町50円，新宮町60円，久山町105円，粕屋町55円，芦屋町71.4円，水巻町71.4円，岡垣町71.4円，遠賀町71.4円，小竹町84円，鞍手町84円，桂川町50円，筑前町50円，二丈町52.5円，志摩町52.5円，大刀洗町50円（30L），大木町60円，黒木町21円，立花町20円，広川町30円，瀬高町25.6円，山川町25.6円，高田町25.6円，香春町50円，添田町63円，糸田町80円，川崎町50円，大任町40円，福智町60円，みやこ町30円，上毛町20円，築上町30円，東峰村50円，矢部村21円，星野村25円，赤村52.5円
佐賀県	川副町20円，東与賀町20円，久保田町25円，吉野ヶ里町20円，基山町30円，上峰町35円（35L）みやき町40円，有田町40円（30L），大町町26円（30L），江北町35円（30L），白石町35円（28L），太良町40円（25L）
長崎県	長与町17円，時津町20円，東彼杵町40円，川棚町40円，波佐見町40円，江迎町45円，鹿町町45円，佐々町45円，新上五島町40円
熊本県	城南町40円（20L），富合町35円，美里町20円，玉東町40円，南関町25円，長洲町25円，和水町25円，大津町30円，菊陽町30円，南小国町21円，小国町21円，高森町21円，益城町15円，氷川町12円，錦町17円，苓北町15円，産山村21円，南阿蘇村21円，五木村20円，山江村21円，球磨村20円
大分県	日出町20円，九重町36円，玖珠町36円
宮崎県	南郷町40円，高鍋町30円，新富町40円，木城町30円，都農町20円，高千穂町70円，日之影町70円，五ヶ瀬町70円，西米良村33円
鹿児島県	菱刈町38円，加治木町24円，姶良町27円，蒲生町23円，上屋久町35円，屋久町35円，喜界町40円，徳之島町40円，天城町40円，伊仙町40円，和泊町46.7円，知名町46.7円
沖縄県	本部町30円，北谷町30円，西原町20円，与那原町20円，南風原町20円，久米島町30円，八重瀬町20円，南大東村40円，北大東村54円，恩納村30円，伊江村40円，読谷村10円，座間味村40円

（注）1．2006年10月現在．
　　　2．可燃ごみ大袋（40～50L）1枚の価格で表記（容量が異なる場合は記載）．
　　　3．都道府県からの提供資料に基づき，一部町村に個別に確認して作成．

第2章　家庭ごみ有料化の実施状況　　43

表2-4　全国市町村の有料化状況

	総数	有料化数	有料化率(%)
市	802	363	45.3
町	842	502	59.6
村	196	108	55.1
市町村	1840	973	52.9

(注) 1. 2006年10月現在.
　　 2. 市町村数は『全国市町村要覧（平成18年版）』に基づく．市には東京23区を含む．

　なお，全国市町村の中で，可燃ごみ大袋1枚の価格が最も高い自治体は，北海道日高支庁の浦河町，様似町，えりも町の200円（45L袋）である[5]．

4．全国市町村の都道府県別有料化状況

　都道府県別の家庭ごみ有料化状況は，**表2-5**に示すとおりである．市町村数の比率でみて最も有料化率が高いのは佐賀県で，県都佐賀市をはじめ県内ほとんどの市町が有料化を実施している．逆に，有料化率が最も低いのは岩手県で，県内に有料化自治体は存在しない．

　有料化の状況を地域ブロック別に確認しておこう．まず，北海道・東北では，有料化率は北海道，山形で高く，岩手，宮城では低水準となっている．関東甲信越では，新潟，富山，石川，長野の有料化率が高い．千葉の町村の有料化率も高いが，大都市での有料化が遅れている．東京は23区を除いた多摩地域の市数でみると58％の有料化率となる．

　中部では，岐阜の有料化率が際立っている．近畿では和歌山，中国では岡山，山口，島根，鳥取の有料化率が高い．四国については，高知，愛媛，香川，徳島の4県とも有料化率が軒並み高水準となっている．九州・沖縄でも，佐賀をはじめ長崎，福岡，熊本，大分，沖縄，鹿児島など有料化率が高い県が軒を連ねている．

　以上，都道府県別に有料化の実施状況を示したが，全国1840市区町村全体では有料化率は52.9％となる（**表2-4**）．政令指定都市，県都，東京特別区など大都市部での有料化が出遅れているので，人口比ではかなり低くなるはずであるが，

---

5) 不燃ごみについては，福岡県黒木町の45L袋1枚210円が突出している．45L袋1枚21円の可燃ごみの10倍もの禁止的価格である．町の担当者によれば，住民に資源物（無料）の分別をきちんとしてもらうことを狙いとした価格設定とのことである．

表2-5 都道府県別の市町村有料化状況

都道府県	県内市町村数			有料化市町村数			有料化比率（％）		
	市	町	村	市	町	村	市	町	村
北海道	35	130	15	23	101	6	65.7	77.7	40.0
青森県	10	22	8	2	9	5	20.0	40.9	62.5
岩手県	13	16	6	0	0	0	0	0	0
秋田県	13	9	3	5	6	2	38.5	66.7	66.7
宮城県	13	22	1	1	0	0	7.7	0	0
山形県	13	19	3	9	13	3	69.2	68.4	100
福島県	12	33	16	2	15	10	16.7	45.5	62.5
茨城県	32	10	2	13	6	1	40.6	60.0	50.0
栃木県	14	19	–	4	7	–	28.6	36.8	–
群馬県	12	16	10	1	11	9	8.3	68.8	90.0
埼玉県	40	30	1	3	7	0	7.5	23.3	0
千葉県	36	17	3	14	13	1	38.9	76.5	33.3
東京都	49	5	8	15	2	0	30.6	40.0	0
神奈川県	19	15	1	1	1	0	5.3	6.7	0
新潟県	20	9	6	13	4	4	65.0	44.4	66.7
富山県	10	4	1	7	2	0	70.0	50.0	0
石川県	10	9	–	6	7	–	60.0	77.8	–
福井県	9	8	–	2	5	–	22.2	62.5	–
山梨県	13	9	6	3	6	1	23.1	66.7	16.7
長野県	19	25	37	12	17	28	63.2	68.0	75.7
岐阜県	21	19	2	15	16	2	71.4	84.2	100
静岡県	23	19	–	4	9	–	17.4	47.4	–
愛知県	35	26	2	9	11	2	25.7	42.3	100
三重県	14	15	–	4	2	–	28.6	13.3	–
滋賀県	13	13	–	8	6	–	61.5	46.2	–
京都府	14	13	1	8	4	1	57.1	30.8	100
大阪府	33	9	1	8	3	1	24.2	33.3	100
兵庫県	29	12	–	12	7	–	41.4	58.3	–
奈良県	12	15	12	6	9	7	50.0	60.0	58.3
和歌山県	9	20	1	6	17	0	66.7	85.0	0
鳥取県	4	14	1	2	12	1	50.0	85.7	100
島根県	8	12	1	7	11	1	87.5	91.7	100
岡山県	15	12	2	9	9	2	60.0	75.0	100
広島県	14	9	–	4	5	–	28.6	55.6	–
山口県	13	9	–	7	6	–	53.8	66.7	–
徳島県	8	15	1	5	10	1	62.5	66.7	100
香川県	8	9	–	6	9	–	75.0	100	–
愛媛県	11	9	–	8	6	–	72.7	66.7	–
高知県	11	18	6	10	16	4	90.9	88.9	66.7
福岡県	27	37	4	26	35	4	96.3	94.6	100
佐賀県	10	13	–	10	12	–	100	92.3	–
長崎県	13	10	–	12	9	–	92.3	90.0	–
熊本県	14	26	8	11	16	5	78.6	61.5	62.5
大分県	14	3	1	9	3	0	64.3	100	0
宮崎県	9	19	3	4	8	1	44.4	42.1	33.3
鹿児島県	17	28	4	8	12	0	47.1	42.9	0
沖縄県	11	11	19	9	7	6	81.8	63.6	31.6

（注）1. 調査は2006年10月時点．市町村数は『全国市町村要覧（平成18年度版）』に基づく．
　　　2. ここでの「有料化」は，家庭系可燃ごみの定期収集・処理について，市町村に収入をもたらす従量制手数料を徴収すること，とした．
　　　3. 東京都の市数には，23区を含む．

自治体数ではもう半数を上回るところまで有料化が進展していることを確認できる.

5. 手数料制度の特徴——第2回調査から——

　手数料体系の3方式のうち単純方式は，1袋目のごみから手数料が課せられるから，ごみ減量効果が比較的大きく出やすいものの，低所得層にとって負担が重くなるおそれがある．そこで，単純方式をとる自治体の中には，生活保護世帯や要介護者世帯等への社会的配慮として，一定枚数の指定袋を無料配布するところもある．社会的な無料配布をしている都市について年間の配布枚数をみると，世帯人数別に配布枚数を変えているところが多い．

　こうした社会的な無料配布については，回答した206市のうち「していない」が150市（全体の73％）で，「している」の56市（同27％）を大きく上回った．当然のことながら，手数料水準別には手数料が高くなるほど無料配布の必要性が高くなる．試みに，中心価格帯を上回る大袋1枚60円以上の都市と30円未満の都市について，それぞれ社会的無料配布の有無を比較してみよう．60円以上の42市のうち「している」は23市で，「していない」の19市を上回った．これに対して，30円未満の68市については，「している」はわずか7市にとどまった．

　一方，市民によるまち美化ボランティア活動に対する支援措置としての無料配布に関しては，大部分の都市が実施していた．

　次に，超過量方式をとる都市について，基本量としての無料配布枚数を世帯人数に応じて変えているかどうか調べた．その結果，「変えている」が24市で，全体の3分の2を占めていた[6]．「変えていない」と回答した場合でも，野田市，君津市，東温市のように，世帯人数により配布する指定袋のサイズを変えている都市もある．また，河内長野市，富田林市，大阪狭山市など，世帯人数により配布枚数と袋サイズの両方を調整している都市もある[7]．

　世帯人数で配布枚数を「変えていない」ケースでの年間配布枚数は，可・不燃合計で100～130枚程度が多い．一方，「変えている」ケースについては4人世帯に対する無料配布枚数を調べた．その結果，130枚以上のところが6市あるなど，超過袋の価格にもよるが，標準的な世帯でみて「変えている」ケースの方で配布枚数がやや多くなる傾向がみられる．

　二段方式の都市については，一段目価格で買える指定袋の年間枚数を世帯人数

に応じて変えているかどうかを調べた．その結果,「変えていない」が4市,「変えている」が3市であった．「変えていない」都市での年間枚数は,長野市で200枚と突出して多いが,他の3市では84～120で,超過量方式の無料配布枚数にほぼ見合うものとなっている．一方,「変えている」都市で4人世帯に対する枚数をみるといずれも120枚で,これも超過量方式の無料配布枚数にほぼ見合っている．

第2回調査では,有料化市に対して手数料制度の変更についても調べた．まず,手数料水準の改定の有無については,「改定したことはなく,今後も改定の予定はない」とする市が,全体の半数にあたる117市,「今後検討する予定である」とする市が22％にあたる51市,「改定したことがある」とする市が17％にあたる39市あった[8]．

---

6) 超過量方式をとる都市での異色の工夫を二,三紹介しておこう．箕面市では,年間無料配布枚数について,5つの世帯区分ごとに大袋(30L)と小袋(20L)のきめ細かな組み合わせオプションが提供されている．たとえば,4人世帯の場合,年間合計4200LになるA(大袋140枚,小袋なし)からD(大袋80枚,小袋90枚)などを経てH(大袋なし,小袋210枚)までの8種のオプションが,5人以上世帯には年間合計4800LになるA～Iの9種のオプションが提供されている．世帯人数別のオプションを合計すると,実に32種にもなる．

超過量方式の難点の一つは,無料配布にかなりの事務コストを要するところにあるが,野田市はコスト節減のために,貼り合わせ式はがきの内側両面に,ハサミで切り取りできるようにして12ブロックの指定袋引換券を印刷して,世帯主に郵送する方法を考案した．引換券を小売店に持参すれば,指定袋のパックと交換できるが,可・不燃の別は交換時に選択できる．

千曲市(旧・更埴市)では,指定袋(小売店で販売,1枚8円程度)に貼るごみシール(可・不燃別)の無料配布枚数を世帯人数別に変えている．年度をまたいでシールを使用することはできない．ここまでは他市と大差ない．特徴の一つは,有料シールの価格が二段階になっている点である．無料配布されたシールを使い切ったときは可燃用で30枚まで1枚50円,31枚目からは1枚80円で有料シールを購入することになる．そして,他に類例をみない制度として,ごみシールに町会名,氏名,バーコードが印刷されていることが挙げられる．バーコードには,排出者コード,ごみ種,年度,発行番号が記載されている．収集作業員がごみ収集時にバーコードリーダーで排出情報も収集する．市の担当者によると,経費がかかることもあって,各戸に対してごみ排出量のヒストリーなどの情報提供はしていないが,町内会から求められた場合には,地区データをごみ減量への取り組みの参考資料として提供しているとのことである．

7) 年間の無料配布枚数を決める際,年間の収集回数からごみ減量努力量を差し引く計算が行われることが多い．ちなみに,世帯人数に応じてサイズ別に130枚配布する野田市の場合,可・不燃ごみの年間収集回数約150回(52週×週3回収集)のところ,資源化の徹底などで2割のごみ量(収集30回分)削減が可能とみて,有料化当初,年間120枚配布した．その後,協議会の場で市民から夏場対策として可燃ごみ袋増量の要望が出たことを受け,10枚増やした．

8) 手数料改定調査について詳しくは『月刊廃棄物』2005年7月号の筆者論文を参照されたい．

手数料体系については,「変更したことがなく,今後も変更の予定がない」と,全体の87％にあたる177市が回答している.「変更したことがある」と回答したのは,わずか8市にとどまる.そのうちの3市は,定額制から単純方式への変更であった.残る5市のうち,2市については,守山市の単純方式から二段方式,栗東市の単純方式から超過量方式への変更で,いずれも1980年代初めにさかのぼり,旧聞に属する.比較的新しい体系見直しは,諫早市の単純方式から超過量方式への変更（1994年度）,出雲市の超過量方式から単純方式への変更（2001年度）,御殿場市の二段方式から超過量方式への変更（2002年度）である.

諫早市の単純方式（大袋1枚15円）から超過量方式（年間可燃用50枚・不燃用数枚無料配布,超過袋1枚20円）への切り替えは,ごみ減量・リサイクル推進を狙いとして,資源ごみ収集と同時に実施したという.しかし,超過袋の手数料が低すぎるという印象を受ける.ごみ減量効果もあまり出ていないようである.

御殿場市の二段方式（一段目・大袋20円,二段目・大袋150円）から超過量方式への移行は,前回市長選に立候補した現市長が一段目手数料の無料化を選挙公約に打ち出して当選したことに伴うものである.選挙との絡みでは2004年2月,前橋市長選で家庭ごみ有料化を打ち出した当時の現職市長が,有料化しないことを公約に掲げた対立候補に敗北を喫したことは,まだ記憶に新しい.有料化は,時として,選挙の争点にもなりうる.

出雲市の超過量方式（年間無料配布100枚,超過大袋1枚40円）から単純方式への切り替えは,ごみ減量効果の強化を狙いとしたものであった.出雲市は1992年から超過量有料制を開始し,以後数年間にわたってかなりのごみ減量効果を上げたことで知られるが,その後市民の生活様式の変化による可燃ごみの増加を主因として,リバウンドに直面するようになった.超過量方式では,無料配布枚数の範囲までは減量インセンティブが働かない.そこで,2001年度から,1袋目から抑制効果が期待できる単純方式（大袋一枚40円）に切り替えたという.状況変化に対応して,機敏な施策見直しがなされたといってよい.

今後における手数料体系の見直し予定に関しては,「今後検討する予定である」と回答した都市は9市あったが,そのすべてが超過量方式から単純方式への変更であった.超過量方式を採用する多くの都市において,ごみ減量効果が長続きせず,リバウンドが生じている.そのため,いくつかの超過量有料化都市が持続的な減量効果が期待できる単純方式への切り替えを検討しはじめている.

第3章

有料化の目的と制度運用
―― 第2回全国都市家庭ごみ有料化アンケート調査から（1）――

　本章と次章では，2005年2月に全国都市（すべての市と東京23区）に対して筆者が実施したアンケート調査の集計結果を紹介する．まず，本章では，家庭ごみ有料化の目的と制度運用を取り上げる．

1．有料化の目的

　家庭ごみ有料化の目的について，複数回答可・選択数任意とし，こちらで用意した「その他」を含む7つの選択肢に，重要と思われるものから順に1，2，3，…と，番号を振ってもらった．「その他」については，自由記述とした．

　有料化都市からの回答結果は，**表3-1**に示すとおりである．有料化の目的として第1位に挙げる都市が最も多かったのは「ごみ減量の推進」であった．有料化都市の半数を上回る142市が減量推進を第1位に挙げていた（第2位に挙げた都市も51市ある）．次いで「住民負担の公平化」（38市），「ごみに対する住民意識の向上」（20市），「市の財政負担軽減」（15市）の順であった．目的の第1位に挙げる都市が少なかったのは，「資源物回収の推進」（2市），「市町村合併に伴う調整」（1市）であった．「その他」で第1位に挙げられたのは，「最終処分場の延命」，「排出者責任の明確化」，「ごみ処理施設の能力が限界となったため」（各1市）であった．

　参考までに，この集計結果について，第1位に7点，第2位に6点，第3位に5点，…などと配点する重要度点数評価法を適用すると，**図3-1**のように各項目の総得点を比較できる．「資源物回収の推進」については，主目的として挙げる都市はごく少ないものの，副次的な目的としてかなり重視されていることがわかる．

　なお，「その他」の自由記述は12市からあった．主な回答について順位を問わずに紹介すると，「最終処分場の延命」が5市，指定袋制とかかわる「ステーシ

表3-1 家庭ごみ有料化の目的
(重要度順位付け，選択数任意)

(市数)

	1位	2位	3位	4位	5位	6位	7位
ごみ減量の推進	142	51	19	2	0	0	0
住民負担の公平化	38	47	50	30	5	1	0
ごみに対する住民意識の向上	20	50	66	33	12	0	0
市の財政負担軽減	15	19	24	17	33	5	0
資源物回収の推進	2	49	34	32	15	0	0
市町村合併に伴う調整	1	0	0	1	0	4	0
その他	3	0	1	5	2	1	1

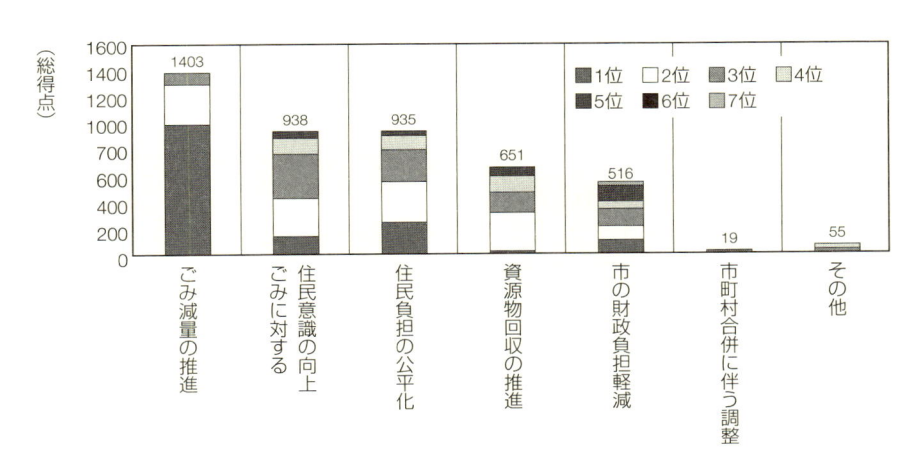

(注) 第1位に7点，第2位に6点，第3位に5点，第4位に4点，第5位に3点，第6位に2点，第7位に1点を配点．

図3-1 家庭ごみ有料化の目的（重要度点数評価法）

ョンの美観，収集作業の安全性・効率性の確保，施設の保護」などとする回答が3市（いずれも低位の手数料水準）からあった．

その他
38（17.2%）

ステーション方式
（ダストボックス含む）から
戸別収集に切り替えた
17（7.7%）

ステーション方式を
そのまま維持した
166（75.1%）

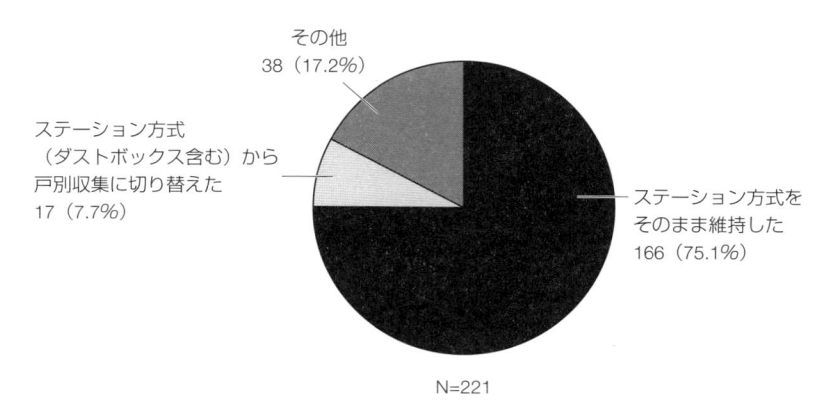

N=221

図3-2　家庭ごみ有料化を契機とした収集方式の変更

2. 有料化時の制度変更

　家庭ごみ有料化にあたって，自治体によってはごみ収集やごみ減量にかかわる制度や取り組みを変更することがある．そこで，ごみ収集方式，資源ごみ収集方法，小規模事業系ごみの扱いの変更ついて，有料化都市に尋ねた．

（1）収集方式の変更

　大多数の自治体は，収集効率の観点からステーション方式でごみを収集している．しかし，この方式では誰が出したごみ袋か特定できないことから，分別・排出マナー悪化の温床ともなっている．排出者責任の明確化や不適正排出の防止を図る狙いで，最近，東京多摩地域をはじめ一部の都市では，家庭ごみを有料化する際にステーション方式やダストボックス方式から戸別収集方式への切り替えを実施している．

　そこで，家庭ごみ有料化を契機に収集方式を変えたかどうかを聞いた．回答の比率は，図3-2に示されるように，「ステーション方式をそのまま維持した」が75％，「ステーション方式（ダストボックスを含む）から戸別収集に切り替えた」が8％，「その他」が17％であった．家庭ごみを有料化するにあたっても，従来からのステーション方式をそのまま維持する都市が圧倒的に多い．

　戸別収集に切り替えたと回答した17市のうち，8市は多摩地域の都市（八王子，武蔵野，青梅，調布，日野，福生，羽村，あきる野）であった．それ以外で

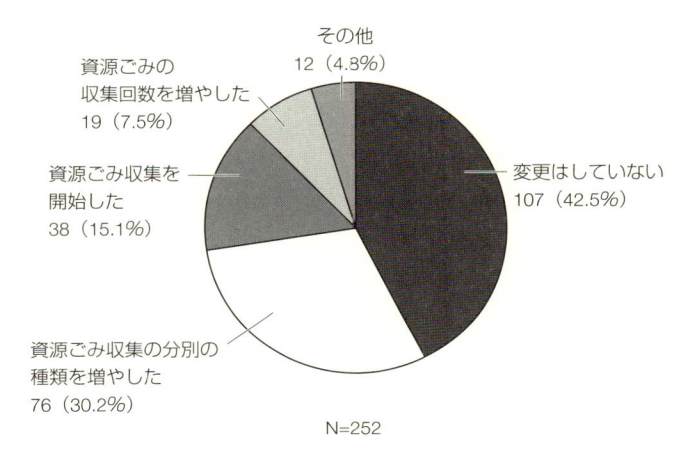

図3-3 家庭ごみ有料化を契機とした資源ごみ収集方法の変更（複数回答可）

- 変更はしていない 107（42.5％）
- 資源ごみ収集の分別の種類を増やした 76（30.2％）
- 資源ごみ収集を開始した 38（15.1％）
- 資源ごみの収集回数を増やした 19（7.5％）
- その他 12（4.8％）

N=252

戸別収集に切り替えたのは，千葉県八千代市，岐阜県山県市，和歌山県新宮市，山口県下関市，福岡県の小郡市と筑紫野市，佐賀県鳥栖市，沖縄県の浦添市と沖縄市である．

「その他」の記述から得られた情報も紹介しておこう．島根県平田市（現・出雲市）と長崎県諫早市は，どちらも1990年代前半とはいえ，近年の排出者責任明確化への動きとは逆に，収集の効率化の観点から，有料化する際に戸別収集からステーション収集に切り替えている．

有料化する以前から戸別収集しており，有料化後もそのまま続けていると記述したのは北海道の函館市と根室市，東京都稲城市，石川県かほく市，沖縄県豊見城市であった．那覇市は有料化の2年前から一部地区で実施した戸別収集について，有料化を機にさらに拡充に努めたとしている．有料化都市で戸別収集とステーション方式を併用していると回答したのは，大阪府箕面市，山口県萩市，島根県雲南市，和歌山県田辺市，福岡県山田市，それに宮崎市である．福岡県太宰府市と佐賀県唐津市では，可燃ごみについて戸別収集，不燃ごみについてステーション方式がとられている．

以上のとおり，併用制等を含め戸別収集を行う都市は全部で32市であり，有料化都市全体の12％を占める．

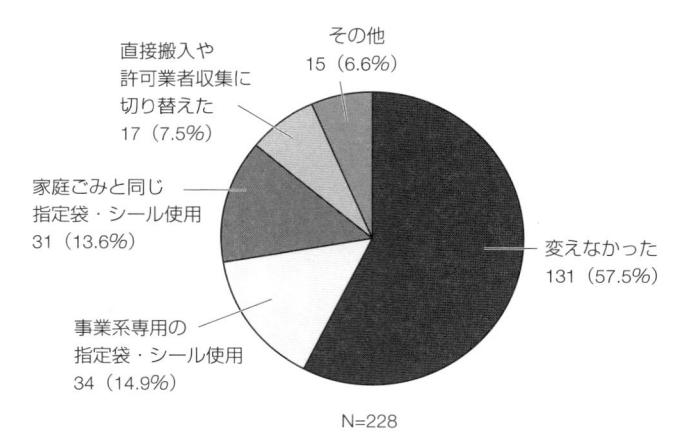

図3–4　家庭ごみ有料化時の小規模事業系ごみの扱いの変更

- その他　15（6.6%）
- 直接搬入や許可業者収集に切り替えた　17（7.5%）
- 家庭ごみと同じ指定袋・シール使用　31（13.6%）
- 事業系専用の指定袋・シール使用　34（14.9%）
- 変えなかった　131（57.5%）

N=228

（2）資源ごみ収集方法の変更

　家庭ごみ有料化にあたっては，自治体として市民のごみ排出減量の受け皿として，資源物収集を充実させる必要がある．その場合，資源ごみ収集については無料とする自治体が多いが，最近では一般ごみだけでなく資源ごみについても，一般ごみよりも低い手数料水準で有料とする自治体が西日本を中心に増えてきた．残念ながら，資源ごみの有料化については，本調査では対象にしていない．

　本調査では，家庭ごみ有料化を契機に，資源ごみ収集のやり方を変更したかどうかを尋ねた．回答の比率は，図3–3に示されるように，「変更はしていない」が43%，「資源ごみ収集の分別の種類を増やした」が30%，「資源ごみ収集を開始した」が15%，「資源ごみの収集回数を増やした」が8%，「その他[1]」が5%であった．およそ6割の都市が有料化時に資源物収集を充実させることにより，減量効果の強化と市民負担の軽減に取り組んでいたことが判明した．

（3）小規模事業系ごみの扱いの変更

　事業系ごみについては，廃棄物処理法において事業者の責任で処理することとされており，基本的には事業者が自ら回収ルートを設定し，収集運搬・処理費用を負担することになる．しかし，少量しか排出しない小規模事業所については，許可業者との収集契約が困難なケースもあって，一定量のごみに限って自治体が

---

[1]「その他」には，「資源ごみの拠点回収を開始した」，「資源ごみを持ち込みできる施設を作った」，「ストックヤードの取扱い日を増やした」などの回答が含まれる．

収集する場合が多かった．一方で，自治体によっては，家庭ごみ有料化を機に，事業系ごみを一切収集対象から除外するケースもみられる．自治体により，家庭ごみ有料化時の小規模事業系ごみの扱いは異なる．

そこで，家庭ごみ有料化を実施した時に小規模事業系ごみの扱いを変えたかどうかを尋ねた．回答の比率は，図3-4に示されるように，「変えなかった」が58％，「事業系専用の指定袋・シールを使用して出せるようにした」が15％，「家庭系ごみと同じ指定袋・シールを使用して出せるようにした」が14％，「従来，家庭ごみと一緒に出せたが，有料化を機にすべて直接搬入や許可業者収集に切り替えた」が8％，「その他」が7％であった．

およそ4割の都市が家庭ごみ有料化時に小規模事業系の扱いを変更している．事業系専用の指定袋・シールを用いた排出とした都市は34市を数えるが，これらの都市の大部分は比較的最近有料化している．ちなみに，東京多摩地域で青梅市が有料化した1998年度以降に有料化した都市が24市含まれている[2]．45L程度の大袋1袋当たりの手数料は，最も低い鹿児島県阿久根市の31.5円から最高水準の東京都東村山市の420円までまちまちであるが，100〜200円の価格帯に20市，100〜300円の価格帯では25市が包摂される（袋サイズ調整後の価格）．

近年，家庭ごみを有料化するにあたって，行政収集の対象とする事業系ごみについて，自己処理の原則に基づいて家庭系ごみよりも手数料水準を高く設定する都市が増えていることを示すものといえよう．なお，1回に排出できる袋の数について，最近有料化した都市では1〜3袋としている都市が多い．

3．有料化時の併用施策の導入

家庭ごみの有料化にあたり，生ごみ処理機の購入や集団資源回収などへの補助により，ごみ減量の受け皿を整備することが有効である．また，マイバッグキャンペーンやエコショップ認定制度などごみ減量の意識と行動を誘発する施策も，減量効果を持続させるのに役立つとみられる．

そこで，家庭ごみ有料化を契機に，マイバッグキャンペーンやエコショップ認定制度など「奨励的施策」や，家庭用ごみ処理機購入補助など「助成的施策」を

---

[2] 多摩地域の都市として，八王子市，青梅市，日野市，東村山市，稲城市，あきるの市が含まれる．これら都市の事業系専用指定袋は，最低の青梅市で161円，日野市300円などと高額に設定されている（八王子市は20L袋130円なので，サイズ調整後はそのほぼ倍の水準になる）．

施策	市数
ごみ処理機購入助成制度を導入または強化した	110
特に導入することはなかった	88
集団資源回収助成制度を導入または強化した	66
マイバッグキャンペーンを導入した	22
エコショップ認定制度を導入した	14
その他の施策を導入した	29

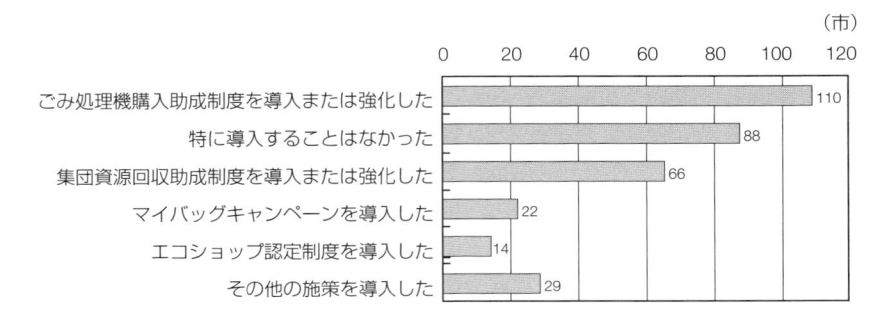

（注）回答市数：221市

図3-5　家庭ごみ有料化時の併用施策の導入（複数回答可）

導入したか尋ねた．回答結果は，**図3-5**に示されるように，「ごみ処理機購入助成制度を導入または強化した」が回答都市の半数にあたる110市，「集団資源回収助成制度を導入または強化した」が66市，「マイバッグキャンペーンを導入した」が22市，「エコショップ認定制度を導入した」が14市，「その他の施策を導入した」が29市であった．「特に導入したことはなかった」と回答したのは，本問に回答した221市の40％にあたる88市であったから，残り6割の有料化都市が助成制度をはじめとした一つまたは複数の施策を有料化と同時に併用したことになる．

　併用施策に熱心に取り組んだ都市をピックアップしてみよう．最も多くの施策を併用したのは大阪府富田林市で，マイバッグキャンペーンの導入，エコショップ認定制度の導入，ごみ処理機購入助成制度の導入または強化，集団資源回収助成制度の導入または強化，その他として「ぼかしあえ容器のモニター制度」の5施策に取り組んでいる．4施策を同時併用したのは，新潟県長岡市，富山県の高岡市と黒部市，岡山県津山市，山口県萩市，佐賀県鳥栖市の6市であった．3施策となると，北海道の室蘭市から熊本県の菊池市まで15市が同時併用していた．

　自由記述の「その他」の施策では，6市が「ごみ集積場設置助成制度の導入・強化」を挙げていた．このほか，複数の都市が挙げた施策に，「ごみ減量（リサイクル）推進員制度の導入」，「リサイクル（リユース）プラザの設置」，「集積場管理助成金の交付」などがあった．

第3章 有料化の目的と制度運用

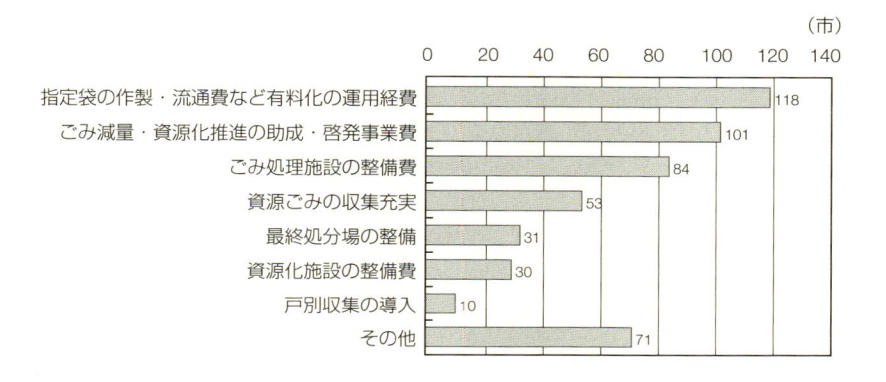

```
                                          (市)
                    0   20  40  60  80  100 120 140
指定袋の作製・流通費など有料化の運用経費 ████████████████ 118
ごみ減量・資源化推進の助成・啓発事業費 ██████████████ 101
        ごみ処理施設の整備費 ████████████ 84
          資源ごみの収集充実 ███████ 53
          最終処分場の整備 ████ 31
          資源化施設の整備費 ████ 30
            戸別収集の導入 █ 10
                 その他 ██████████ 71
```

図3-6 手数料収入の使途（複数回答可）

4．手数料収入の使途と運用

(1) 手数料収入の使途

　家庭ごみ有料化は市民に新たな負担を求める施策であるだけに，手数料収入の使途をきちんと説明する必要がある．そこで，有料化によって得られた手数料収入について，何に使うと市民に説明しているか尋ねた．選択肢は自由記述の「その他」を含め8つ，調査者の方で用意した．この質問に対する回答（複数回答可）は，**図3-6**に示されるように，「指定袋の作製・流通費など有料化の運用経費」（118市），「ごみ減量・資源化推進の助成・啓発事業費」（101市），「ごみ処理施設の整備費」（84市）とするものが多く，「資源ごみの収集充実」（53市），「最終処分場の整備」（31市），「戸別収集の導入」（10市）を挙げた都市は多くない．「有料化の運用経費」と答えた都市は，北九州市（調査当時は大袋1枚15円）など低い手数料水準のところだけではない．高い手数料水準の北海道や東京多摩の都市の一部も他の選択肢と並べて挙げていた．

　「その他」の中身は，「ごみの収集運搬・処理費（ごみ処理経費）」が42市，「ごみ収集運搬費」が13市，「市の一般財源」が4市，「基金として積み立て環境整備に充当」が3市，「不法投棄対策費」が3市などであった．選択肢の設定にもう少し工夫を凝らす必要があったようである．

(2) 手数料収入の運用

　手数料収入の運用については，従来一般財源として運用されることが多かった

その他 13（5.7%）
基金化している 11（4.8%）
特定財源化して運用している 69（30.1%）
他の手数料と同様の一般財源として運用している 136（59.4%）

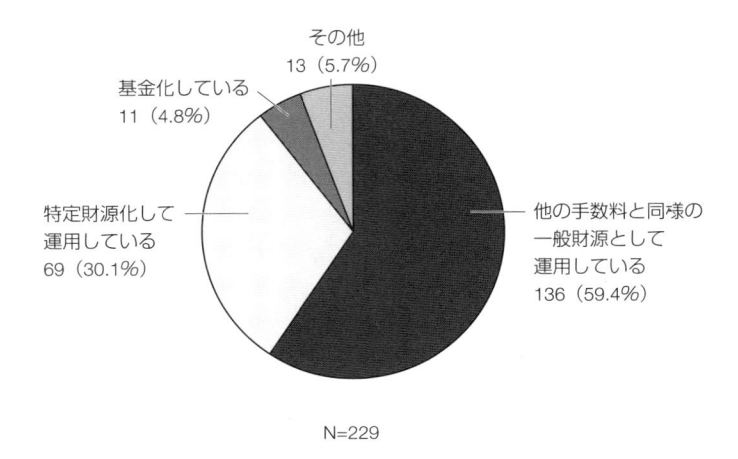

N=229

図3-7　手数料収入の運用方法

が，近年では特定財源化や基金化による運用を行う自治体が増えている．特定財源や基金として運用することにより，収支の状況や使途が市民にとって理解しやすくなるだけでなく，有料化について「税の二重取り」ではないかとする一部市民からの疑問にも答えやすくなる．

そこで，手数料収入の運用方法についての質問を設けた．回答の比率は，図3-7に示されるように，依然として「他の手数料と同様の一般財源として運用している」が60%と過半を占めたが，「特定財源として運用している」が30%，「基金化している」が5%，「その他」が6%あった．

手数料収入から有料化の運用経費を差し引いた純収入の全額または一定額を基金に繰り入れているのは北海道北見市，茨城県の笠間市とひたちなか市，千葉県野田市，東京都東村山市，岐阜県多治見市，愛知県尾西市，京都府綾部市，福岡県の北九州市[3]，直方市，田川市の11市である．

多治見市における基金の運用状況を紹介しておこう．同市では，家庭ごみ有料

---

[3] 北九州市では，手数料収入と指定袋の製造費・保管費・販売委託費等との差額相当額を「指定袋基金」(「北九州市環境保全基金」の中の1基金として位置づけられる) に積み立て，これを財源に，市民の自主的なリサイクル活動やまち美化活動など，環境保全活動に対する支援策に活用している．2006年7月に手数料が改定される以前，年間で，指定袋の販売収入約10億円から袋の製造費等約5億円を差し引いた約5億円が市の収入となり，基金に積み立てられていた．なお，指定袋の製造原価は，競争入札による調達方式と大量生産によるコストダウンで，1枚数円程度にとどまるという．

化にあたり「地域環境美化及びリサイクル推進基金条例」を制定した．条例では，基金設置についての第1条に次いで，第2条で積立てについて「基金は，一般家庭に係るごみ処理手数料収入に相当する額から指定ごみ袋及び粗大ごみシールの製作及び交付に係る経費に相当する額を控除した額を基準として，予算に定める額を積み立てるものとする」と定め，第3条で処分について「市長は，地域環境美化及びリサイクルの推進を図るための事業の財源として必要と認めたときは，基金の全部又は一部を処分することができる」と規定している．2004年度までの実績では，年間で，手数料収入が約1億円，これから有料制運用経費約3000万円を差し引いて，純収入額約7,000万円が基金に繰り入れられてきた．2005年7月から手数料が値上げ（大袋1枚18円→50円）され，手数料収入は大幅に増加したが，市ではリサイクル基金のほかに新たに「廃棄物施設整備基金」を設け，運用することとしている．

5．手数料の設定方法

(1) 全国都市の動向

　廃棄物処理法に基づく国の「基本方針」が2005年5月に改正され，地方公共団体の役割として「一般廃棄物処理の有料化の推進」が新たに盛り込まれた．これから家庭ごみ有料化の検討に着手する自治体が増えることが予想される．有料化を検討する際，行政担当者が頭を悩ます難題の一つが，手数料設定の根拠を何に求めるか，である．これまでに全国各地の有料化都市でヒアリング調査して得られた知見と第2回全国都市アンケート調査結果に基づいて，家庭ごみ有料化にあたって手数料をどのように決めたらよいのかについて論じてみたい．

　図3-8と3-9は，2005年2月に筆者が実施した全国都市アンケート調査の集計結果の一部である．家庭ごみを従量制で有料化していると回答した270市に，手数料水準をどのようにして決めたかを聞き，その他を含む7つの選択肢から順位を付けて3つまで選んでもらう設問に対する回答である[4]．

　図3-8で1位を付けた決め方別の市数をみると，「ごみの収集・処理に要する総費用の一定割合」とするコストベースが最も多く，次いで「近隣自治体の手数

---

4) この設問の回答欄には順位の記入を求めたが，○を記入して無効となった回答がかなり見られた．

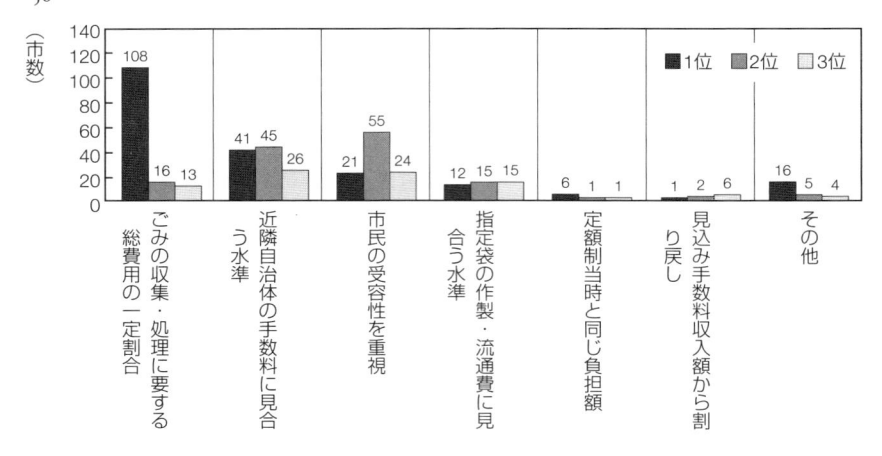

図3-8 手数料水準の決め方（3つまで回答，順位付け）

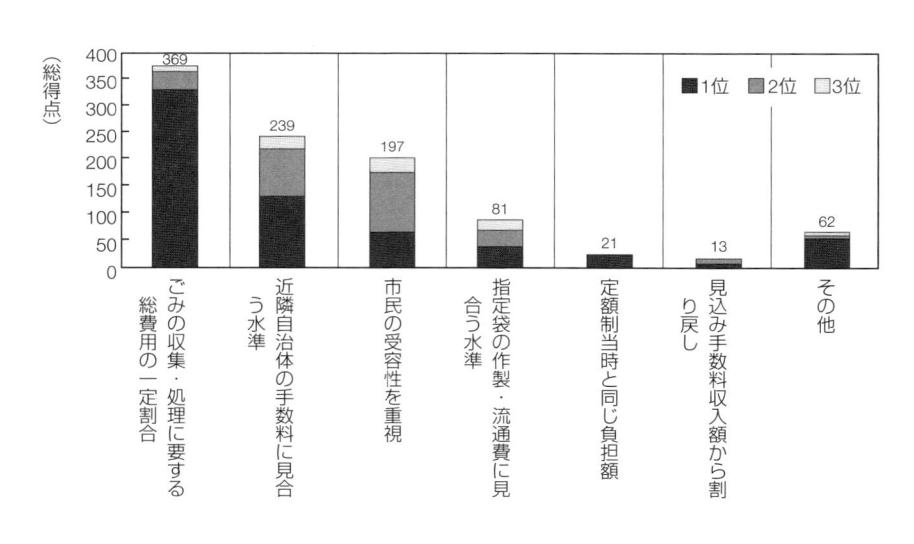

図3-9 手数料水準の決め方（重要度点数評価法）

（配点：1位＝3点，2位＝2点，3位＝1点）

料に見合う水準」，「市民の受容性を重視」，「指定袋の作製・流通費に見合う水準」の順となっている．「総費用の一定割合」に1位を付けた市が，副次的な決め方として「近隣自治体の手数料見合い」や「市民の受容性重視」を2位，3位に挙

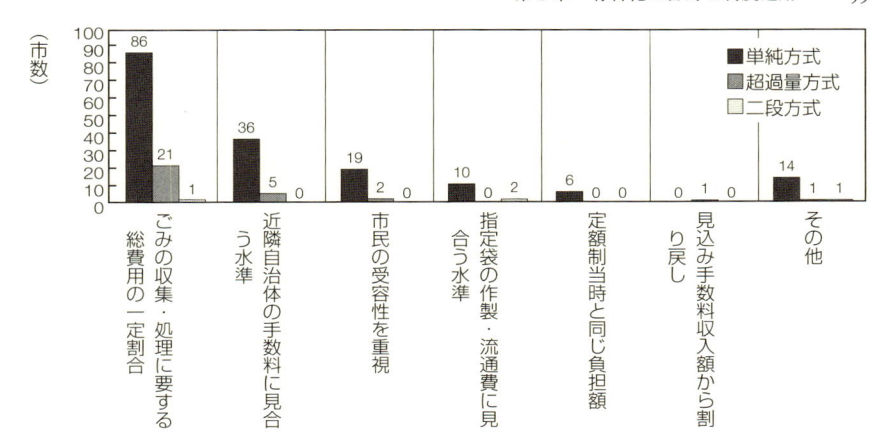

第3章　有料化の目的と制度運用　　59

図3-10　手数料水準の決め方：手数料体系別クロス集計

げている．

ちなみに，高い手数料が一般的な北海道では，アンケートに回答した有料化17市のうち14市が「総費用の一定割合」を1位に挙げている．1位に「近隣自治体の手数料見合い」を挙げたのは3市にすぎず，いずれも人口2万人以下の小規模な市であった．3市とも，北海道で中心的な大袋1枚80円の価格設定である．コスト計算等の事務作業の負担が大きいこともあって，北海道都市ですでにスタンダードとなっている手数料水準を採用したものとみられる．一方，コストベースで手数料を決めたケースにおいても，大部分の市が「近隣自治体の手数料見合い」，「市民の受容性重視」の順で2位，3位の決定要因を挙げている．

これに対して，「定額制当時と同じ負担額」，「見込み手数料収入からの割り戻し」を1位に挙げた市はごくわずかである．「その他」の主なものとして，「減量効果が見込める水準（「減量効果が見込めかつ市民が負担可能な額」もあり）」，「自己搬入手数料に見合う水準」，「合併旧町村の手数料をもとに設定」などがあった．

図3-9は，1位に3点，2位に2点，3位に1点を配点して，総合得点順に並べたものである．各決め方の順位を明確に浮かび上がらせることができる．

次に，手数料体系別，手数料水準別のクロス集計をとってみた．図3-10は，手数料体系別に手数料の決め方をみたものである．単純方式，超過量方式の別を問わず「総費用の一定割合」とする市が最も多く，次いで「近隣自治体の手数料

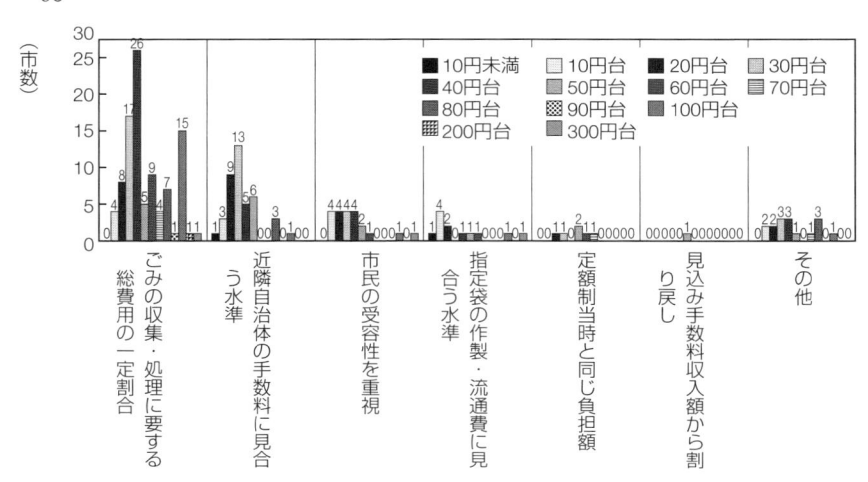

図3-11 手数料水準の決め方：価格帯別クロス集計

見合い」,「市民の受容性重視」の順となっている.

図3-11は,大袋1枚（超過量方式,二段方式では超過袋）の価格帯別に手数料の決め方をみたものである.この図からは,大袋1枚の価格帯が高い市において「総費用の一定割合」とする市が多くなる傾向がみてとれる.逆に,20円台以下の低い手数料水準の市については,「総費用の一定割合」に集中せずに,「近隣自治体の手数料見合い」,「市民の受容性重視」,「指定袋の作製・流通費見合い」などに分散している.

(2) コストベースの手数料設定プロセス

ここで,コストベースの手数料設定について,そのプロセスを確認しておこう.自治体により細部の手順はさまざまであるが,典型的には図3-12に示すような設定プロセスがとられる.まず,ベースとする収集ごみ処理費用の算定対象であるが,収集運搬費,運営管理費,施設建設費のうち,すべてを足し合わせるケース,収集運搬費と運営管理費の合計とするケース,収集運搬費のみとするケースなど,コストの範囲は自治体により区々である.

ごみ処理費用をごみ収集量で割ると,「1kg当たりのごみ処理単価」が出せる.これに,大袋に入るごみの重量を実測して導出した大袋ごみ重量を掛け合わせれば,「ごみ大袋1個当たり処理費用」となる.これに,排出者負担比率の係数を

第3章　有料化の目的と制度運用　61

```
①  ごみ処理費用 = (A) 収集運搬費 + (B) 運営管理費 + (C) 施設建設費
②  ごみ処理単価（円／kg）= ごみ処理費用 ÷ ごみ収集量（資源ごみを除く）
③  指定大袋単価 = ごみ処理単価 × 大袋ごみ重量（kg）× 排出者負担比率（%）
```

図3-12　コストベースの手数料設定プロセス

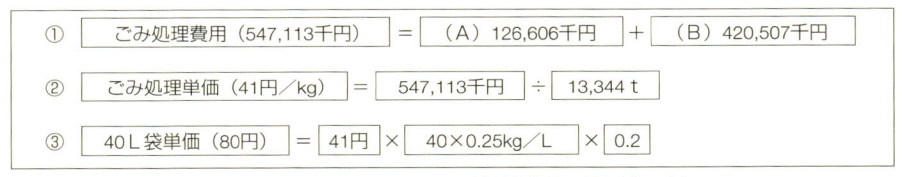

```
①  ごみ処理費用（547,113千円）= (A) 126,606千円 + (B) 420,507千円
②  ごみ処理単価（41円／kg）= 547,113千円 ÷ 13,344 t
③  40L袋単価（80円）= 41円 × 40×0.25kg／L × 0.2
```

図3-13　コストベースの手数料設定：登別市の例

掛けると，「指定大袋単価」が算出される．

具体例として，登別市のケースを当てはめてみよう（**図3-13**）．同市では，手数料算定の対象とするごみ処理費用は，収集運搬費と運営管理費とし，施設建設費を含めない．このごみ処理費用をごみ収集量（資源ごみを除く）で割って「1kg当たりごみ処理単価」を算定する．大袋のごみ重量については，実測に基づいて1L＝0.25kgと換算，40Lでは10kgとなる．これをごみ処理単価に掛け合わせ，さらに排出者負担比率20％で係数0.2を掛けると[5]，82円がはじき出されるが，切りのよい80円に大袋1枚価格を設定している．容量1L当たり2円となるので，30L，20L，10Lの各袋はそれぞれ60円，40円，20円に設定された．

超過量方式を採用する自治体の場合には，指定袋やシールを年間一定枚数無料配布することから，排出者負担比率は高く設定されることが多い．ちなみに野田市では，排出者負担比率を50％として，1kg当たり処理費34円に，40L袋のごみ重量10kgを掛け合わせ，それに係数0.5を乗じて，超過大袋の価格を170円に設定している．

---

5) 登別市のアンケート回答では，手数料の決め方について，総費用の一定割合が1位，近隣自治体の手数料見合いが2位に挙げられていた．排出者負担比率を決めるさい，先行して有料化した隣の室蘭市の水準が参考にされたとみられる．結果的に，両市の手数料は横並びとなった．

(3) 地域の実情にあった手数料設定を

　手数料の決め方で，どれがよいと言い切ることはできない．電気，水道など公共料金の多くはコストベースで設定されている．サービス供給の原価に基づいた料金は客観的かつ公平で，わかりやすいからである．ごみ処理手数料の設定においても，コストベースはそうした資質を具備する．したがって，行政が市民に対して説明する際に，一定の説得力をもちうる．

　しかし，**図3-12**の算定プロセスに示すように，家庭ごみ有料化においては，コストベースといっても公共料金一般のように「総費用」にではなく，「総費用の一定割合」に基づく．この「一定割合」の決定にあたって，「近隣自治体の手数料見合い」，「市民の受容性重視」，「減量インセンティブの提供」といった要素が入り，純然たるコストベースにはなり難い側面がある[6]．

　近隣に有料化自治体が多数あって，かなりのごみ減量効果を上げているような地域においては，コストベースに依拠する必要性は希薄化する．高松市（2004年10月に有料化）や福岡市（2005年10月に有料化）は県内に有料化自治体が多数存在することから，周辺都市とのバランスを重視し，副次的に市民の受容性を勘案して手数料水準を決めている．

　また，家庭ごみを有料化する市が増えてきた東京多摩地域においても，最近コストベースによらずに手数料を決める市が出てきた[7]．2004年に有料化した武蔵野市と調布市は，住民意識調査等の結果をふまえ一世帯当たりの負担額が月500円程度となるように手数料を設定している．2005年10月に有料化した町田市では廃棄物減量等推進審議会の答申に示された「ある程度負担感を感じる価格水準」「市民にとって過大な負担とならない範囲」という基準を受けて，近隣で大きな減量効果を上げている日野市の手数料水準を参考にし，また一部事務組合

---

[6] 手数料のコストベースに批判的な見解として，日立市「新たなごみ収集システムの実施基本方針について」がある．そこでは，「手数料の額は，ごみ処理の各段階の経費を根拠にした場合，高額となること，またその一定割合を根拠とすることも明確性に欠け，数字合わせになってしまう」と批判する．その上で，「手数料の額については，市民の負担額としての容認性，他都市の額，新たな焼却施設の供用により環境対策をはじめ従前よりごみ処理経費が増加すること，今後さらにごみの分別等費用が増加することも勘案して設定することとし，45L袋を30円にすることを基本にその他袋は容量に応じ設定する」としている．

[7] 早くには，日野市が2000年に市民アンケート調査により支払意志額を推定し，一世帯で月500円程度の負担を求める形で手数料を設定している．筆者のアンケートに同市は，「減量の動機づけとするため，ある程度の負担感を持ってもらえる設定とした」と回答している．

構成市（八王子市）の手数料も勘案して，手数料を設定した．

　コストベース，近隣自治体の手数料見合い，市民の受容性などの決定要因は，相互に補完的な関係にある．有料化の成熟度や自治体の戦略など地域の実情に応じて，手数料設定の主要因，副次的要因が選定されることになる．その場合，留意しておきたいのは，コスト情報の市民への提供である．コストベースによらない場合でも，住民説明会や広報では，ごみ処理コストとその推移，手数料収入が処理コストに占める比率，手数料収入の使途，一世帯当たり平均負担額などの情報を市民に知らせ，理解を得ることが望ましい．

第4章

有料化の効果と制度運用上の工夫
―― 第2回全国都市家庭ごみ有料化アンケート調査から(2) ――

前章に引き続いて，筆者が2005年2月に全国都市（すべての市と東京23区）に対して実施したアンケート調査の結果を紹介する．本章では，家庭ごみ有料化によるごみ減量効果，有料化のデメリットとして指摘されることが多い不法投棄増加の有無，有料化都市による制度運用上の留意点と工夫，非有料化都市による有料化の評価と予定についてとりまとめた．

1．有料化によるごみ減量効果

(1) 有料化でごみは減ったか

従量制で家庭ごみを有料化している都市に対して，有料化を行う前の年度と，有料化の初年度および2003年度（直近年度）を比較した場合，1人1日当たりごみ量（家庭系＋事業系）はどのように変化したか，尋ねた．回答率を高めるためあえて，記入しやすい簡略な回答方法を用いた[1]．

この質問に対する回答は189市からあったが，分析精度を向上させる狙いで，2003年度以降に有料化または市制施行した市，およびどちらか一方の年度のみ回答した市については除外することとした．これにより，有効回答数を134市（**表4-1**の市名一覧参照）に絞り込んだ．回答結果は**図4-1**に示されている．

有料化初年度については，ごみの減量効果は大きく，有効回答市全体の75％の市が5％以上ごみを減らしており，10％以上ごみが減少した市も半数に及んだ．当然ながら，有料化初年度にごみ量が増加した市はごくわずかである[2]．ここでの「ごみ量」には，家庭系だけではなく事業系も含まれるから，かなり大きな減量効果が生じたといってよい[3]．

---

1) 初年度と直近年度のそれぞれについて，「増えている（10％以上増えている）」，「やや増えている（5〜10％程度増えている）」，「変わらない（±5％の範囲で収まっている）」，「やや減っている（5〜10％程度減っている）」，「減っている（10〜20％程度減っている）」，「かなり減っている（20％以上減っている）」の6つの選択肢から該当するものにマルを付けてもらった．定性的表現の併記も回答率を高めるための工夫であった．

表4-1　減量効果についての有効回答市（134市）

単純方式（106市）

函館市，室蘭市，根室市，砂川市，歌志内市，登別市，伊達市，八戸市，むつ市，遠野市，能代市，横手市，湯沢市，米沢市，新庄市，寒河江市，長井市，天童市，東根市，常陸太田市，笠間市，ひたちなか市，矢板市，安中市，秩父市，蓮田市，館山市，八日市場市，八千代市，袖ケ浦市，青梅市，昭島市，日野市，東村山市，福生市，羽村市，新津市，村上市，燕市，栃尾市，白根市，高岡市，魚津市，黒部市，小矢部市，七尾市，輪島市，珠洲市，上田市，飯田市，多治見市，瑞浪市，美濃加茂市，津島市，桑名市，綾部市，相生市，桜井市，五條市，田辺市，出雲市，平田市，津山市，防府市，鳴門市，小松島市，今治市，宇和島市，八幡浜市，室戸市，安芸市，南国市，土佐市，中村市，久留米市，直方市，飯塚市，田川市，山田市，甘木市，行橋市，中間市，小郡市，筑紫野市，大野城市，太宰府市，前原市，佐賀市，唐津市，鳥栖市，大村市，五島市，八代市，人吉市，本渡市，宇土市，別府市，宮崎市，西都市，鹿屋市，大口市，薩摩川内市，那覇市，浦添市，沖縄市

超過量方式（24市）

下妻市，野田市，君津市，豊栄市，大垣市，高山市，御殿場市，碧南市，東海市，高浜市，栗東市，岸和田市，富田林市，河内長野市，大阪狭山市，洲本市，新宮市，倉吉市，笠岡市，三原市，萩市，西条市，大川市，諫早市

二段方式（4市）

長野市，関市，守山市，都城市

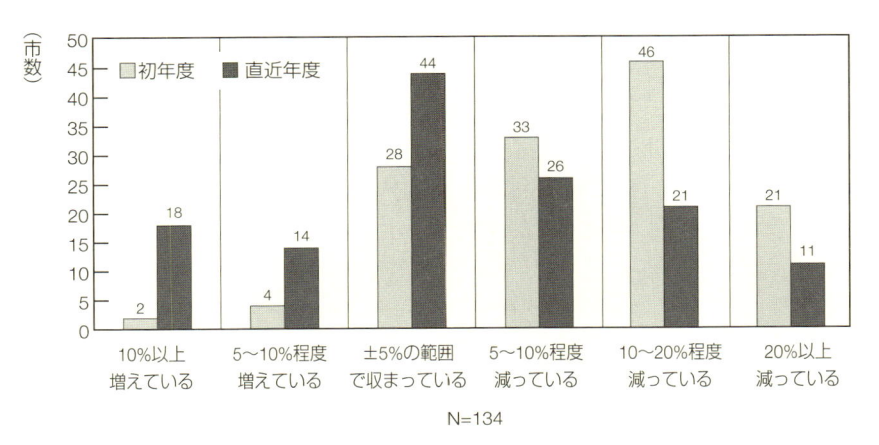

図4-1　有料化による1人1日当たりごみ量（家庭系＋事業系）の変化

N=134

区分	初年度	直近年度
10%以上増えている	2	18
5～10%程度増えている	4	14
±5%の範囲で収まっている	28	44
5～10%程度減っている	33	26
10～20%程度減っている	46	21
20%以上減っている	21	11

2) 有料化して初年度5%以上ごみ量が増えたとする回答が6市あり，分析対象から除外した市の中にもそのように回答した市がかなりあったが，これは主として年度の後半や末に有料化したため，有料化実施前の駆け込み排出量の増加がその後年度末までの減量効果を上回った結果である。

しかし，その後の直近年度では，ごみの減量効果は低減し，有料化前年度比で5％以上ごみが減量している市は全体の43％にとどまり，10％以上の減量となると23％に減少，逆に5％以上ごみが増えた市が全体の24％に増加している．有料化によるごみの減量効果は，市民の慣れによるシグナル効果の希薄化，事業系ごみの増加傾向などさまざまな要因により，経年で次第に弱まる傾向があることが，第1回調査に次いで，今回の調査でも確認された．

では，手数料水準の差によって，初年度のごみ減量効果，リバウンドの抑制効果に違いが現れるだろうか．このことを確認するために，有効回答都市のうち大袋（40～45L）1枚の価格が60円以上に相当する手数料を設定する都市18市（県別には北海道7市，東京5市，福岡4市，長野2市）のグループと，40円台の都市25市のグループのそれぞれについて，有料化の初年度と直近年度のごみ減量効果を検証してみよう．

図4-2は，大袋1枚60円以上の都市グループ（30L袋1枚50円の1市を含む）について，有料化を行う前の年度と比較した，有料化初年度および直近年度（2003年度）の1人1日当たりごみ量の変化率を示している．これをみると，1L＝1.5円以上の手数料率の都市においては，有料化初年度にかなり大きな減量効果が得られ，その後の直近年度においても，有料化前年度を上回るような大きなリバウンドが生じていないことを確認できる．

これに対して，大袋1枚40円台の都市グループはどうか．このグループについて同様の集計をすると，図4-3に示すように，有料化初年度にまずまずの減量効果が上がっているものの，その後の直近年度においては10市が増加に転じるなど，大きなリバウンドに見舞われる都市が多いことが判明した．

こうした集計結果をもとに筆者は，手数料水準を1L＝1.5円以上に設定することにより，減量インセンティブが強く働き，リバウンド抑制効果が得られるとみている．これから有料化の導入を検討する自治体や制度の見直しに着手する自治

3）家庭系ごみだけを取り上げれば，もっと大きな減量効果が現れたはずである．ただし，その場合には，「ごみの家事シフト」により，見かけ上減量効果が大きく出るバイアスが避けられない．自治体が家庭系有料化と同時に排出ルールを変更して，従来「家庭系ごみ」として集積所に排出されていた小規模事業所のごみを「事業系ごみ」として許可業者委託や直接搬入に切り替えると，家庭系から事業系へごみがシフトする．また，小規模事業所ごみの排出ルールに変更がない場合でも，家庭ごみの有料化が実施されると消費者が商品を購入する際にごみになるものを小売店に残して中身だけ持ち帰るといった消費行動とることも家事シフトを引き起こす．

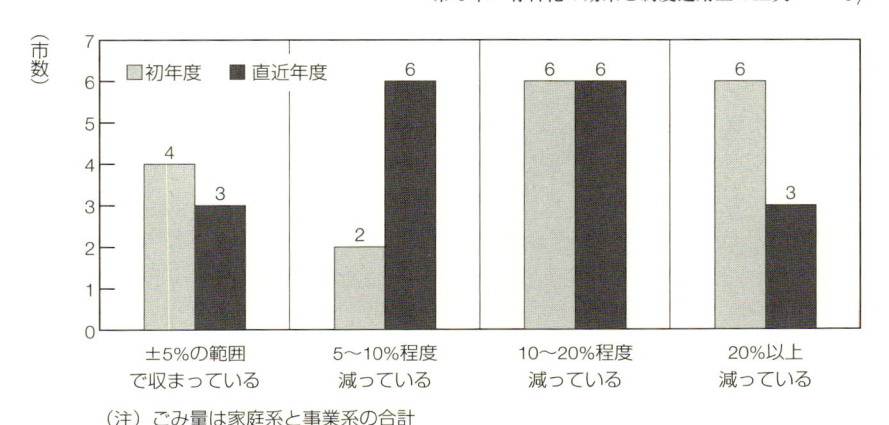

図4-2　有料化による1人1日当たりごみ量の変化：大袋60円以上の18市

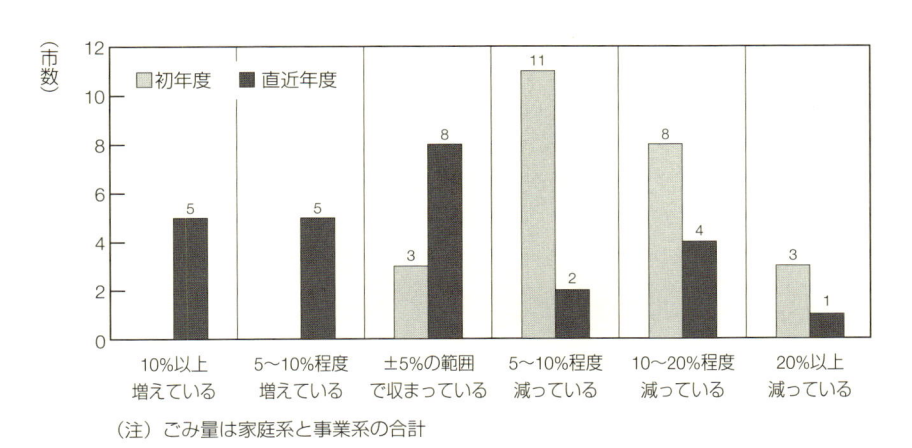

図4-3　有料化による1人1日当たりごみ量の変化：大袋40円台の25市

体の参考にしていただければと思う．なお，こうした高い水準の手数料を設定する際には，社会的な配慮措置について検討する必要がある．

次に，有料化初年度に20％以上の減量効果を上げた都市について，手数料体系別にリバウンド現象をフォローアップしてみよう．有料化初年度に20％以上ごみが減少したと回答したのは，有効回答市全体の16％にあたる21市である

が，その手数料体系別の内訳は，単純方式14市，超過量方式6市，二段方式1市である．

有料化初年度に前年度比20％以上の減量効果を上げた21市の直近年度における状況は，有料化前年度比で引き続き「20％以上減っている」が7市，「10～20％程度減っている」が5市，「5～10％程度減っている」が3市，「±5％の範囲内で収まっている」が6市であった．

さて，有料化初年度に前年度比20％以上の減量効果を上げ，その後の直近年度でも引き続き20％以上の減量効果を維持している7市について，手数料体系別の内訳をみると，単純方式が日野市など5市，超過量方式が1市，二段方式が1市となっている．超過量方式の歩留まり率が特に低いことが確認できる．

なお，直近年度において有料化前年度比で20％以上の減量効果を上げている11市の手数料体系別の内訳は，単純方式9市，超過量方式1市，二段方式1市となっている．

ごみ量が増加した都市の手数料体系別内訳も確認しておこう．直近年度において有料化前年度比で10％以上1人1日当たりごみ量が増えた18市の手数料体系別内訳は，単純方式11市，超過量方式7市である．以上の調査結果は，超過量方式をとる市のサンプル数が有料化市総数の18％（有効回答ベース）にすぎないことと照らし合わせると，概して超過量方式をとる市でリバウンドが起こりやすいことを示すものといえよう．

(2) 手数料水準と減量効果の関係の一般的傾向

次に，手数料水準（大袋1枚の価格）と減量効果の関係について，それぞれを横軸と縦軸にとった図を用いて，手数料体系別にみてみよう（図4-4～5）．サンプル数の多い単純方式（図4-4a・b）でみると，初年度，直近年度とも価格平均値が第1象限で右肩上がりになっていることから，手数料が高いほど減量効果が上がる傾向があるといえる．しかし，低位の手数料でかなりの減量効果が上がっているケースもあれば，高い手数料でもあまり減量効果が出ないケースもある．初年度（a），直近年度（b）を比較すると，特に低位の手数料水準について，経年でリバウンド現象が生じやすいことがわかる．

経年でのリバウンド傾向は，超過量方式については，より鮮明に示されている．図4-5のa，bを比較すると，超過量方式をとるいくつかの市でかなり大きなリバウンドが生じたことを確認できる．

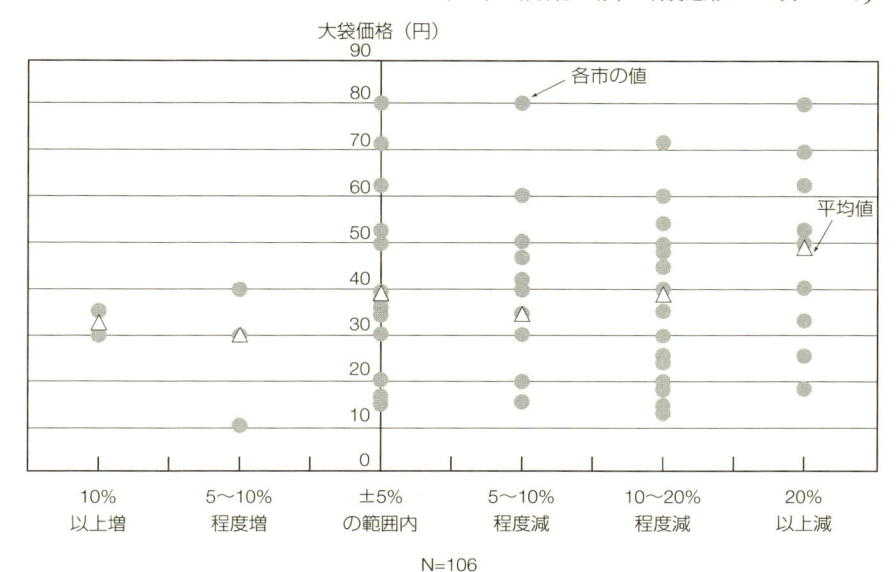

第4章　有料化の効果と制度運用上の工夫　　69

図4-4a　単純方式　初年度のごみ量変化とごみ袋価格

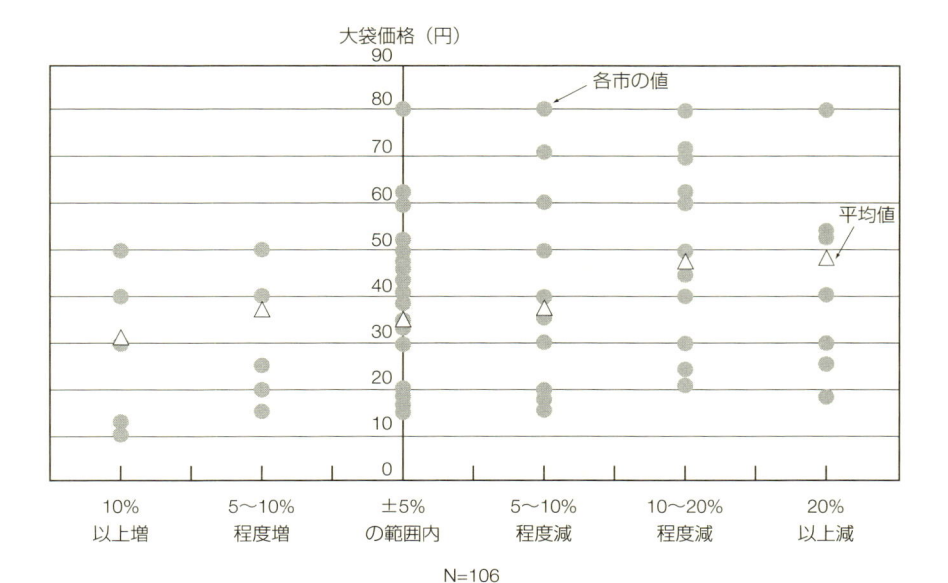

図4-4b　単純方式　直近年度のごみ量変化とごみ袋価格

70

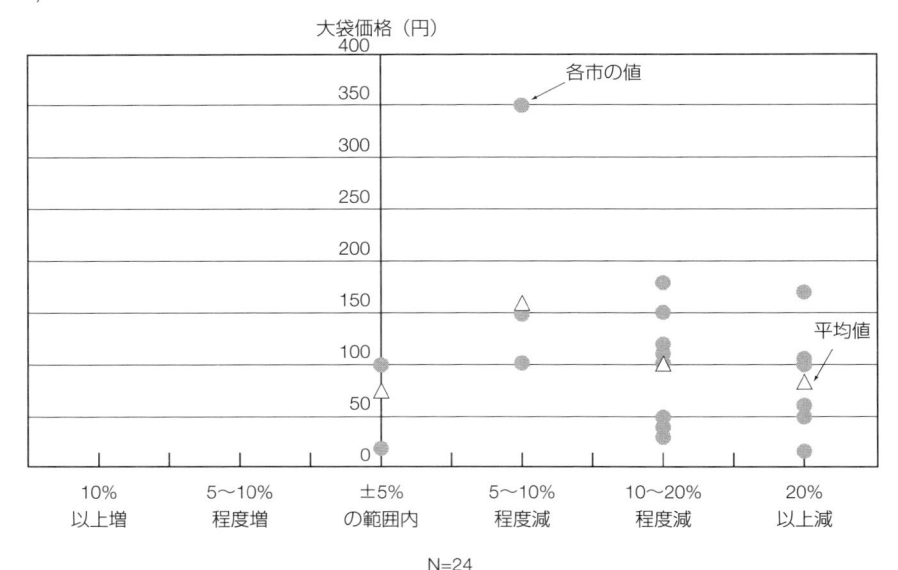

図4-5a　超過量方式　初年度のごみ量変化とごみ袋価格

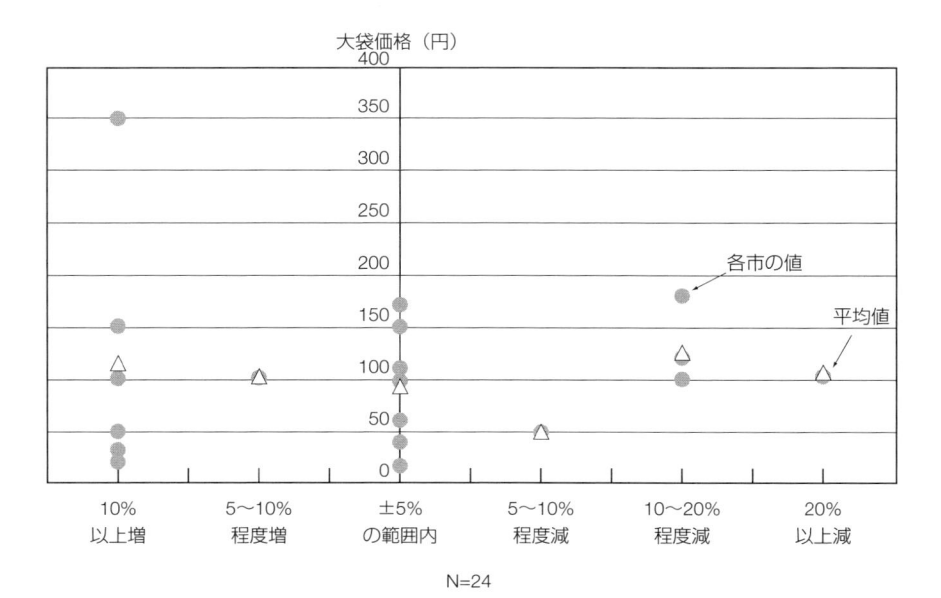

N=24

図4-5b　超過量方式　直近年度のごみ量変化とごみ袋価格

N=24

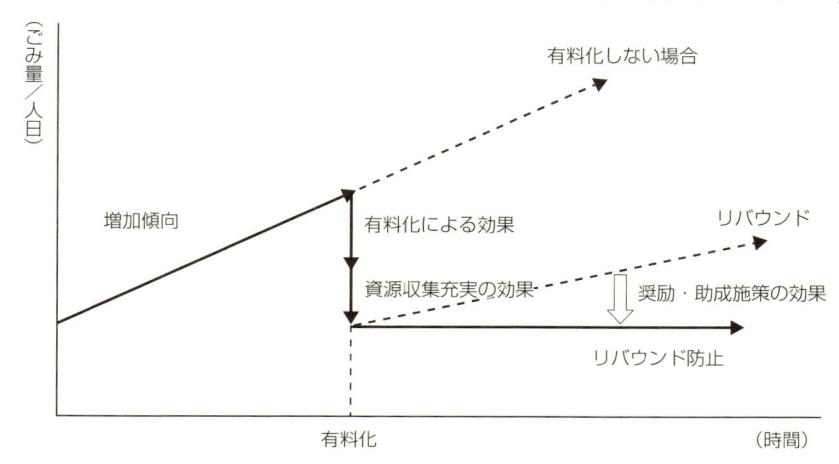

図4-6 有料化と併用施策による減量・リバウンド防止効果のイメージ

(3) 併用施策はリバウンド防止に有効か

　有料化によるごみ減量効果を高め，経年でのリバウンドを防止するための施策として，「ごみ減量の受け皿」としての資源ごみ分別収集の充実施策，マイバッグキャンペーンやエコショップ認定制度など奨励的施策，生ごみ処理機購入補助や集団資源回収補助の充実など助成的施策が有料化と同時併用されることがある．

　有料化施策と各種併用施策の関係は，**図4-6**に示すように，ごみ減量効果について補完的である．資源ごみ収集の充実施策や各種助成的施策についてはリサイクル推進によりごみ減量の受け皿を提供することで，また各種奨励的施策については意識向上を通じてごみを少なくする買い物などリデュース行動を誘発することで，有料化による減量効果を高め，その効果を持続させるものとみられる．しかし，そのことを検証した調査知見はこれまで存在しなかった．

　今回，こうした併用施策の効果について，アンケート調査のクロス集計を用いて検討することを試みた．検討にあたっては，手数料の体系と水準の差違による影響を避けるため，同一の手数料体系のほぼ同じ手数料水準の都市をサンプルにとる必要がある．

　そこで，最も市数の多い単純方式・大袋40円台に包摂される52市の中から，2002年度までに有料化し，かつごみ減量効果について有効回答した26市を対象として，有料化との併用施策としての「資源ごみ収集方法の変更」（資源ごみの分別収集開始，収集回数の増加，分別数の増加など），各種「奨励的施策」および

表4-2　併用施策と減量効果

直近年度の減量効果	20%以上減	10～20%程度減	5～10%程度減	±5%の範囲	5～10%程度増	10%以上増
資源ごみ収集方法を変更した14市	Y市(2)	A市(2) O市(1) Z市(0)	B市(2)	J市(1) P市(1) R市(2) V市(2) W市(3) X市(4)	D市(1)	G市(1) M市(3)
資源ごみ収集方法を変更しなかった12市		L市(3)	U市(3)	C市(0) K市(0) Q市(0)	H市(2) I市(1) N市(0) T市(0)	E市(0) F市(0) S市(0)

(注) 1. カッコ内は，有料化を契機に導入した奨励的施策・助成的施策の数．
　　 2. 分析対象は次の26市（単純方式・大袋40円台）．
　　　 むつ市，横手市，米沢市，寒河江市，長井市，天童市，東根市，矢板市，八日市場市，青梅市，燕市，白根市，高岡市，七尾市，相生市，桜井市，田辺市，出雲市，平田市，安芸市，田川市，太宰府市，佐賀市，鳥栖市，五島市，宮崎市

「助成的施策」の導入状況との関連で，有料化によるごみ減量効果を調べてみた．
　その結果は，表4-2に示されている．有料化施策と同時に資源ごみ分別収集の充実施策や奨励的施策・助成的施策の導入に積極的な市において，直近年度にごみ減量効果が大きく出る傾向がみてとれる．逆に，網掛け部分の8市のように，資源ごみ分別収集充実策も奨励的・助成的施策も導入しなかったところでは，リバウンドが起こりやすいことが確認された[4]．
　以上の検討知見から，有料化実施時に資源ごみ分別収集充実や奨励的・助成的施策の導入を行うことは，減量効果の持続，リバウンド防止にかなり有効といってよさそうである．

(4) 有料化市のごみ排出原単位は小さいか

　有料化がごみの減量に有効であることは示されたが，その結果として有料化している市の家事合算ごみ排出原単位（g／日・人）が本当に，有料化していない市のそれと比較して小さくなっているのかについても，確認しておく必要がある．

---

4) 表4-2の中のM市は，資源物収集を拡充し，奨励的・助成的施策を3種類も導入したにもかかわらず，ごみ量が10％以上増加している．同市では家庭系ごみ量は横ばいであるが，事業系ごみ量の増加傾向によりリバウンドが発生した．

回答を寄せた636市の大部分が1人1日当たり家事合算ごみ量を記入してくれたから，全国ベースで有料化グループ，単なる指定袋グループ，非指定袋・無料グループ別に原単位の平均値を比較することは可能であるが，都市規模，産業特性，地理的条件などさまざまな要因を考慮しないまま全国集計するのはいかにも乱暴な話である．

そこで，かなり高額な手数料でほぼ半数の市が有料化を実施している北海道地域を取り上げて，このトピックにアプローチすることとした．道内34市のうち，「有料化市」として2003年度までに有料化した11市のうち2003年度ごみ排出原単位データのとれた10市，「非有料化市」として同データのとれた14市（2004度に有料化した市の一部も，「2003年度」のごみ量と明記して回答した場合には非有料化グループに含めた）を分析対象とした．

図4-7は縦軸に家事合算ごみ排出原単位，横軸に人口をとって各市をプロットしたものである．一般に，昼間の人口規模が大きく，都市化が進み，事業系ごみの割合が大きい都市では家事合算のごみ排出原単位が大きくなる傾向があることに注意する必要がある[5]．北海道でも，札幌市はじめ規模の大きな都市についてみる場合に留意したい．これに対して，小規模な田園都市では事業系ごみの割合が小さく，比較的ごみ排出量の少ないライフスタイルが定着しているので，ごみ排出原単位は小さくなる傾向がある．人口規模を横軸にとったのは，このような要因を考慮するためである．

その上で図4-7をみると，明らかに有料化グループのごみ排出原単位が非有料化グループのそれを下回っていることがわかる．ただし，非有料化市の中にも，ごみ排出原単位が小さな都市もあり，有料化だけがごみ排出原単位引き下げの推進力でないことはいうまでもない[6]．

---

[5] 極端な例として，千代田区を取り上げよう．夜間人口約4万人の同区では事業所の集積が著しく，事業系がごみ総量の95％を占めている．単純に1人1日当たり家事合算ごみ量をはじくと10000gと途方もない数字になるが，家庭系のみでは499gにとどまる．全国ベースでの単純な比較が困難なゆえんである．
[6] 非有料化市の中で最も原単位の小さな市からは，回答用紙に同封して，市のごみ減量施策に関する資料が送付されてきた．容器包装リサイクル制度を完全実施するなどリサイクル推進に注力していることを確認できた．

74

```
ごみ排出原単位（g/人日）
```

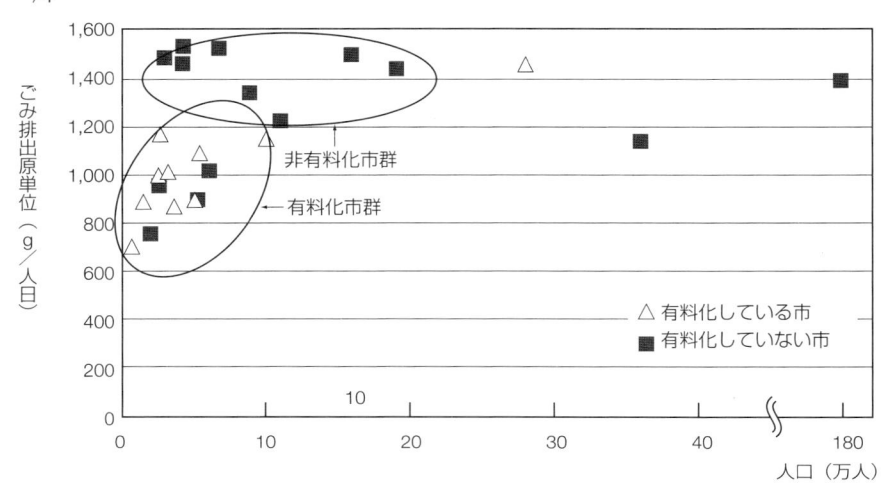

（注） 分析対象は次の北海道24市．
有料化市（計10市）
函館市，室蘭市，赤平市，名寄市，根室市，滝川市，歌志内市，深川市，登別市，伊達市
非有料化市（計14市）
札幌市，旭川市，釧路市，北見市，網走市，苫小牧市，稚内市，美唄市，士別市，千歳市，富良野市，恵庭市，北広島市，石狩市

図4-7　有料化実施・未実施とごみ排出原単位

2．有料化で不法投棄は増えるか

　地方自治体が家庭ごみ有料化を検討する際に市民アンケート調査を行うと，決まって有料化反対の筆頭理由に挙げられるのが「不法投棄の増加」である．有料化に賛成する市民が比較的多い都市でも，有料化の実施条件として行政に求める取り組みの第一位に「不法投棄が起きないよう対策をとること」が挙げられている[7]．有料化すると本当に，市民が懸念するように不法投棄が増えるのだろうか．
　今回のアンケート調査では，有料化した都市に対して，まず，家庭ごみ有料化を実施して不法投棄されるごみの量が増加したか，尋ねた．これに対する回答は，**図4-8**に示すとおりである．回答の比率は，「ほとんど増加しなかった」と「減少した」を合わせ「増加しなかった」と回答した市（47％）が，「多少」と「かなり」を合わせ「増加した」と回答した市（36％）を上回る結果となった．「そ

---

[7] たとえば，「藤沢市ごみ有料化とごみ減量・リサイクルに関するアンケート調査結果報告書」（2005年7月）を参照（市のHPで閲覧可）．

第4章 有料化の効果と制度運用上の工夫

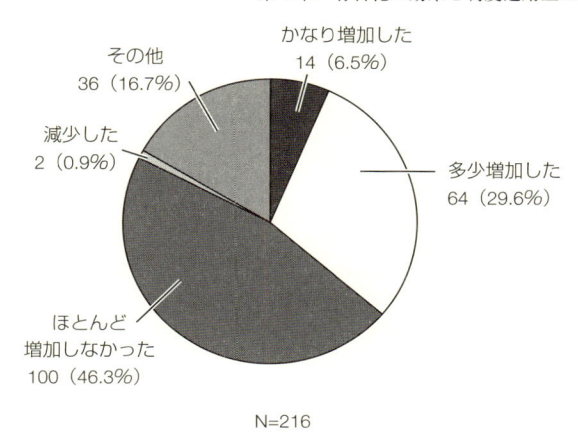

図4-8 家庭ごみ有料化による不法投棄の増加

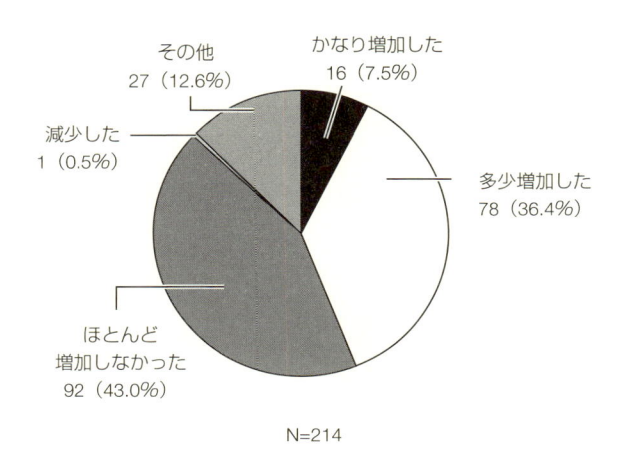

- かなり増加した 14（6.5%）
- 多少増加した 64（29.6%）
- ほとんど増加しなかった 100（46.3%）
- 減少した 2（0.9%）
- その他 36（16.7%）
- N=216

図4-9 家庭ごみ有料化に伴う不法投棄についての苦情や通報の増加

- かなり増加した 16（7.5%）
- 多少増加した 78（36.4%）
- ほとんど増加しなかった 92（43.0%）
- 減少した 1（0.5%）
- その他 27（12.6%）
- N=214

の他」（自由記述）の大部分は，比較資料が無いなどの理由で「不明」または「未把握」であった．

「その他」の自由記述では，「増加したが，有料化によるものかどうか不明」という回答も数件あった．家電リサイクル法が2001年度から本格施行され，全国的に廃家電4品目の不法投棄が増えたが，有料化の実施がこの時期に重なった都

市の一部が,「増加した」と回答した可能性もあるので,注意する必要がある.

次に,家庭ごみ有料化を実施して不法投棄についての苦情や通報は増加したか,聞いた.これに対する回答の比率は,図4-9に示すように,「ほとんど増加しなかった」と「減少した」を合わせ「増加しなかった」と回答した市（44%）と,「多少」と「かなり」を合わせ「増加した」と回答した市（44%）が半々であった.先程の「不法投棄の増加」に関する質問で,「その他」の自由記述に,「不法投棄ごみは,有料化により浮き彫りになっただけで,以前からあったものを把握していなかっただけであると思われる」とした回答があった.有料化によって不法投棄が実際に増加するかどうかはケースバイケースであるとしても,有料化すると空き地や道端などに不法投棄されたごみが気になって,行政への苦情や通報件数は増加する傾向がある.

有料化施策を円滑に運用するには,排出者責任の明確化,ルール化が欠かせない.有料化の実施にあたっては,ルール違反が生じないよう,監視パトロール態勢の強化,違反ごみの収集取り残し・警告・指導,自治会との連携,減量等推進員制度の整備,集合住宅所有者との連携などに取り組むことが必要となる.

3. 有料化都市における制度運用上の留意点と工夫

アンケート調査での有料化都市に対する最後の質問は,家庭ごみ有料化の制度運用上の留意点または特に工夫を凝らしていることについて,自由記述で回答を求めるものであった.50市区からいずれも有料制度の運用経験に基づく貴重な意見が寄せられたが,紙幅の都合上,一部を紹介するにとどめる.小見出しは筆者が付した.

■新たなコミュニティの創出
・有料化を機に,ステーション管理支援,町内会での指定袋販売など,ごみ出しを通じた新たなコミュニティの創出に取り組んでいる.（北九州市）
　（筆者コメント：町内会と市の間で締結された指定収集袋の販売取扱契約に基づいて,町内会が袋を仕入れ,会員に販売する.販売手数料は取扱店と同じく販売価格の10%.町内会は,販売手数料収入を活動資金に充当している.現在,要望のあった50の町内会と契約.これまでの市清掃行政への貢献をふまえ,一般の取扱店以外の唯一の例外として制度化したとのこと.）

■指定袋の作製・管理
・有料化は市民に負担を求めるものなので，販売する袋については，袋が破れやすい等，粗悪な物は作成しないようにしている．また，制度を維持するため，袋の流通をスムーズにするための在庫（市場在庫）管理および偽の袋製造防止に充分留意している．（熊本県八代市）
・6年前より家庭ごみの有料化を実施し，指定ごみ袋を作製したが，2004年度より，ごみ袋の表面に町内名と氏名（フルネーム）欄を設け記入の徹底を図ったことにより，分別と減量について市民が関心を持ってきた．（山形県新庄市）
・可燃用指定袋は，全国初の試みとして，カラス対策特殊加工袋を採用した．（大分県臼杵市）

■減量効果の要因
・指定袋の値段は多少でも高いくらいに設定しないと減量化の効果は少ないように思われる．（岡山県笠岡市）
・ごみが増えて焼却施設の能力を上回る危機的状況について，説明会や広報の第一面で市民に訴えたことで，危機感が浸透し有料化で大幅なごみ減量につながった．（愛知県尾西市＝現・一宮市）

■選挙と導入時期
・一部有料制の実施一年後に，市長・市議選挙があったため，一つの争点になった．政争の具にならない時期を選ぶべき．実施にあたっては，徹底した広報，啓発．共同住宅にあっては，所有者に入居者に対する排出方法の周知責任をもたせた．（大阪府箕面市）

■資源の分別収集拡充
・有料化する2年前から，可燃・不燃ごみに多く排出されていた紙製容器・容器包装プラスチックごみの分別収集を開始し，市民が分別することにより手数料負担を減らせるようにした．（東京都羽村市）
・単価が高いので，ごみの排出量も減少するのではないかと考えていたが，実際は増加してきている．袋の価格をあまり上げすぎると，今度は不法投棄という問題も出てくるため，今後はリサイクルできるものを，もっと積極的に回収していくようなシステムを作ることで検討中．（島根県雲南市）

■資源物の有料化
・ごみ減量化，資源物分別の促進のため，可燃ごみ・不燃ごみと比較し，資源ごみは半額としている．手数料負担に差額をつけることで，資源物分別，最終処分

されるごみの減量化を推進し，成果も出ている．（島根県浜田市）
・ごみ減量化や分別の徹底を図る上で，資源物を有料化しなかったことは，市民の分別に対する動機付けに有効である．（処理経費は多くかかるが…）（宮崎市）
　（筆者コメント：資源物の収集については，自治体担当者の間に，一般ごみよりも収集単価が高くつくことや，資源物を含め廃棄物全体の削減を図る必要などから低い手数料水準で有料にすべきという意見と，分別排出の推進により市民負担を軽減するため，また拡大生産者責任の観点からも，資源物の有料化はすべきでないとする意見とがある．地域的には，前者の意見は西日本，後者の意見は東日本で比較的優勢のようである）

■市民の合意形成
・市民との合意形成を第一と考え，そのための情報発信，啓発，また市民参画による協働事業に力を入れている．（東京都日野市）
・市民の理解と協力を得ることが最も重要なことで，説明会の開催等，啓発活動に力を入れている．（茨城県ひたちなか市）
・十分な回数の住民説明会を行い，市民の不安を取り除いた．（東京都調布市）

■運用経費の節減
・手数料の徴収等の事務に職員の負担が増加するため，経費節減を併せて事前に検討しておく必要がある．（千葉県袖ヶ浦市）

■小規模事業系対策
・小規模事業者が家庭ごみステーションに排出することがあるので，厳しく指導するようにしている．（宮崎県都城市）
・一般家庭には，ごみ袋の無料配布（一定枚数）を行うことで，ごみ処理費用の負担面で一枚から有料の事業系と区分することができた．指定袋導入前は，家庭ごみと事業ごみの区分ができなかった．（山口県萩市）

■値下げによる袋のアップサイジング
・手数料改定（値下げ）により，市民の求めるごみ袋のサイズが一段上へシフトした．大袋が売り切れる店が見受けられた．これにより，ごみを出す間隔が長くなるのか，単にごみが増えるのか，見守っていく必要がある．（千葉県八千代市）

■不法投棄・不適正排出対策
・違反袋について，収集をやめた．当初は，市民から苦情の電話が多く入ったが，最近では理解してもらえるようになった．（千葉県八日市場市＝現・匝瑳市）
・シール制度徹底のため，シールの貼ってない可燃ごみは，警告シールを貼って

収集しない．（広島県三原市）
・外国籍市民への対応，集合住宅居住者への啓発に取り組み，違反ごみ排出抑制に結びつけた．ステーションでの立会指導（導入当初）やステーションに排出された違反ごみの内容物からの直接指導など，地道な指導啓発しかないと思う．（長野県上田市）
・ルール違反や不法投棄に対応するため，調査，パトロールを行う係を設置し，日に数度巡回を行っている．（東京都武蔵野市）

4. 非有料化都市による有料化の評価と予定

　一方，有料化していない都市に対しては，まず，家庭ごみの有料化をどのように評価しているか尋ねた．回答は407市区から寄せられたが，その比率は，「ある程度」（50％）と「大いに」（13％）を合わせ「評価する」が63％を占め，「問題や課題がある・多いと思う」は10％にとどまった．有料化未実施の都市の多くが有料化を前向きに評価していることを確認できた．

　家庭ごみ有料化について「問題や課題がある・多いと思う」と回答した都市には，有料化の問題点を自由記述で指摘してもらった．38の市区から回答（複数回答あり）が寄せられたが，そのうちの22市区が「不法投棄の増加」を挙げていた．日頃，不法投棄や不適正排出について市民からの通報や苦情に接し，対策に取り組む廃棄物担当者の立場からすれば，有料化によって状況がさらに悪化するのではないかと懸念するのは当然で，予想通りの回答結果であった．

　有料化を評価すると回答した都市は，あり得べき不法投棄や不適正排出について，市民の協力と行政の対策強化によって防止できると想定し，それよりも有料化（と併用施策）によるごみ減量効果というプラス面を評価したものとみられる．これに対し，有料化について不法投棄の誘発を問題視する都市においては，有料化によるごみ減量効果について不確実な見通しのもとで，不法投棄は確実に起こりそうだと判断したのかもしれない．いずれにせよ，不法投棄を問題視する都市における実際の不法投棄状況については，今後の興味深い調査課題として残される．

　不法投棄の次に多かったのは，「住民の理解が得られにくい」という懸念で，9市区がこの趣旨の回答をしていた．中部地方のある市からは，「有料化の流れ」を認識しつつも，「審議会内でも反発が強く導入は難しいと思う」とする弱気の回答も寄せられた．

このほかの問題点で，複数の市区から指摘があったのは，「低所得者の負担過重化」，「リバウンドの懸念」，「大都市特有の問題」であった．このうち大都市特有の問題は東京の2区からの指摘で，頻繁に転出入が生じる共同住宅が密集し，道路も狭隘で，コミュニティ意識も低下している大都市では家庭ごみの有料化には大きな困難が伴うというものであった．

さて，今後の有料化の進展状況を展望する上で，非有料化都市における有料化の予定を把握する調査は欠かせない．そこで，有料化していない都市に対して，家庭ごみ有料化の導入を予定しているか，聞いた．回答したのは404市区である．回答結果の比率は，「長期的な検討課題である」が53％と最も多く，「時間はかかるが，導入予定」が18％，「1～2年程度のうちに，導入予定」が14％，「導入予定はない」は15％にとどまった．

多摩地域の都市で有料化が進展する中で，まだ有料化の実施が見られない東京23区について，回答状況を確認しておこう．回答のあった19区についてその内訳をみると，「長期的課題である」が17区と圧倒的に多く，まるで申し合わせたようであるが，それでも「時間はかかるが，導入予定」と前向きな回答が2区あった．前向きな2区は，現在の状況について，「審議会で有料化について審議中」とも答えている．

政令指定都市については，調査時点（2005年2月）でまだ有料化していない12市（有料化している北九州市，2005年4月に政令指定都市となった静岡市を除く）のうち，アンケートに答えた11市の回答は，「1～2年のうちに導入予定」とした福岡市以外は，こぞって「長期的な検討課題である」としていた．

「1～2年程度のうちに導入予定」と回答した都市には，現在の進展状況について尋ねた．回答は，「長期的な検討課題である」などとした都市も含め63市区から寄せられたが，その内訳は，「審議会の有料化答申が市（区）長に提出された」が15市，「審議会で有料化について審議中」が11市区，「有料化実施のために条例を改正した」が8市，「その他」が29市であった．「その他」の主なものは，「事務レベルで検討中」，「審議会に近く諮問予定」，「合併時導入に向け準備中」が各6市，「有料化実施のために条例改正予定」が4市などであった．

第5章

韓国ソウル市の家庭ごみ有料化

　2005年夏，ソウル市の家庭ごみ有料化をはじめとする減量施策についてヒアリング調査した．調査の過程で，環境省の有料化指針やソウル市の環境白書などの資料を入手し，関連箇所の翻訳作業を行った．本章では，それらの資料とヒアリング知見をもとに，ソウル市を中心とした韓国におけるごみ有料化事情を取り上げる．

1．韓国のごみ収集・処理事情

　韓国では，廃棄物管理法に基づいて，廃棄物は生活廃棄物と事業系廃棄物に分けられ，家庭や小規模事業所（1日平均発生量300kg未満）などから排出される生活廃棄物の収集運搬・処理は自治体（市・郡・区）が行うこととされている[1]．生活廃棄物は，生活ごみと資源物に区分される．生活ごみは一般ごみと粗大ごみからなる．一般ごみについては，大部分が埋立処分されることから，可・不燃混合収集が一般的である．しかし，焼却処理をする一部地域では，ごみ収集を可燃ごみ，不燃ごみに区分している．一般ごみの排出には，有料指定袋を用いることになる．有料指定袋はスーパーなどで容易に購入できる．

　自治体の清掃員が収集した一般ごみは，資源回収施設が設置されている地域では資源回収施設へ，そうではない地域では中継施設へ運搬して圧縮した後，大型運搬用車両で埋立地に搬入するか，あるいは中継施設を経由しないで直接埋立地に搬入・処分している．

　ごみ排出および収集時間は自治体の条例で定めている．一般ごみは基本的に，日没後に排出，日の出の前に収集し，一戸建てでは指定された収集日に家の前に出し，マンションなどの共同住宅地区では屋外に設置されたダストボックスに所

---

[1] 1日平均廃棄物発生量300kg以上の大規模事業所は，自治体が許可した民間代行業者に処理を委託している．

定の曜日または随時に排出しておくと，自治体や清掃代行業者が週3回程度収集してくれる．

有料指定袋に入らない家電や家具など粗大ごみについては，事前に電話か書面で申し込んだ後，所定の手数料を払って購入したステッカーを貼り，指定された日と場所に出しておく．手数料は，ソウル市の場合で，廃棄物によって1個あたり2000～1万8000ウォン程度である．粗大ごみは清掃員が自治体の回収施設に運搬するか，代行業者が収集する．木材類は砕いて処理し，鉄類などはリサイクルして，その残りは埋め立てるか，焼却している．

韓国では生活廃棄物の処理について埋立率がいまだに約40％と，先進各国と比べ際立って高くなっている．国土が狭隘な上，処分場の残余年数が短縮化しており，処理方法の改善が急務とされている．そこで政府は，リサイクル率を高めるとともに，焼却施設の拡充により焼却率の引き上げを図っている[2]．

2．全国一斉のごみ有料化

韓国では1995年1月から全国一斉に家庭ごみが有料化された．それ以前，各家庭は，ごみ排出量とは直接関係なく，住宅の規模や財産税額に基づいて決められた一定額をごみ手数料として自治体に納付していた．ごみの増大と埋立施設の建設難に直面して，環境省は92年頃から従量有料制の検討と制度設計に着手，全国の自治体に導入を働きかけ，主な市民団体の同意も取り付けるなど合意形成に注力した．全国導入に先駆けて1994年4月から，ソウルをはじめとする全国93の市郡区を対象にごみ有料化の試験事業を実施している．

有料化にあたって，環境省は有料化のガイドラインとして『ごみ有料化施行指針』を作成，これを参考にして各自治体は地域の実情を踏まえた有料化の制度設計をし，条例を改正した．したがって，一斉に導入したとはいえ，わが国と同様，手数料水準をはじめ有料化の制度は自治体ごとに多少異なる．

手数料水準の決め方は，原則として指定袋作製・流通費と収集運搬・処理費をベースとしたコスト主義によるが，副次的要因として当の自治体の財政状況や近隣自治体とのバランスなども勘案される．環境省指針では，指定袋の販売価格は次式で算定するとしている．

---

[2] 韓国のごみ処理制度については，朴正漢ほか「韓国における廃棄物管理システムの分析－国家廃棄物管理総合計画を中心として－」『廃棄物学会誌』（2002年7月）が参考になる．

表5-1　韓国環境省「ごみ有料化施行指針」目次

Ⅰ．ごみ有料化施行指針
　1．目的
　2．基本原則
　3．詳細施行指針
　4．行政事項
Ⅱ．ごみ有料化の主な指針と施策
　1．レジ袋を別途に収集・資源化するための指針
　2．有料指定袋の利用推進
　3．まち単位のごみ有料化の推進指針
　4．粗大ごみ排出・収集方式の改善指針
　5．清潔維持責任制施行指針
　6．まち清掃活性化推進策
　7．指定袋価格設定の改善方向
　8．ごみ減量インセンティブ制の推進指針
　9．生分解性プラスチックの導入・利用拡大計画
　　　－プラスチック環境表示認証基準
Ⅲ．指定袋の形状標準規格

1L当たり処理費用×袋容量（L）×住民負担率(目標値)
＋袋作製費用＋販売手数料

　有料化と同時に，環境省指針にならって各自治体が作成した分別収集計画に基づいて，全国的に資源物の5分別収集（紙類，びん類，缶類，プラスチック類，鉄類）が開始された．資源物の収集は無料である．また2000年代に入って，生ごみの分別収集，飼料・堆肥化が急速に進展している．

　1997年度から，事業所の廃棄物の中で生活ごみと性質が類似する事業所の生活系廃棄物に対しても，生活ごみのように従量有料制を適用している．

　環境省の有料化指針は数年おきに改定されている．2003年7月に改定された現行の指針は，A4判232頁にも及ぶ大冊で，細部にわたって有料化のガイドラインについて規定している．その構成は表5-1のとおりであり，参考までに本章の末尾にその抄訳を付した．

　環境省指針は，指定袋の規格や手数料の算定方法といったごみ有料化のスキームだけでなく，資源物や生ごみの分別排出方法，レジ袋に代替するリユース指定袋の奨励策，公共袋によるまち美化の奨励策など，有料化と併行した取り組みの枠組みについて幅広く規定している．

表5-2　ソウル市ごみ量の推移

年度	1993	1994	1995	1996	1997	1998	1999	2000	2001	2002	2003	2004
1日あたり生活廃棄物量 (t)	16,021	15,397	14,102	13,685	12,662	10,765	10,972	11,438	11,968	12,052	12,058	11,673
1人1日あたり生活廃棄物量 (kg)	1.46	1.43	1.38	1.31	1.22	1.04	1.06	1.10	1.16	1.17	1.17	1.13
(94年度比　％)				(−3.5)	(−8.4)	(−14.7)	(−27.3)	(−25.9)	(−23.1)	(−18.9)	(−18.2)	(−18.2)	(−21.0)
うちごみ量 (kg)	1.19	1.14	0.98	0.92	0.81	0.64	0.63	0.60	0.61	0.60	0.57	0.51
うちリサイクル量 (kg)	0.27	0.29	0.40	0.39	0.41	0.40	0.43	0.50	0.55	0.57	0.60	0.62
リサイクル率 (％)	18.5	20.3	29.0	29.8	33.6	38.5	40.6	45.5	47.4	48.7	51.3	54.9

(注) 1. 生活廃棄物は，日本の一般廃棄物にほぼ相当し，生活ごみおよび事業所ごみのうち生活ごみと性質が類似するごみを含む．
　　 2. 生活廃棄物量はごみ量とリサイクル量（資源物量と生ごみ資源化量）からなる．

　地方分権を指向する日本の行政システムからみて，少し違和感を持つのは，国による自治体指導規定である．とりわけ，ごみ手数料の住民負担率や清掃財政自立度などの指標を国がチェックして自治体に改善勧告する制度など，中央集権的な色彩が強いことも，本指針の特徴である．

3．ソウル市の家庭ごみ有料化

　今回調査したソウル市では，基礎自治体として清掃・リサイクル業務を担う25の区がごみ手数料を徴収する．ごみ有料制は1995年1月から，家庭・小規模事業所の一般ごみを区長が作製・販売する有料指定袋に入れて排出する形で実施された．指定袋に入れられないか，有料制の実施が適さない煉炭灰，粗大ごみ，資源物については有料化の対象から除外された．

　ソウル市の1人1日当たり生活廃棄物の推移を示した**表5-2**により，家庭ごみ有料化に伴うごみ減量効果を確認しておこう．有料化初年の1995年度に1人1日当たり生活廃棄物量は，94年度比で3.5％減少した．リサイクル量を除いた「ごみ量」でみると，94年度比で14.0％の減少であった．94年4月から一部地域で有料化のモデル実施が開始されており，94年度も前年度比でごみ量が減少していることを考慮すると，まずまずの効果であった．

　その後，1人1日当たり生活廃棄物量は有料化4年目まで減少率を高めたあと，

ややリバウンド気味となり2004年度には94年度比で21％減となっている．これを，リサイクル量を除いた「ごみ量」でみると，94年度比で54.4％の減少となり，有料化以降リバウンドに見舞われることなく，ほぼ一貫して減少を続けている．見事な減量効果を上げている，といってよい．

ソウル市で発生した生活廃棄物の推移をみると，1995年1月からのごみ有料化の実施以来，徐々に減少する傾向にある．特に，1997〜98年の外為危機不況で，1日平均1,000〜2,000t余りが減ったが，99年からは若干増加している．2004年には生活廃棄物が1日平均1万1,673トン発生し，その55％がリサイクル，7％が焼却処理，38％が埋立処分された．リサイクル率は，1990年代半ば頃から年々急速に上昇している．

この間，埋立地へのごみ搬入量の減少によりごみ処理費用の1,137億ウォン（内訳＝ごみ搬入料746億ウォン，埋立地助成費391億ウォン）節減という経済的効果が発生し，資源物の量が倍増した．

1997年から1日300kg以上排出する事業所にも有料化を拡大し，事業所用の指定袋を使用するようにして分別収集およびリサイクルの活性化を促した．

指定袋は焼却場での使用が適する高密度ポリエチレンと，埋立地に適する低密度ポリエチレンを材料として，家庭用，営業用，事業所用，公共用に区分し，区ごとに作製されている[3]．営業用は1日発生量300kg未満の飲食店など小規模事業所用，事業所用は大規模事業所用である．

指定袋の価格は，ごみ処理費用，区の清掃財政自立度，地域的条件などを考慮して区条例で決められている．手数料収入がごみ処理総費用に占める比率は，ソウル市平均で28％となっている．現行の容量別の指定袋販売価格は**表5-3**のとおりである．一般家庭で最も多用される20L袋1枚が市平均で373ウォン（約37円）である．50L袋なら930ウォン（約93円）もする．ソウル市民の生活実感からすると，かなり負担感が大きな手数料水準といってよい．事業所用については，家庭用よりも10％程度高く設定されている．

従量有料制の実施前にはごみ収集・運搬の手数料についてはソウル市で定め，各区はこれを適用したので各区で手数料には差がなかった．しかし，従量有料制の実施後には地域的条件と財政自立度に応じて各区が袋価格を設定することによ

---

[3] 市民からごみ袋が弱く，破れやすいために使いにくいという意見があったが，埋立地で破れやすくすることで，ごみ分解を促進する環境面を考慮し，環境省では標準規格として指定袋の厚さを制限している．

表5-3 指定袋の販売価格（ソウル市平均）

(単位：ウォン，10ウォン≒1円)

区分	規格	販売金額
家庭用（5種）	5L	95
	10L	178
	20L	373
	30L	522
	50L	930
営業用（5種）	20L	395
	30L	642
	50L	898
	75L	1,336
	100L	1,804
事業所用（3種）	50L	1,127
	75L	1,668
	100L	2,270

って，地域間の袋価格に差が生じるようになった．そして，首都圏の埋立地の搬入料が頻繁に値上げされると財政的に苦しい区が袋価格に転嫁したため，袋価格の格差がますます拡大してきた．

　ソウル市では区ごとの指定袋価格の格差を解消するために，市平均価格以下の区は袋価格を平均価格に値上げし，平均価格より高い区については値上げを自粛するように行政指導している．

　指定袋は区が常住人口，事業所および共同清掃など，需要量を予測して実情に合わせて袋容量および数量を適切に調整して作製し，指定袋取扱店を通じて市民に販売し，事業所用袋については代行業者が市から買い取って事業所に販売している．

　ソウル市では2000年から，ごみの不法投棄対策として，告発者への報奨金制度をすべての区で実施している．告発方法は誰が，いつ，どこで，どのようなごみをどのように捨てたかを，電話，ファックスなどで連絡する．車を利用して捨てる場合は車両番号，車種，色，投棄者の性別，年齢，時間帯などを記載して，できれば証拠物（写真，ビデオテープなど）を提出する．報奨金額は区によって異なるが，概ね1〜5万ウォン程度である．

4．有料制と併行して実施された施策

　ごみ有料化を契機として，市民の生活様式は，それまでの大量廃棄型から，ごみ排出量を減らし，資源物を増やす方向に変わりつつある．ごみ減量は有料化だけでもたらされたのではない．有料化と同時に，あるいは有料制と併行して推進された以下のような取り組みがごみ減量に寄与したと考えられる．

　第1に，家庭ごみ有料化と同時に資源物の分別収集を実施したことにより，市民が分別を強化することで負担を軽減しつつ，ごみを減量するための受け皿が整備された．

　第2に，自治体が市民の協力を得て，生ごみの分別収集を積極的に推進したことにより，さらなる減量手段が提供された．

　第3に，包装方法規制や使い捨て用品の使用事業所に対する規制を拡大・強化したことによって，包装の簡素化やレジ袋の使用自粛など市民意識が徐々に変化してきた．

　第4に，ごみを排出する前にフリーマーケットの利用や古着の交換など，市民団体を通じた取り組みによってリユースが推進された．

　また，事業所廃棄物の有料化実施により，大規模な排出事業者がごみ減量処理機を設置するなど，ごみの発生抑制に取り組むようになったことも見逃せない．

　以下，これら有料制と併行して実施された施策について，もう少し詳しくみてみよう．

（1）資源物のリサイクル推進

　資源物の収集については，環境省指針に基づいて，紙類，ガラスびん類，缶類，鉄類，プラスチック類の5種類に区分している．1996年3月からは発泡スチロールがリサイクルされはじめ，ソウル市だけが1999年3月から古着と布団類をリサイクル品目として追加して収集している．ソウル市の資源物収集品目と分別排出要領は，**表5-4** に示すとおりである．

　資源物の排出方法は，共同住宅地区と一般住宅地区で異なる．ソウル市の場合，各区の事情によって違いがあるが，ほとんどのマンションなど共同住宅は5～6種類に，一戸建ての場合は2～3種類に簡素化して分別・排出する方法を採用している．

　共同住宅地区では敷地内に資源物の分別保管容器を備えてあり，定められた日

表5-4 リサイクル品目および分別排出要領（ソウル市）

種類	品目	排出要領	リサイクル不可能品目
紙類	新聞紙	・水気のないようにする ・きれいに重ねて結ぶ ・ビニールコーティングチラシ，ビニール類，汚物が混ざらないようにする	・ビニールコーティングされた紙類
	本，ノート，紙ショッピングバック，カレンダー，包装紙	・ビニールコーティング表紙，ノートのスプリングなどは外す ・ビニール包装紙は外す	
	箱類(お菓子，包装箱，その他のダンボールなど)	・ビニールコーティング部分を除く ・箱に貼られているテープと鉄のピンを除いた後に潰して運搬を容易にする	
	紙コップ，パック	・中身を捨てて水を一度洗った後，潰して袋に入れるか，重ねて結ぶ	
缶類	スチール，アルミニウム缶(飲食用類)	・中身を捨てて水洗いした後，潰す ・中と外のプラスチックのふたがあれば外す	・ペイント，オイルなど有害物質を入れた缶
	その他（ブタンガス，殺虫剤の容器）	・穴開けして中身を捨てた後に排出	
古鉄類	古鉄(工具類，釘，鉄板などの金属製品) その他金属類(電線，アルミニウムなど)	・付着したプラスチック，ゴム類などは外す ・異物が混ざらないようにして袋に入れるか，紐で結んで排出	・ゴム，プラスチックなどが付着した製品
びん類	飲料水びん，その他のびん	・蓋を外した後，中身を捨てて水洗い ・吸殻などの異物を入れないこと	・化粧品，白いびん，食器類，磁器類，強化ガラス，軽質ガラス，電球など

種類	品目	排出要領	リサイクル不可能品目
プラスチック類	PETボトル 牛乳・ヨーグルトボトルなどのびん模様の容器 フィルム類(ビニール袋類) 包装材－お菓子袋，ラーメン袋，飲食料品の包装袋など	・中身を捨てて材質が違うキャップ(ホイル)や付着されているレッテルなどを外した後に潰して排出	・不溶性プラスチック類，電話機，電気電熱機，ボタン，メラニン食器類および灰皿など ・複合材質プラスチック製品，家電製品ケース，文具類，ボールペンなどの筆記具 ・プラスチックと鉄が合成された製品，電線，ハンガー類 ・廃油容器類
発泡スチロール	家電の梱包材 一般包装材 農水産物の箱	・異物および付着レッテルなどを完全に外した後，透明ビニールに入れて結んで排出 ・果物，魚の箱は中身を完全に捨てて水洗いして排出 ・製造者などに減量化あるいは回収・リサイクル義務があるテレビ，冷蔵庫，洗濯機，エアコン，電子レンジ，コンピュータの製品に使用された発砲スチロール緩衝材は製造者などに直接に排出	・水産養殖用のブイ ・異物が付いているか，PE,PPなどの他素材にコーティングされた発泡スチロール
衣類 布団類	衣類 布団類	・透明ビニールに入れて雨，ホコリ，油などの異物が付かないように排出	・古く，破れた布団

に品目別に分別排出する．収集日には，婦人会などの住民自治組織が分別排出に協力する風景が見られる．

　一般の戸建て住宅地区については，現在20区が，家の前に資源物を出しておくと市の清掃員が収集していく「戸別収集方式」を実施している．それ以外に，資源物に異物が混ざらないように，住民と清掃員が現場で確認して資源物を排出・収集する「対面収集方式」，共働きなど留守がちな家庭による排出の便に配慮して指定された日と場所にいくつかの世帯が共同排出できるよう資源物分別排出容器を設置して収集する「拠点収集方式」があり，一部の区でこれらの収集方式が併用されている．

　商店街については，「戸別収集方式」が18区，「拠点収集方式」が3区，「対面収集方式」と「拠点収集方式」の併用が3区などとなっている．

　現在，資源物の収集・運搬は区が行っている．収集された資源物は，区のストックヤードで品目別に選別して販売可能な有価性品目は需要先や民間収集業者に販売し，販売されない品目と季節的に需要のない品目については区のストックヤードで選別・破砕・圧縮して保管するか，韓国環境資源公社に引き渡す．公社は引き取った資源物を圧縮保管あるいはリサイクル業者に原料として供給する．

　資源物の排出量の増加により，収集の遅延や，収集した資源物の積滞が生じないように，収集・運搬車両5百余台を確保し，ストックヤードなどの施設の拡充を推進している．また，ごみ従量有料制実施後に増えた資源物を円滑に収集・処理して市民の倹約精神を高め，資源リサイクルの効果を最大化するために，区ごとにリサイクルセンターを設置・運営しており，現在43ヵ所のリサイクルセンターが運営されている．リサイクルセンター内にはリサイクル用品の販売コーナーが設置されている．

(2) 生ごみリサイクルの推進

　生活ごみの22％を占める生ごみは，希少な埋立地の使用期間を短くするだけでなく，水分含有率が非常に高いため埋め立てると浸出水による地下水汚染を引き起こすおそれもある．そこで，韓国では家庭から出る生ごみのリサイクルに早くから取り組み，共同住宅を中心に分別収集を実施し，一般住宅にも拡大してきた．

　ソウル市における生ごみのリサイクル率は，1999年度に約30％であったが，2004年度には約90％にまで上昇した．すでに，共同住宅では100％，一般住宅

でも90％近くが分別収集を実施していた．2005年1月から生ごみの埋立が禁止されたことを受けて，2005年度からソウル市25区全域を分別排出地域に指定し，100％分別収集を実施している．

　生ごみの排出には，一般住宅では有料の専用指定袋が使用されるが，共同住宅では敷地内に設置された収集容器へのバケツによる排出も行われている．

　事業所の生ごみについては，2000年12月に廃棄物管理法施行規則が改定されたことを受けて，従来からの減量義務事業所である客席（客室含む）面積100m^{2}以上の飲食事業所，給食人数100名以上の集団給食所，ホテル，農水産市場，大規模な店舗以外に，区条例に減量義務事業所の範囲を追加して指定するようになった．区では半期別に指導・点検を実施し，減量義務を遵守しない事業所に対して，告発や過料の賦課など行政処分を下している．

　一方で，生ごみ資源化のための公共処理施設の建設も積極的に推進している．公共の資源化施設を整備するだけでなく，首都圏周辺の畜産農家に飼料・堆肥化施設の設置補助金も提供している．市は，生ごみの安定的な処理を確保し，効率的に資源化を行うために，2008年までに新たに5つの施設（1,418t／日）の建設を計画している．

(3) 包装方法・材質規制

　生活水準の向上につれて多様な包装材が開発され，その使用量も急増している．包装廃棄物は，貴重な資源の浪費であるだけでなく，埋立・焼却すると環境汚染を引き起こし，リサイクルにも多くの社会的費用がかかる．そこで，包装廃棄物の発生抑制のために，不必要な包装の削減，リサイクル可能な包装への変更，材質の環境調和的な素材への切り替え，リサイクル困難な材質の包装素材の利用規制などを推進している．

　2002年2月，「資源の節約とリサイクル促進に関する法律」が全面改定された．これにより，翌年4月から製品の包装方法や包装材質などの基準を定めた「製品の包装方法・包装材質等の基準に関する規則」が強化されることになった．

　包装廃棄物発生の抑制政策として，包装材質の規制，包装方法の規制，プラスチック包装材の年次別減量化の3政策を推進している．包装材質に関しては，2004年1月から，卵，揚げ物，海苔巻き，ハンバーガー類，サンドイッチ等について，塩ビ系包装材の使用を禁止している．

　包装方法については，過剰包装を抑制するために，製品を包装・梱包するさい

箱の中に残る空間を一定の比率に制限し，また包装の多重化を規制する．包装方法に関する規制の対象は，食品類，化粧品類，洗剤類，雑貨類，医薬品類，衣類，総合製品の7分野23品目である．

プラスチック包装材の年次別減量化は，プラ包装材の使用を減らして環境にやさしい材質の包装材に代替するように，年次別の基準を設けて，これを遵守させる制度である．対象となるのは，卵の包装パック，りんご・なしの包装，麺類の容器，農・畜・水産品類の皿，電気製品の包装材で，年次別に削減基準を設定している．特に，家電品等の梱包に用いる緩衝材については，規制対象を従来の大型家電6品目から，電気・情報・事務機器81品目に拡大した．

各自治体は，市民の協力を得つつ，包装方法や包装材質の改善に取り組んでいる．ソウル市環境白書によると，同市では2003年度に，市・区・市民団体合同の定期点検を6回実施して約4,000点の製品を検査し，そのうち基準を遵守しない31の違反業者に対して約9,000万ウォンの過料を科した．

しかし，検査対象の製品数が多く，手が回らないため，規制と併行して包装減量化キャンペーンなどの広報を強化して，関連事業者協会との懇談会などを通じて製品の生産段階から事前に包装基準を遵守するように行政指導している．

(4) 使い捨て用品の使用規制

レジ袋，割り箸，紙コップ・髭剃り・歯ブラシなどの使い捨て用品は，便利である反面，資源の浪費であり，廃棄する際に環境問題を引き起こしており，必要な時以外には使用を自粛するように規制を強化する必要がある．

韓国政府はこれまで，使い捨て用品に対する使用抑制政策を推進してきた．1992年には「資源の節約とリサイクル促進に関する法律」を制定し，これに基づいて，デパート，飲食店，銭湯などに対しては使い捨て用品の使用抑制および無料提供禁止などの義務を課した[4]．こうした規制措置にもかかわらず，便利性を追求する消費行動によって使い捨て用品は増加の一途をたどっている．

そこで環境省は，「資源の節約とリサイクル促進に関する法律」および下位法令を改正して，2003年1月から施行した．これにより，事業者の責任が強化され，違反の際には直ちに過料を科することができるようになった．使い捨て用品

---

4) 使い捨て用品使用規制については，舟木賢徳「韓国の使い捨て用品使用規制政策はごみを減らせたか」『月刊廃棄物』(2001年2・3月号) が参考になる．

表5-5 使い捨て用品使用規制の対象業種と遵守事項

対象業種	遵守事項	規制対象の使い捨て用品
飲食店, 集団給食所	使用抑制	使い捨ての紙コップ・皿・容器 (紙・プラスチック・金属箔など) 割り箸・楊枝 使い捨てスプーン・フォーク・ナイフ 使い捨てビニールテーブルクロス
	作製・配布抑制などの使用抑制	使い捨ての広報宣伝物
銭湯・宿泊施設 (客室7室以上)	無料提供禁止	使い捨て髭剃り 使い捨て歯ブラシ・歯磨き粉 使い捨てシャンプー・リンス
大規模店舗 (デパート, ショッピングセンター等)	無料提供禁止	レジ袋
	作製・配布抑制などの使用抑制	使い捨て広告宣伝物
卸・小売事業所(売り場面積33㎡以上)	無料提供禁止	レジ袋
	作製・配布抑制などの使用抑制	使い捨て広報宣伝物
食品製造・加工業, 即席販売製造・加工業	デパート・大型店・ショッピングセンター・卸センター・市場およびその他の大規模店舗内で営業する事業所 / 使用抑制	使い捨てプラスチック容器
	デパート・大型ショッピングセンター・卸センター・市場およびその他の大規模店舗の外で営業する事業所 / 使用抑制	使用抑制 使い捨てプラスチック容器 (弁当用に使用される場合に限る)
金融業, 保険・年金業, 証券・先物仲介業, 不動産賃貸・供給業, 広告代理業, 教育産業, 映画産業, 公演業	作製・配布抑制などの使用抑制	使い捨て広告宣伝物
運動場, 体育館, 総合体育施設	無償提供禁止	使い捨て応援用品

使用規制の対象業種と遵守事項は，**表5-5**に示すとおりである．

　ソウル市環境白書から，同市の取り組みを確認しておこう．ソウル市では，流通・販売段階から使用抑制を実践するように指導・点検を強化している．2003年度には市・区・市民団体合同の定期点検を6回実施して，約6万3,000事業所の使い捨て用品の使用実態を把握して，46事業所に改善勧告を行い，1事業所に対して過料30万ウォンを科した．

　規制と併行して買い物袋使用のキャンペーンなどの広報を強化して使い捨て用品の減量化運動を推進している．使い捨て用品の減量化は，市民の自発的な参加がなければ実現できない．そこで，市として，市民がこの運動の主体として活動できるよう，持続的な広報活動を展開する計画である．

　使い捨て用品使用抑制の対象となる事業所数が多く，取り締まりの限界が指摘される中で，ソウル市各区は，市民参加を通じた効率的な取締りと違反事業所に対する注意喚起を狙いとして，2004年から区条例に基づいて告発報奨金制度を導入することにした．

　使い捨て用品使用規制の違反行為を発見した人は7日以内に違反事業所を管轄の区に告発することができる．ただし，報奨金は当日違反行為を最初に告発した人にだけ支給するため，正確に告発しなければならない．使い捨て用品の使用規制の違反行為告発書に本人の個人情報と違反事業所および違反行為を正確に記載して証拠物がある場合には証拠物とともに提出する．

　告発書を受け付けた行政機関は，被告発者に違反行為の事実などを確認する．この際，被告発者が違反事実を認めると，行政機関は違反者に50％が減額された過料を賦課し，告発者には所定の報奨金を支給する．告発報奨金の支給金額は，区により異なるが，およそ3〜30万ウォンの水準であり，支給限度額は1人当たり月額平均100万ウォン以内である．現在ソウル市25区のうち，19区が条例を制定・施行しており，残りの6区は準備中である．

(5) フリーマーケットの推進

　1990年代半ばから，一部の自治体，市民団体などが中古の生活用品を売買するフリーマーケットを運営するようになった．しかし，自治体の推進意欲や民間業者の協力態勢が十分でなかったこともあり，盛り上がりに欠けていた．

　そこで，環境省はフリーマーケットを活性化し，全国民が参加する生活文化運動として展開するため，2003年6月，各市郡区に1ヵ所以上開設する指針を打ち

出した．これを機に，各自治体の取り組みが活発化するようになってきた．

　ソウル市と各区では資源の節約と再利用を促進して環境と経済を活性化し，資源循環型の社会形成に貢献するために，まだ使える中古の生活用品を交換・販売するフリーマーケットに市民が参加する生活文化運動を展開している．

5．わが国への参考点

　韓国での有料化の経験は，併行施策についての貴重な示唆をわが国有料化政策に提供してくれる．かなり高額の手数料による有料制を導入し，資源物の無料での分別収集，さらには生ごみの分別収集，使い捨て用品使用規制などの減量施策を併行して実施すれば，リサイクル物を除いた一般ごみ量を大幅に削減できる，ということである．

　もう一つ参考になる取り組みとして挙げたいのは，有料指定袋のレジ袋代替である．韓国政府はレジ袋使用の削減を狙いとして，レジ袋有料化を推し進めてきたが，最近では指定袋の利便性に着目して，小売店のレジカウンターでレジ袋に代えて指定袋をバラ売りすることを奨励している（環境省指針抄訳を参照）．指針に基づいて自治体が作製する指定袋には持ち手が付いているので，買い物袋としての使用に向いている．指定袋のレジ袋代替がうまく定着すれば，消費者に新たな負担をかけずに，レジ袋を減らせることになる．

資料　韓国環境省「ごみ有料化施行指針」抄訳

■**有料化の適用対象**
・ごみ有料化は，廃棄物管理法の規定する生活廃棄物管理地域に適用する．
・適用対象ごみは，生活ごみと事業所ごみの中で，生活ごみと性質が類似するため，生活ごみの基準および方法で収集，運搬，保管，処理が可能な廃棄物とする．

1　指定袋
■**指定袋の種類**
　　　一般ごみ袋容量：3，5，10，20，30，50，75，100L
　　　公共ごみ袋容量：30，50，100L
　　　生ごみ専用袋容量：1，2，3，5L
　　　レジ袋の専用袋：3，5L

■**ごみ収集・運搬・処理費の負担原則**
・ごみ収集・運搬・処理費用は，ごみ排出者，収集・運搬・処理方式などの特性を考慮して，ごみ種類別に算定して排出者に負担させる．
・排出者が限定される少量の建設ごみ，粗大ごみ，事業所の一般ごみに関しては，当該ごみ排出者に収集・運搬・処理費用の全額を手数料として負担させる．
・手数料算定の際，収集原価は人件費（基本給，加算給，ボーナス，手当て，退職金引当金など），経費（福利厚生費，減価償却費，車両維持費，車両保険費，支給公課金など）および一般管理費などを考慮して算定し，処理原価は搬入料，委託処理手数料などを基準として算定する．

■**一般ごみと生ごみの手数料**
・指定袋に入れて排出する一般ごみおよび生ごみの手数料について，ごみ収集・運搬および処理費用の住民負担率の適正化を図ることとし，物価に及ぼす影響と住民の負担の程度などを考慮して，地域の実情に合わせて段階的に値上げする．
・指定袋の販売価格は次式で算定する．
　　　1L当たり処理費用×袋容量（L）×住民負担率(目標値)
　　　＋袋作製費用＋販売手数料
（生ごみを容器などで収集する場合は，指定袋の販売価格と関連づけて算定するか，1kg当たり処理原価を算定し，住民負担率を考慮して手数料を算定する）
・住民負担率は，住民が実際に排出したごみの収集・運搬および埋立・焼却などの処理にかかった費用の中で，住民が負担する費用を算定する比率として，袋の販売価格の算定の際には目標値を適用する．
・住民負担率は次式で算定する．

(総袋販売金額＋無料支給袋・公共用袋使用量を販売金額に換算した金額)÷
　　(一般ごみ・生ごみ収集・運搬・処理費用＋無料支給袋・公共用袋ごみ運搬・処
　　理費用＋資源物選別後発生したごみ運搬・処理費用)
・指定袋取扱店の販売手数料率は9％を標準とし，類似商品の販売手数料と比較・検討
　して必要と認められる場合は調整可能である．
・販売手数料は次式で算定する．
　　　｛(1L当たり処理費用×袋容量(L)×住民負担率＋袋作製費)×販売手数料率｝
　　　÷(1－販売手数料率)

■清掃財政自立度の向上および袋価格の適正化のための措置
・自治体別清掃財政自立度の分析・評価
　―自治体ごとに毎年一般ごみ，生ごみ，資源物，粗大ごみ，少量の建設ごみ，事業所
　　の一般ごみの収集・運搬・処理費用とまちの清掃費用など清掃行政に使われた諸費
　　用と清掃関連の総収入額を算出して清掃財政自立度を算定する．
　―財政自立度は次式で算定する．
　　(袋販売金額＋資源物販売収入＋粗大ごみ手数料収入＋その他の収入(過料な
　　ど))÷年間ごみ処理総費用(一般ごみ，生ごみ，資源物，少量の建設ごみ，事業
　　場の一般ごみの収集・運搬・処理費用およびまちの清掃費用など)
・広域自治体は，基礎自治体の清掃財政自立度の分析結果を受け，ごみ排出者負担原則
　の遵守の是非などを評価して，自立度が低い自治体に対して改善を勧告する．
・袋価格適正化のために，各自治体が前年度の袋価格および住民負担率を算定し，適正
　化計画を策定して推進する．
・広域自治体は，基礎自治体の袋価格および住民負担率の分析結果に基づいて，住居形
　態，地形など清掃条件を勘案した上で，隣接市・郡・区間の袋価格および住民負担率
　の差が顕著である場合は格差解消を推進する．
・市および道は毎年2月末までに，市・郡・区ごとの清掃財政自立度，袋価格および住
　民負担率の現状と改善計画を環境省に提出する．
・環境省は，市・道ごとの清掃財政自立度および袋価格，住民負担率の現状と改善計画
　を検討の上，適正かどうかを評価し，必要に応じて是正を勧告する．

■指定袋の供給・販売
・地域住民が袋を容易に購入できるように指定袋取扱店を指定する．
・指定袋は購入者がバラ買いを望む場合は購入できるようにし，引越しなどの理由で残
　量を返品する場合は現金で払戻しする．
・指定袋取扱店でのレジ袋の使用抑制を推進する．コンビニなどの取扱店で有料指定袋
　をレジ袋の代用として販売する方策を拡大実施する(必要に応じて，自治体は指定袋
　取扱店の指定条件に包含する)．

■再使用指定袋の活性化
・売り場でのレジ袋の使用量を減らすために，代用として「再使用指定袋」の販売を推進する．指定袋取扱店として指定されたコンビニなどに関しては率先して再使用指定袋を備えて販売するように措置する．
・売り場において再使用指定袋を容易に購入できるように，販売方法の改善および顧客広報を推進するように措置する．
　―レジ側に再使用指定袋を備えて，顧客が自主的に利用するように措置する．
　―売り場の入り口，レジの正面などに案内文と袋価格を提示し，案内放送を実施する．
・再使用指定袋の販売流通業者のイメージ向上のために，袋の裏に流通業者名，ロゴなどを印刷することを許可する．
■指定袋の払い戻し・交換の便利性向上
・袋価格が同一の広域および基礎自治体では管内すべての指定袋取扱店において袋の交換が可能であるように改善する．
・袋の価格が異なる広域自治体あるいは基礎自治体の間では，相互協議して指定袋取扱店で交換できるようにし，自治体の間において年に1，2回交換量と販売価格の差額を精算する制度を構築する．
■指定袋での商業広告の推進
・地元企業を対象として広告の自発的な出稿を誘致し，指定ごみ袋の広告に関する肯定的なイメージを高める．
■低所得層などへの手数料の軽減
・国民基礎生活保障法に基づく受給者，その他の市長・郡首・区長が認める低所得者に対し，1人当たり毎月60Lを標準として，指定袋を無料で支給するか，袋代を軽減する．

2　ごみの排出

■有料制適用対象のごみ排出方法
・有料制適用対象のごみは，市長・郡首・区長が作製・販売する指定袋，ステッカー貼付その他，条例で定められた方法に従って排出する．
・生ごみは，生ごみの収集・運搬および再活用促進のための市・郡・区の条例で定められた方法に従って排出する．
■リサイクルできるごみの排出方法
・資源物については，分別収集指針の排出要領に基づき，各自治体が条例で定める別途の排出方法を適用する．
■ごみ排出時間の指定・運営
・ごみ収集状況により，地域別にごみの排出時間を指定するとともに，できれば日没後

から日の出前（午後8時～午前6時）に出すように規定する．
・条例によりごみ排出時間の遵守を規定し，違反の際には過料を科する．

3 ごみの収集
■収集場所の指定および清潔維持
・マンション，商店街，一戸建ての各地域について，ごみの排出および収集が容易な場所を選定し，収集場所として指定するとともに，収集時間，ごみ排出方法などが記載された案内板の設置と広報を実施する．
・収集が困難な高台の一戸建て，農漁村地域などは，学校運動場，洞の役所，町の空き地などの一定地域を収集場所として指定し，収集する拠点収集方法を積極的に活用する．
・収集場所の指定が困難な一戸建て地域については，戸別収集，あるいは対面収集で収集して，不法投棄を防ぎ清掃サービスを向上させる．

■資源物の適正収集
・資源物は，種類別（4～6種類）に分類して排出・収集することを原則とし，住民参加度，収集および分別条件を考慮して地域に適した分別収集の類型を設定する．
　―分別排出された資源物が収集運搬過程で混合されることがないようにし，収集装備・要員の不足による品目別の収集が困難な地域では，2～3種類に簡素化して収集する．
　―将来的には選別処理過程を機械化することにより，簡素化された分別排出方式に切り替え，住民の資源物排出の便宜を図る．
　―資源物の収集・運搬を民間企業に代行委託する場合は，経済性が低い一部の品目の収集を避けることが生じないように管理する．

■清掃車両の色・デザインの改善
・清掃車両は都市美観および住民情緒と調和するように色およびデザインを変更する．

■ごみの不適正な収集慣行の根絶
・ごみ収集に関する教育を定期的に実施するとともに，手数料を要求するごみ収集員に対する住民の告発制度を構築する．
・ごみ収集と関連する金品授受行為に対する処罰を強化する．
・ごみ収集員が排出者と談合して指定袋を使用しないでごみを収集する場合は，ごみ排出者に対する処罰を強化する．

4 粗大ごみの管理 （省略）
5 生活系有害ごみの管理 （省略）

6 レジ袋の分別収集・リサイクル促進

■レジ袋の分別収集
- レジ袋を減らすために，自治体の長は収集およびリサイクル状況を考慮し，レジ袋を一般ごみと区別して収集する．
- レジ袋の分別収集は，「レジ袋収集専用指定袋」による有料収集を原則とするが，自治体の長の判断によって無料収集ができる．
- レジ袋収集専用指定袋の容量は，家庭内で長期に保管されないように小型（5，10L）に作製する．
- 自治体の状況によって同一のポリエチレン材質のフィルム類（クリーニングのカバー，ティッシュ包装など）にも拡大して収集できる．

■収集したレジ袋のリサイクル
- レジ袋専用指定袋で収集されたレジ袋類は，リサイクル業者に引き渡す．リサイクル業者がいない場合は，商業性のある技術が開発されるまで圧縮・溶融してごみ埋立完了地区などで備蓄する．

7 生ごみに関する管理

■生ごみの体系的な収集体制の確立
- 生ごみリサイクル施設が設置され，リサイクルが可能な地域では生ごみ専用収集容器および車両を利用して指定日に一括して収集した後，リサイクルするなど地域の状況にあった収集体制を確立する
- リサイクルされない生ごみは有料制を適用するが，できれば脱水あるいは乾燥して排出するように誘導する．

■生ごみリサイクル方策の模索
- 自治体ごとに農家（農場）および樹木園，園芸団地，森林，町の花壇，街路樹など多様な需要先を開発し，肥料・飼料，その他の用途に直接に再活用する方策を模索する．
- 自治体ごとに地域の実情に合う肥料化・飼料化およびその他の用途のリサイクル施設など生ごみ資源化施設の設置・運営および民間リサイクル事業者に対する支援を実施する．

■生ごみ減量化の対象事業所の管理強化
- 生ごみ減量義務のある事業所に対して，食品接客業者を中心に減量化の実施の指導・点検などの管理を強化する．

8 農漁村のごみ管理 （省略）

9　事業所ごみ管理

■事業所ごみへの有料制の拡大適用
・事業所の一般ごみとして生活廃棄物と類似していて生活廃棄物の基準および方法で収集，運搬，保管，処理することができる場合は，排出量が1日300kg以上であっても条例により有料制を拡大適用する．
・工業団地などの事業所密集地区に対しては，一括して有料制を拡大適用する．
・事業所の一般廃棄物として自治体で処理可能な資源物は，自治体の長の判断のもとで，経済的な価値を考慮して有料または無料で搬入処理可能とする．

■事業所ごみの不法排出の取締り強化
・事業所の指定廃棄物などが指定袋に混合排出あるいは不法排出されないように，排出者の記名制を実施するなど指導・取締りを強化する．

10　資源物管理（省略）
11　公共地域のごみ管理（省略）
12　生活廃棄物の処理代行（省略）

13　ごみ減量のためのインセンティブ制（地域従量制）実施

・ごみ減量のインセンティブ制を導入し，資源物の分別排出を促進してごみ減量に関する関心と実践の向上を図る．
　―ごみ減量実績を中心としてインセンティブを与え，ごみが増えた場合は不利益を最小限にしてインセンティブ制の効果の向上を図る．
　―インセンティブ制が長期的に推進されるように，条例など根拠法令・規定を整備する．
・インセンティブ対象のごみは，生活ごみ・生ごみ・資源物などとするが，計量が可能なごみを対象として実施する．
・インセンティブ制の実施地域は地域単位で区分（市，郡，区，洞，マンション団地，商店街，大型ビルなど）して推進する．
・インセンティブ制の推進機関（広域ごみ埋立・焼却施設運営機関，広域・基礎自治体）ごとに，自治体および住民の実践を促進することができる実質的なインセンティブを提供する．
　―具体的には，ごみ搬入料金の値下げ，清掃予算の支援拡大，清掃部署の報奨および人事上のメリットの付与，住民・婦人会などに対する報奨などである．
　―報奨は，条例，自治体内部規定，あるいは方針などで容易に支給することができるように規定して運営するが，年間ごみ減量による予算削減額の10％以上30％以下の範囲で報奨を提供する．

14 清潔維持（省略）

15 ごみ不法排出の取締まり

■ごみ不法投棄・焼却に関する取締りの強化
・各自治体にごみ不法投棄・焼却行為の取締まりのためのチームを設置する．また，地域環境・市民団体会員などを不法排出取締り員として任命して積極的に活用する．

■ごみ不法焼却・投棄の告発報奨金制度の運営
・ごみ不法焼却・投棄行為を告発する者に対して，過料賦課金額の範囲内で報奨金を与える告発報奨金制度を実施する．
・告発報奨金の支給金額および手続きなどを条例に規定して施行するが，不法焼却・投棄行為の類型により，過料賦課金額および告発報奨金をランク付けする．
　――一般地域と観光地などの特定地域に区分して過料賦課金額をランク付けするなど地域別，期間別に過料および報奨金を差別化する．
　――告発報奨金の料率は，吸い殻・ちり紙の投棄行為は過料賦課金額の40％以下，その他の焼却および投棄行為に関する告発報奨金料率は過料賦課金額の80％以下の範囲内で支給する．

第6章

高い手数料水準での有料化
——北海道十勝地域での有料化の実践——

　広大な土地を有し，人口密度が低い北海道では，ごみ処理にあたって直接埋立に依存する割合が高かった．しかし，都市化の進展とごみ量の増加に伴い，害虫や悪臭など公害問題の深刻化と埋立地確保の困難化に直面して中間処理施設が必要とされ，そのために広域処理が進展している．このことが，北海道自治体の有料化率を引き上げ，比較的高い手数料水準をもたらした要因の一つではないか，と筆者はみている．本章では，手数料水準が高い北海道の中でも，際立って高い手数料を設定している十勝地方の自治体を取り上げ，広域処理との関連も含めて，有料化の実践をトレースする．

1．北海道十勝地方の有料化実施状況

　北海道では，家庭ごみを有料化する都市は全35市のうち23市（66％）に及び，町村についても有料化が進展している[1]．十勝地方の19市町村（1市，16町，2村）については，浦幌町が1988年度に家庭ごみを大袋1枚60円で有料化したが，その後十年余りの間，追随する市町村は現れなかった．しかし，2000年度に中札内村がきわめて高い手数料で有料化に踏み切り，かなり大きな減量効果を上げると，堰を切ったように家庭ごみを有料化する自治体が増えてきた．手数料の体系は，いずれの市町村も単純従量制（以下「単純方式」と呼ぶ）を採用している．

　十勝地方ではすでに17市町村が家庭ごみを有料化している．自治体数でみた有料化率は89％に達し，道内市町村全体の有料化率72％と比べかなり高い．

　有料化率の高さと同時に注目したいのは，手数料水準の高さである．中札内村

---

[1] 北海道における市町村数でみた家庭ごみ有料化率（道庁調べ）は，2002年度38％，2003年度59％，2004年度66％，2005年度72％と，近年急速に高まっている．

と更別村の指定大袋1枚の価格は160円と，単純方式としては日高山脈を境に十勝と隣接する日高支庁の一郭に位置する浦河町，様似町，えりも町の200円に次ぐ高さである．大袋1枚120円も，帯広市をはじめ芽室町，音更町，清水町，新得町，幕別町，豊頃町，池田町，本別町，士幌町，上士幌町，浦幌町（値上げ）と並ぶ．帯広市の手数料は，市としては全国で最も高い水準である．1998年度に室蘭市が大袋1枚80円で有料化して以来，北海道自治体の手数料水準は全国で最も高くなっているが，その中でも十勝市町村の手数料の高さは際立っている．

そこで，高い水準の手数料を導入した中札内村と帯広市を訪問し，有料化の経緯，手数料水準の決め方，併用施策の取り組み，ごみ減量効果などについて，ヒアリング調査を実施することとした．

2．中札内村の家庭ごみ有料化

筆者が中札内村を訪れたのは，2005年9月上旬であった．同村は，帯広空港に近く（自動車で20分程度），十勝地方の中心都市帯広市の南約30キロの地点に位置している．空港から村に至る道の両側には見渡す限り，甜菜畑が広がっていた．村の基幹産業は農業で，甜菜をはじめ馬鈴薯，大豆，小豆，小麦などの畑作と花き，酪農・畜産が盛んである．工業に関しては，甜菜糖製造など地場資源活用型の業種にほぼ限定されている．明治期の入植者の定住・開拓を起源とし，1947年に村制施行した，人口約4300人の自然環境に恵まれた村である．

ごみ処理については，同村は近隣の8市町村とともに，帯広市にある十勝環境複合事務組合の処理施設で可・不燃ごみと資源物を処理している．ごみの収集運搬については，ごみ収集が開始された1969年から民間業者に委託してきた．1993年度まで利用していた埋立処分場が廃止されてからは，ごみ収集量が増加し，収集運搬委託費と，処理委託費（処理量等に応じて十勝環境複合事務組合に負担金として支払う金額[2]）が急増した[3]．ごみの収集処理費は，1993年度から

[2) 組合規約によれば，関係市町村の負担金のうち「ごみ処理施設・最終処分場の設置・管理運営に要する経費」については，「処理施設の新・改築に伴う経費」が基本容量割，「平常の運転・管理運営に伴う経費」が基本容量割と実績使用量割の2本立てとされている．
3) ごみ量の増加への対応策として，村では1991年度から生ごみ堆肥化容器について，1998年度からEM専用容器について，それぞれ購入費の半額補助を行い，有料化の前年時点で1600世帯余りのうち約30％が使用していた．しかし，冬になると凍結するので使えない，などの声が住民から寄せられていた．

表6-1 中札内村の家庭ごみ手数料

容　量	指定袋1枚当たり
10L	40円
20L	80円
30L	120円
45L	160円

(注) 対象：可・不燃ごみ

1998年度の間に約1.5倍も増えている．

　厳しさを増す財政状況のもとで，ごみの減量が急務と考えた村当局は，容器包装リサイクル法の完全施行を翌年に控えた1999年に，使用料等審議会にごみ有料化導入について諮問，審議会からの「ごみ減量化とリサイクル促進のためにも妥当」とする答申を受けて，12月の村議会で条例を改正し，翌2000年4月から家庭ごみを有料化した．

　有料化の対象は可・不燃ごみ（有料指定袋制）と大型ごみ（1個につき500円のシール制）である．可・不燃ごみの手数料は，**表6-1**に示すとおりである．指定袋のサイズは，当初20L，30L，45Lの3種類であったが，住民からの要望に応えて2000年8月から10L袋も取り揃えることとした．45Lの大袋1枚の価格は160円と，全国の自治体の中でもきわめて高い手数料水準となっている．指定袋とシールは，村内のコンビニや雑貨店など8店の取扱指定店で購入できる．

　手数料は，事業系ごみを収集運搬する許可業者の収集運搬料と同じ水準になるように決めたという．事業系ごみを収集運搬する許可業者の収集運搬料は10kg80円であるが，重量10kgを容量に換算すると20Lに相当するとして，1L当たりでは4円となる．この手数料により，家庭ごみの収集運搬委託費の2分の1を住民が負担することになる．住民の負担については，1世帯当たり月額373円の負担増となると試算された．

　家庭ごみ有料化と同時に，容器包装リサイクル法の枠組みのもとで，ペットボトルとトレイ，紙製容器包装の分別収集が開始された．2003年度からは，それまで不燃ごみの扱いであったその他プラスチック容器包装の分別収集も開始され，容器包装リサイクル法に基づくリサイクルを完全実施している．これら資源物の収集については無料である．

　また，有料化導入に3か月遅れて2000年7月からは，無料での生ごみの分別収集も開始されている．生ごみは村内の家庭から排出される可燃ごみの25％程度

表6-2 中札内村のごみ量推移

年　度		1998	1999	2000 (有料化)	2001	2002	2003 (容リ完全実施)	2004
人口（人）4,084		4,077	4,114	4,159	4,140	4,121	4,141	
ごみ量 (t)		744	883	575	535	570	418	513
	可　燃	532	652	422	425	460	324	386
	不　燃	212	231	153	110	110	94	127
1人1日当たりごみ量 (g) (1999年度比：%)		449	593	383 (-38.4)	352 (-40.6)	377 (-36.4)	278 (-53.1)	339 (-42.8)
資源ごみ (t)		213	231	354	355	364	390	350
生ごみ (t)				77	114	126	136	136

(注) 1. ごみ量は，通年での家事別統計未整備により，家庭系と事業系の合計とした．
　　 2. 2004年度のごみ量の内訳は，家庭系338t，事業系175t．

を占めており，分別収集・再資源化により可燃ごみを大幅に減量化する狙いである．生ごみの分別収集は週2回行われる．各家庭は水切りペールの付いたバケツに保管した生ごみを，収集日の午前8時までに，市街地にある120箇所のごみステーションに設置されたふた付きポリ容器（45L）に排出する．これを収集運搬・堆肥化を委託された業者が平ボディートラックに積載した容器（90L）に移し替えて収集，堆肥化施設に搬入し，再資源化する[4]．堆肥化施設で，処理機に生ごみ350kg，水分調整剤のおがくず，発酵菌を入れ，80℃で加熱撹拌すると，高速発酵・乾燥により5時間後に2分の1に減量した無臭の半堆肥が生成する．それを別の場所にある村の倉庫で6か月かけて熟成させて，完成品となる．堆肥は村営のパークゴルフ場等で，土壌改良材として利用されている．

　高い手数料水準での有料化と併用施策の整備によって，中札内村のごみは大幅に減量した．**表6-2**に示すように，有料化に伴い1人1日当たりごみ量（家事合算）は有料化初年の2000年度に前年度比で38％も減少した．プラスチック容器包装の分別収集が開始された2003年度には53％も減少している．2004年度には少しリバウンドしたが，それでも43％減を維持している．大幅なごみ減量は，高い水準の手数料設定のもとで，生ごみ，プラスチック容器，紙製容器等のリサイクルが促進されたことによってもたらされたとみられる．ちなみに，村の清掃

---

[4] 収集運搬・堆肥化の委託業者は，地元で授産施設を運営する福祉法人で，生徒と指導員が作業をしている．堆肥化施設は村の所有であるが，福祉法人が運営を委託されている．

表6-3 中札内村の指定袋サイズ別出荷枚数（2003年度）

袋の容量	10L	20L	30L	45L
可燃ごみ用	10,310	14,580	8,750	6,930
（構成比：％）	(25.4)	(35.9)	(21.6)	(17.1)
不燃ごみ用	4,930	11,520	8,570	8,490
（構成比：％）	(14.7)	(34.4)	(25.6)	(25.3)

担当者の話では，生ごみの分別収集が開始されてからは，可燃ごみ袋に生ごみが入っているのをほとんど見たことがない，とのことであった．

　高い水準の手数料によるごみ減量へのドライブは，住民が使用する指定袋のサイズからも観察できる．表6-3は指定袋のサイズ別売り渡し実績を示したものであるが，可燃ごみ用でみると20L袋が最も多用され，次いで10L袋が多く用いられている．両サイズで全体の6割を占めている．住民は分別を強化することにより，ごみ量を減らし，より小さなサイズの指定袋を使うになったのである．

　2003年10月には，隣接する人口約3400人の更別村が，中札内村にならって，指定袋の容量区分も含め全く同じ手数料で家庭ごみを有料化している[5]．同村では，有料化と併せてその他プラスチック容器包装と紙製容器包装の分別収集を開始した．これにより，ごみ量はほぼ半減したとのことである．

　北海道でも，市町村合併の動きは急である．2004年4月に設置された帯広市・中札内村合併協議会での協議・検討が順調に進展し，一時は中札内村の大袋1枚160円は，合併により消滅すると見られていた．しかし，その年11月に実施された住民投票の結果，村としての「自立」の道が選択された．高い水準の手数料と併用施策によるごみ減量へのチャレンジは今後も続くことになる．

3．帯広市の家庭ごみ有料化

　十勝地方の中心都市として人口約17万人を擁する帯広市は，北に大雪山系，西に日高山脈を臨む広大な十勝平野のほぼ中央部に位置している．市の人口は1933年の市制施行以来着実に増加してきたが，2000年度をピークにそれ以降，景気低迷などの影響を受け，減少傾向にある．基幹産業は，大型機械を導入した

---

5) 更別村も十勝環境複合事務組合においてごみ処理を行っている．

大規模畑作経営を特色とする農業であるが，商業やサービス業など第3次産業も盛んで，道東部の商業機能の集積地ともなっている．同市では総合計画に基づいて，都市と農村，自然環境が調和した「田園都市」づくりが推進されている．

市のごみ処理事業の歴史を簡単に振り返っておこう．ごみの行政収集が開始されたのは，1956年で，世帯人員と建物面積に基づく定額制（年2回徴収）の手数料制度が採られた．手数料制度は，ごみの減量と負担の公平の観点から，1967年にごみ20L（10kg）につき10円の処理券を用いた従量制に改められた．しかし，1970年には，住民負担の軽減を図るためとして，家庭系ごみに限って手数料の無料化が実施され，併せて袋収集に改められた．当時，混合収集されたごみは全量，直接埋立処分されていた．可・不燃ごみの分別収集には，焼却施設の完成を待たねばならなかった．

1972年に，帯広市と近隣町村で構成する環境衛生施設組合による焼却施設が完成し，可燃ごみの衛生処理体制が整った．その後，再資源化を目的とした破砕処理施設も建設された．さらに，これら施設の老朽化に伴い，1996年には，十勝環境複合事務組合の施設として「くりりんセンター」（焼却・破砕処理工場，**写真6-1**）の供用が開始され，現在に至っている[6]．埋立処分場については，複合事務組合が1984年に建設した施設が運用されているが，延命化のために「くりりんセンター」で前処理した残渣のみを受け入れている．

事業系ごみについては，次の対策がとられた．1989年から翌年にかけて，それまで直営で収集してきた事業系ごみについて，すべて民間の許可業者による収集体制に切り替えた．事業所のごみのうち，住居併用店舗等のごみについては，1日20Lまでは家庭ごみとみなして無料とし，それを超える量について事業系ごみとして有料で行政収集してきた．しかし，2003年度からは，事業所のごみはすべて民間の許可業者との契約か自己搬入としている．事業系ごみの搬入料金については，1997年度以降10kgにつき50円であった料金を2003年度に120円，2005年度からは160円に引き上げている．

[6) 十勝環境複合事務組合は，帯広市ほか5町村環境衛生施設組合，帯広市ほか3町十勝川流域下水道管理組合，帯広市ほか7町村伝染病隔離舎組合の事務を承継し，1984年4月に発足した．十勝環境複合事務組合を構成する1市16町村のうち，帯広市，音更町，芽室町，幕別町，豊頃町，池田町，浦幌町，中札内村，更別村の1市6町2村が組合の施設で中間処理と最終処分を行っている．十勝組合の施設でごみ処理をしている自治体はすべて，家庭ごみを有料化している．

表6-4 帯広市の家庭ごみ手数料

容　量	指定袋1枚当たり
10L	30円
20L	60円
30L	90円
40L	120円

(注) 対象：可・不燃ごみ

　市はリサイクル促進の取り組みにも力を入れている．市が町内会を中心とした資源回収モデル事業に着手したのは1980年度であった．その成果を踏まえて，その5年後には資源集団回収奨励金制度を設けている．生ごみの堆肥化にも，モニターによる実験など，早くから取り組んできたが，その成果を踏まえて，1991年度から生ごみ堆肥化容器の購入助成を開始し，2000年度からは電動生ごみ処理機についても助成している．また，ごみ問題が深刻化する中でリサイクル促進と意識高揚を狙いとして，1990年から全道で初めて，紙パックの分別収集を開始した．

　1997年10月には，容器包装リサイクル事業として「帯広スタイルSの日」を実施，2003年4月より2品目を追加し，容器包装リサイクル法上のリサイクル制度を完全実施している．このように，ごみ減量のための受け皿を整備した上で，2004年10月から家庭ごみの有料化が実施されたのである．

　十勝環境複合事務組合の構成市町村の間では，中札内村の有料化を契機として，有料化導入の時期などについて協議をしてきており，有料化の機運は高まっていた[7]．2003年7月，帯広市長は廃棄物減量等推進審議会に家庭ごみ有料化の実施について諮問，9月に審議会から，①ごみの減量化や資源化の推進が期待できる，②ごみの適正処理に要する費用の確保ができる，③費用負担の適正化・公平化が確保できる，という理由から有料化の実施が妥当とする答申が提出された．これを受けて市議会に有料化実施のための条例改正の提案が行われ，2004年3月に可決された．条例改正を受けて，市は有料化についての住民説明会や町内会とのごみ懇談会を151回開催（参加人数1万人余り）し，また有料化開始直前には有料指定袋の試供品パック（可燃用10Lと30L，不燃用20L各1袋入り）を無

---

7) 十勝環境複合事務組合での協議もあって，帯広市は組合を構成する自治体の中でまだ有料化していなかった幕別町，音更町と同時に，同一の指定袋容量区分と手数料水準の有料制を導入している．

表6-5　帯広市の家庭系ごみ量推移

年　度		2000	2001	2002	2003	2004
人口　（人）		173,430	173,183	172,703	171,132	170,907
ごみ量　（t）		41,466	40,727	40,894	37,460	40,291
	可　燃	32,345	32,160	32,057	30,082	29,683
	不　燃	9,121	8,567	8,837	7,378	10,608
1人1日当たりごみ量　（g）		655	644	648	600	646
資源ごみ　（t）		5,802	5,614	5,995	8,994	8,883

(注) 1. 2004年10月から家庭ごみを有料化.
　　 2. 2003年度より紙製容器包装とプラスチック製容器包装を分別収集.

料で全戸に配布して，周知を図った．
　有料化の対象は，可・不燃ごみ（有料指定袋制）と大型ごみ（1個に付き600円のシール制）である．可・不燃ごみの手数料は**表6-4**に示すとおり，1L当たり3円で，大袋1枚の価格は120円と，全国の市の中で最も高い．指定袋とシールは市内のスーパー，コンビニなどで販売されている．要介護者や身体障害者が在宅で紙おむつを使用する場合には，申請により手数料の減免を受けられることとしている．
　手数料の水準は，可燃・不燃・大型ごみの「収集運搬費の全額」を排出者に負担してもらうという考え方に基づいて設定された．コストベースで手数料を決める自治体の多くが，ごみ処理総費用の一定比率（4分の1，5分の1など）を排出者負担とする中で，独自の決め方を選択したといってよい．手数料の設定について，審議会答申では，「家庭ごみの処理に要する経費以内とし，近隣町村の料金を参酌しながら設定すべきである」としている．中札内村をはじめ，市の近隣には高い手数料水準の町村が存在することから，低い手数料を設定すると，ごみが流入するおそれがある．こうした有料化をめぐる地域的な状況が市に高い水準の手数料を設定させたのである．
　高い手数料での有料化から1年を経て，ごみの減量効果はどうであったか．まず，**表6-5**で年度別の家庭系ごみ量推移を確認しておこう．1人1日当たりのごみ量（資源を除く）は，2003年度に前年度比7.4％減少している．これは，当年度より開始された紙製容器包装とプラスチック製容器包装の分別収集によるものである．ところが，有料化が実施された2004年度については，前年度比7.7％増加している．高い手数料水準の有料化を導入してごみ量が増えるのは，一見奇異

表6-6 帯広市の有料化導入後1年間における家庭系ごみ量の変化

(単位:t)

ごみの種類		2003年度 2003年4月から 2004年3月	有料化導入後1年間 2004年10月から 2005年9月	対前年比	
		収集量	収集量	増減	比率(%)
可燃ごみ		30,083	21,896	−8,186	−27.2
不燃ごみ		5,750	3,433	−2,317	−40.3
資源ごみ		8,994	8,667	327	−3.6
内訳	プラ製容器包装	1,812	2,408	+596	+32.9
	紙製容器包装	661	705	+44	+6.7
	その他資源ごみ	6,521	5,554	−967	−14.8
大型ごみ		1,628	220	−1,408	−86.5
合　計		46,454	34,216	−12,238	−26.3

(注) その他資源ごみの大幅な減少は，鉄類等を2004年10月から集団資源回収に移し替えたことによる．資源ごみ全体の減少もそれが原因である．

表6-7 帯広市の指定袋サイズ別出荷箱数
(2004年10月～2005年9月)

袋の容量	10L	20L	30L	40L
可燃ごみ用（箱）	6,008	3,995	1,874	1,279
（全体の%）	(45.7)	(30.4)	(14.2)	(9.7)
不燃ごみ用（箱）	2,256	1,556	997	723
（全体の%）	(40.8)	(28.1)	(18.0)	(13.1)

(注) 1箱は500枚入り．

に思えるが，年度後半の有料化実施の場合，有料化前の駆け込み排出の増加が有料化後の減量効果を上回ることがある．**表6-5**では大型ごみは不燃ごみの中に含まれるが，その不燃ごみが前年度比44％も増加している．手数料水準がきわめて高いだけに，駆け込み排出効果が大きく出たものとみられる．

そこで，市に依頼して，**表6-6**を作成してもらい，有料化導入後1年間のごみ量を，駆け込み排出の影響が及んでいないとみられる2003年度のそれと比較することとした．これをみると，有料化導入後，可燃ごみが27％，不燃ごみが40％，大型ごみが87％も減少している．これら3種のごみ全体でみても32％の減少と，かなり大きな減量効果が生じている．

表6-8 帯広市の不法投棄件数

有料化前			有料化後			増減
2003年	10月	9	2004年	10月	20	＋11
	11月	25		11月	18	－7
	12月	7		12月	7	0
2004年	1月	4	2005年	1月	18	＋14
	2月	2		2月	18	＋16
	3月	27		3月	26	－1
	4月	32		4月	22	－10
	5月	11		5月	19	＋8
	6月	30		6月	17	－13
	7月	24		7月	7	－17
	8月	18		8月	17	－1
	9月	18		9月	19	＋1
計		207	計		208	＋1

　手数料の負担を減らすために，市民はより小さなサイズの指定袋を使用するようになった．**表6-7**に示すように，指定袋のサイズ別出荷箱数では，10L袋が最も多用され，次いで20L袋が多く用いられている．可燃ごみ用では，両サイズの袋で全体の76％も占めている．

　減量した分のごみの行方が気になるが，分別強化による行政資源回収への排出をはじめ，集団資源回収への協力，生ごみの堆肥化，買い物時等のリデュース行動などが減量に寄与しているとみられる．ちなみに，市が分別収集するプラスチック容器包装は，有料化導入後1年間に33％増加している．もう一つ気になるのは，不法投棄のことであるが，**表6-8**に示したように，有料化後の1年間の月別に前年度と比較すると，件数は有料化したばかりの10月や1月，2月に増えているが，4月や6月，7月になると逆に減っており，通年ではほぼ横ばいにとどまっている．

4．まとめ

　中札内村や帯広市では，容器包装リサイクル法を完全実施するなど，資源の分別収集を拡充することで，ごみ減量の受け皿整備と高水準の手数料での有料化を

併用し，大きな減量効果を上げている．十勝地方での有料化の推進要因として，内部要因としては厳しい財政状況のもとでのごみ処理財源確保とごみ減量の必要性，また外部要因としてごみ処理広域運営からくる自治体間の協議・調整，近隣自治体の有料化からの影響などを指摘することができる．この地域での経験は，わが国家庭ごみ有料化動向の縮図として，参考になるところが多いのではないかと思う．

写真6-1　十勝環境複合事務組合くりりんセンター

第7章

超過量方式の有料化
―― 高山市と佐世保市の取り組み ――

本章では，比較的早い時期に超過量方式の手数料体系を採用して，かなりのごみ減量効果を上げ，後年この方式を採用した自治体の有料化モデルにもなった高山市と，最近ユニークな超過量方式を採用し減量効果を上げている佐世保市の事例を取り上げ，両市の超過量方式の成功要因と制度設計上の課題点について検討してみたい．

1．高山市のシール制運用の取り組み

高山市の有料制度（「シール制」と呼ばれている）運用の過程を辿ると，まさにリバウンドとの闘いの歴史であったといってよい．12年ぶりに訪問して，筆者はそう感じた．

岐阜県高山市は，飛騨北部に位置し，2005年2月の周辺9町村との合併で現在の人口約9万7千人，面積では日本一の広さとなり，東京都全域にほぼ匹敵する．古くから木工業や農林畜産業が盛んな町として知られたが，近年は観光にも力を入れている．

高山市において家庭系可燃ごみが有料化されたのは1992年4月であった．当時，同市は他の自治体と同様，ごみ量の増加に直面していた．このままごみの増加傾向が続けば，処理コストの増大と焼却・埋立施設の短命化が避けられないと懸念された．そこで市は1990年に，5年後10％，10年後15％のごみを削減する目標を設定し，これの達成方策を庁内で検討した結果，排出する可燃ごみ袋に指定シールを貼付する方式でごみ処理を有料化することになった[1]．

不燃ごみについては無料とし，市内各所に設置されたダストボックスに排出す

---

1) 当時まだ廃棄物分野の審議会は存在しなかった．その後，「ごみ減量推進協議会」を設置したが，現在は「環境審議会」に集約されている．

表7-1 高山市有料ごみ処理券の価格

種類	価格（消費税別）			
交付年度	1992	1997	2000	2005
可燃ごみ処理券	70円	70円	100円	100円
資源ごみ処理券	—	70円	100円	—
不燃ごみ処理券	—	—	—	100円
粗大ごみ処理券	350円	350円	500円	500円

（注）事業系については資源ごみ処理券を1992年に導入，現在も適用．

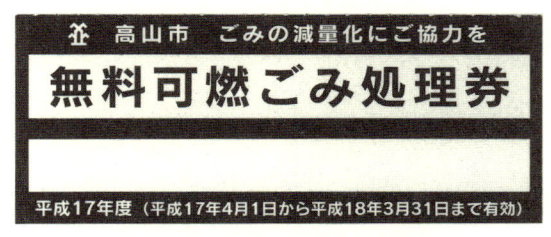

写真7-1 高山市の無料ごみ処理券

ることとされた．これに入らない粗大ごみは，有料の処理券を貼付して，不燃ごみボックスの横に排出することとされた．なお，2002年度に，不適正排出の是正を狙いとして，不燃物についてダストボックスを廃止し，透明袋収集に移行した．

有料制の仕組みは次のようである．まず市があらかじめ各家庭に年間一定枚数の無料可燃ごみ処理券（シール）を配付し[2]，可燃ごみをステーションに排出する際にごみ袋1個につきこのシール1枚の貼付を義務づける[3]．配付された無料シールの範囲内のごみについては無料である．しかし，その範囲を超えてごみを排出する場合には，有料シールを購入しなければならない．

有料シールの価格は，当初1枚70円とされたが，これはごみ袋1個の収集・処理費の3分の1の水準であった．有料シールの価格はその後，ごみ量のリバウンド対策として，2000年度に1枚100円（消費税別）に引き上げられた（**表7-1**）．

---

[2] 各家庭への無料シールの配付は，経費節減のため郵送とせず，国保・年金の集金員と水道検針員に委託して行われている．当初は年2回に分けていたが，現在は年1回配付としている．シールのサイズも現在は当初のものよりかなり小さくなっており，A4サイズのシート1枚に可燃10枚，不燃2枚が収まる．シート左上の白地に住所氏名を印字し，窓付き封筒に入れて各家庭の郵便受けに投入する．
[3] 可燃ごみの袋は当初自由であったが，2002年度から市の推奨袋など透明な袋を使用することとされた．

表7-2 高山市ごみ処理券配付基準の推移

家族構成		年間配付枚数								
		無料可燃ごみ処理券					無料資源ごみ処理券			
							(2005年度から不燃ごみ処理券)			
配付年度		1992	1995	1997	2001	2002	1997	2000	2002	2005
単身	学生寮等へ入居の場合	60枚	40枚	36枚	32枚	30枚	36枚	16枚	12枚	6枚
	上記以外の場合	100枚	90枚	84枚	76枚	70枚	48枚	36枚	28枚	14枚
2人～3人		120枚	120枚	108枚	96枚	90枚	60枚	48枚	36枚	18枚
4人～5人		140枚	140枚	124枚	112枚	110枚			44枚	22枚
6人～7人		160枚	160枚	140枚	128枚	120枚	72枚	60枚	48枚	24枚
8人以上		180枚	180枚	160枚	140枚	130枚			52枚	26枚

　無料シールの配付については，住民登録された市民に対して，世帯人数を考慮して年間の配付枚数を決めている．シールには有効期間（年度限り）が印刷されており，年度ごとに色を変え，年度をまたがっての使用ができないようにしている．導入当初とは異なり，現在のシールには記名欄が設けてある（**写真7-1**）．一部地区の自治会で班名や姓名の記名を呼びかけているとのことであった．

　当初，年度終了時に家庭で無料シールが余った場合，減量化努力に報いる形で，再生品や図書券と交換していたが，現在は個人に対する報奨制度は廃止し，個人から寄付を受けた婦人会や子供会などの団体だけに奨励金を提供している．

　表7-2に示すように，リバウンド対策として，これまでに4回も，無料配付枚数の絞り込みを実施している．1997年からは資源ごみについてもシール制が導入されたが，こちらの無料配付枚数についても，3回（2005年度は不燃ごみシールに切り替え）の絞り込みが実施されている[4]．

　手数料の引き上げと度重なる配付シール絞り込みの取り組みからは，市当局の並々ならぬリバウンド押さえ込みへの意欲が窺える．そしてもう一つのリバウンド対策が，資源化への注力であった．

　表7-3に示すように，有料化の前年に資源ボックスを市内20ヵ所に設置し，びん・缶類について5分別の回収を実施したのを皮切りに，有料化と同時に集団

4）2005年度から資源ごみが無料化されたのは，合併先のすべての町村が資源物を無料としていたことによる．資源ごみは現在では，事業系のみ有料（1枚100円の資源ごみシール利用）としている．

表7-3　高山市のごみ処理の沿革

1936年		市制施行
1953年		行政による戸別収集開始
1961年		定額制有料化（年額360円）
1972年	4月	全市ステーション収集開始
		家庭ごみ無料化
1974年	6月	不燃物ボックス設置（可・不燃の2分別収集）
1991年	10月	コンポスト補助制度開始
1991年	11月	資源回収ボックス設置（1997年9月まで）
1992年	4月	シール制開始（有料化）
		集団資源回収奨励金制度開始
1997年	10月	缶・びん・ペットボトルの分別収集開始
		資源ごみにシール制導入
		資源ごみ拠点集積所設置（2ヵ所→順次増設，現在50ヵ所）
		電動式生ごみ処理機補助対象に追加
2000年	4月	シール料金改定（可燃ごみ処理券70円→100円税別）
2002年	1月	紙製容器包装を拠点集積所で回収開始（2003年3月まで）
2002年	6月	プラスチック製容器包装の分別収集開始
		不燃ごみの透明袋収集開始（不燃物ボックスの廃止）
		可燃ごみの透明袋収集開始
2003年	4月	紙製容器包装のステーション収集開始
2005年	2月	周辺9町村と合併
2005年	4月	無料資源ごみ処理券を廃止し，無料不燃ごみ処理券を配付

資源回収奨励金制度を開始，1997年からは回収品目にペットボトルを加えてステーション収集に切り替え，さらに2002年にプラスチック容器，2003年に紙製容器包装の分別収集を開始することで，容器包装リサイクル法制度の完全実施に至っている．

こうした取り組みのもとで，ごみの減量効果はどうであったか．表7-4に示すように，有料化初年度と翌年度の1人1日当たりの家庭系ごみ量は，有料化前年度比で17%減少している．しかし，その後3年間リバウンドに見舞われる．そこで，市は1997年10月から資源物の収集方法を拠点ボックス回収からステーションでの分別収集に切り替えるとともに，ペットボトルを収集品目に追加した．これが功を奏して，減量が進むが，2000年には手数料も引き上げている．2002年から翌年にかけてのプラスチック容器と紙製容器の分別収集の効果は顕著で，直近で44%の減少を記録している．

有料化前年度を基準にすると，前年度に特に不燃ごみ（粗大を含む）について

表 7-4 高山市のごみ量推移

年　度	1990	1991	（有料化）1992	1993	1994	1995
人口（人）	65,517	65,425	65,681	65,824	66,049	66,437
家庭系ごみ（t）18,701	19,276	15,531	16,033	16,635	17,002	
可燃ごみ	13,885	14,042	11,206	11,640	12,134	12,575
不燃ごみ	4,816	5,234	4,325	4,394	4,501	4,427
1人1日当たり家庭系ごみ量（g）（1991年比：%）	782	807	667 (−17.3)	667 (−17.3)	690 (−14.5)	701 (−13.1)
資源物（t）	−	−	−	−	−	−
家庭ごみ・資源物合計（t）	18,701	19,276	15,531	16,033	16,635	17,002
（参考）事業系ごみ（t）	8,135	7,149	9,018	9,567	10,414	10,844

（注）1.「不燃ごみ」は，粗大ごみを含む．
　　　2.「家庭系ごみ」は，土砂・河川ごみ，近隣2村からの搬入分を除く．
　　　3. 2004年度は，合併町村を含まない．

1996	(缶・びん・ペット収集)1997	1998	1999	(料金改定)2000	2001	(プラ容器収集)2002	(紙製容器収集)2003	2004
66,465	66,686	66,934	66,991	67,199	67,317	67,629	67,577	67,256
17,707	16,367	14,921	14,984	14,064	15,190	13,094	10,948	11,145
13,051	12,867	12,536	12,506	12,674	12,479	11,114	9,912	9,979
4,656	3,500	2,385	2,478	1,390	2,711	1,980	1,036	1,166
730 (−9.5)	672 (−16.7)	611 (−24.3)	613 (−24.0)	573 (−29.0)	618 (−23.4)	530 (−34.3)	444 (−45.0)	454 (−43.7)
−	399	1,014	1,023	1,050	1,027	1,521	2,245	2,195
17,707	16,766	15,935	16,007	15,114	16,217	14,615	13,193	13,340
11,462	11,025	10,400	10,299	10,218	9,822	9,866	9,745	9,326

駆け込み排出で膨らむことがあって，多少減量効果が大きめに出るので注意が必要であるが，その点を割り引いても減量効果は大きいといえる．

　もう一点，家庭ごみ有料化に伴う家庭系から事業系へのごみの移動（家事シフト）にも留意しておきたい．事業系ごみは，有料化初年度に前年度比26％も増加している．その主因は，シール制の導入と同時に，ごく零細な飲食店などを除き，小規模な事業所が排出するごみについて行政収集を取りやめたことから，従来家庭系ごみとしてステーションに出されていたごみの一部が事業系へシフトし

たことにある．家事合算でみると，有料化初年度のごみの減少率は7％に落ちる．

事業系ごみは，その後も増加し続けた．そこで，一連の対策を講じた．まず，2000年度に事業系の処理手数料を引き上げた．また，容器包装などのリサイクルを呼びかけるとともに，事業者による清掃工場への搬入時にピットサイドで資源物の持ち込みをチェックし，リサイクルルートに乗せるように指導した．許可業者に対しても，契約先の事業者に分別を働きかけるよう，厳しく指導しているという．搬入伝票についても，いつ，どのような業務に伴って出たごみかをチェックしている．こうした積極的な取り組みが功を奏し，最近，事業系ごみ量も減少傾向にある．

高山市のごみ減量施策は，迅速かつ頻繁な制度見直しにより，超過量方式を採用する他の都市でみられるようなごみ量のリバウンド現象を克服してきた．かなりうまく行っているようにみえるが，市の担当者はまだ満足していない様子であった．新たな施策展開により，さらなるごみ減量を図りたい意向である．近く，単純方式への見直しも視野に入れた検討が開始されるとのことである．

2．佐世保市の二段階有料制の取り組み

最近，超過量方式を導入して，かなり大きなごみ減量効果を上げている都市があると聞いた．長崎県佐世保市である．有料化後1年間の実績が出た頃合いを見計らって訪問してみた．

日本西端に位置する人口約24万人の同市は，市東部から佐世保湾に迫る小高い山々の裾野に中心市街地が形成されている．米海軍基地があり，原子力空母の寄港地としてのイメージが強いが，市西部にはリアス式海岸が続き，沖合には大小の島が浮かぶ西海国立公園「九十九島」の絶景でも名高い．市の主な産業は，造船，商業，観光などである．市の人口は近年，減少傾向にある．

佐世保市では，ごみ排出量の増加とごみ処理費の増大に対応して，これまで集団資源回収制度の創設（1987年），クリーン推進委員の委嘱（1990年），資源ごみを含む5分別収集の開始と資源化施設の設置（1993年），ペットボトルの分別・資源化（1995年），条例改正による事業所ごみの家庭系ごみステーションへの排出禁止（2003年1月），住民啓発活動などの取り組みを行ってきた[5]．それ

---

5) 現在は，4種14分別となっている．

にもかかわらず，ごみ量の増勢が続いた．ここにおいて，従来のやり方だけでは，ごみ減量化・リサイクルの推進に限界がある，との認識が高まってきた．ごみ有料化という新たな手法の導入が必要とされたのである．

2002年3月，市の清掃事業運営等審議会は，「一般廃棄物処理基本計画策定に向けた基本的な考え方について」の答申を市長に提出したが，その中で，ごみ減量化・資源化の取り組みを促進させるためには，経済的な動機付けは有効であり，排出量に応じたごみ処理費用の負担を求めるごみ有料化制度について検討すべきとの提言がなされていた．

それを受けて，同年5月からごみ有料化制度の導入について同審議会で検討が開始された．中間報告，パブリックコメントの実施などを経て，2003年5月，「ごみ有料化制度について」が市長に建議された．この最終報告は，「佐世保方式二段階有料化制度」を提案し，制度のアウトラインも描いていた．

審議会報告を受けて，市は有料化制度の詳細設計に着手すると同時に，シンポジウム「ごみゼロフォーラム」や地区住民への事前説明・意見交換会を開催し，市民意見の施策への反映に努めた[6]．

その上で，2004年3月議会に家庭ごみ有料化条例改正議案を上程したが継続審議となり，次の6月議会に再度上程してようやく議決に至った．これを受けて，直ちに住民説明に着手し，有料化導入までの半年間にのべ523回の説明会が開催された．制度導入の直前から直後にかけては，テレビやラジオ，新聞等による広報啓発，市職員によるごみステーションでの立ち番啓発も実施している．

有料化制度は，2005年1月10日から実施された．この制度のもとで，市民は，市が指定したごみ袋（大45L，中30L，小15L，ミニ7.5Lの4種類）を小売店で購入し，ごみ袋のサイズに応じて決められた枚数の無料ごみ処理券を貼付してごみを排出する（**写真7-2**）．指定袋には，ごみ処理券を貼るための四角い枠が必要な数だけ印刷されている[7]．

無料ごみ処理券は，住民登録または外国人登録をしている市民に対して，1人

---

[6] 住民説明会で出された意見の採用例として，単身世帯について，当初案では無料ごみ処理券の配付枚数を60枚としたが，毎回ごみを出せないので不公平とする意見を受けて，ごみ処理券の半分の大きさのごみ処理券（ミニ）を120枚配付することとし，これに併せて指定ごみ袋ミニ（7.5L）を作成したことなどが挙げられる．

[7] 指定袋については，市は条例の規定に基づいて規格や仕様を指示するだけで，複数の製造業者が小売店を通じて自由価格で販売している．現在，5社が指定袋を作製しており，袋価格は小売店により異なるが，概ね1枚当たりミニ袋から大袋まで3円から10円程度である．

当たり1年間60枚(単身世帯には無料ごみ処理券ミニ120枚)を郵送配付し[8)][9)],それで足りなくなった場合には,有料ごみ処理券(1枚70円,ミニ券1枚35円)を取扱店で購入してごみを排出することになる[10)].

指定袋に貼付するごみ処理券の必要枚数は,**表7-5**に示すとおりである.大袋についてはごみ処理券を3枚貼る必要があり,無料ごみ処理券を使い切った場合,有料ごみ処理券を購入して210円の手数料を負担することになる.しかし,ごみの分別・資源化や排出抑制に努力して,配付された無料ごみ処理券の範囲内にごみを減量すれば,有料にならない制度でもある.ごみ処理券に使用期間が印刷されていないので,ごみを減量して年内に使い残した場合,翌年に使用することもできる.

図7-1は,制度導入から1年間の有料ごみ処理券の取扱店への販売枚数を月別に示している.無料ごみ処理券を一定枚数配付したにもかかわらず,導入開始直後から有料券が売られている.購入者は,住民登録をしていない学生,単身赴任者や外国人登録をしていない外国人とみられる.8～11月に70円券の販売枚数が急増している.その原因について,ごみの減量が進まなかった家庭が無料ごみ処理券を使い切る時期に当たったことや,それを見越して取扱店が仕入れ(買取制)を増やしたため,と市の担当者は推測している.12月に急減したのは,翌年用に無料ごみ処理券が配付されたことによる.

資源物は無料とされ,指定ごみ袋か透明・半透明の袋で排出できる.緑化推進

---

8) 超過量方式における無料ごみ袋・シールの年間配付枚数については,全世帯一律を別にすれば,世帯人数に応じた枚数・サイズ配分が採用されることが多い中で,「世帯」ではなく,「市民」1人当たりを基準とするのは珍しい.郵送の宛先については,世帯主としている.
9) 無料ごみ処理券の配付枚数は,ごみ量から割り出された.2000年度の可・不燃ごみ量を人口で割ると1人当たり242kgとなる.標準的に使用されるとみられる15L袋に概ね3.3kg入ることから,242kg÷3.3kg≒73.3.一廃基本計画における2006年度の減量目標が2000年度比15%減であることから,73.3枚×0.85=62.3枚≒60枚とした.制度導入1年目は,単身世帯にはごみ処理券(ミニ),2人世帯にはごみ処理券がそれぞれ120枚,3人世帯にはごみ処理券が180枚,というふうに配付された.佐世保市では,可燃ごみ週2回,不燃ごみ月1回収集なので,年間のごみ収集回数は合わせて116回である.
10) 有料ごみ処理券を1枚70円とした根拠は,こうである.基本的にはコストベースで,ごみ処理経費(収集,運搬,焼却,埋立)の約50%を排出者負担とするという考え方に基づく.算定方法は,2000～2002年度の1kg当たり処理経費41.2円を基礎として,標準的な使用が見込まれる15L袋1袋当たり処理経費136円(41.2円×3.3kg)の50%の68円に消費税を上乗せして得られる71.4円の端数を切り捨てて70円とした.他のサイズの袋については,容量に正比例して価格設定されている.

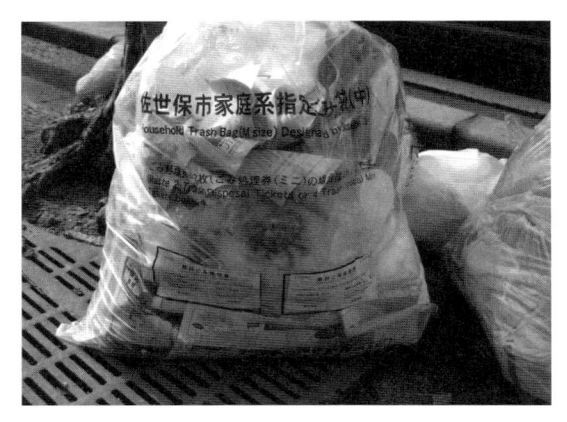

写真7-2　無料ごみ処理券が貼付された指定袋（佐世保市）

表7-5　佐世保市ごみ処理券の貼付枚数

指定袋容量	ごみ処理券枚数	有料券手数料
大（45L）	3枚（ミニ6枚）	210円
中（30L）	2枚（ミニ4枚）	140円
小（15L）	1枚（ミニ2枚）	70円
ミニ（7.5L）	ミニ1枚	35円

の観点から，剪定枝や落ち葉も無料とされている．一斉清掃に伴うごみについては「ボランティア清掃用ごみ袋」が事前申請により配付される．また特例措置として，高齢者，重度身体障害者，乳幼児の紙おむつは，指定袋か透明・半透明のごみ袋にマジックで「紙おむつ」と書いて，処理券を貼らずに排出できる．

　制度がやや複雑なこともあって，導入当初は特に不燃ごみについて指定袋を用いない不適正排出が多かったが，テレビや広報誌を通じた呼びかけの効果もあって，現在はかなり改善している（表7-6）．ルール違反のごみは，収集の際に警告シールを貼って，次回収集日まで放置の上，収集する．指導員が警告シールを貼ったごみ袋を調査することもあり，排出者が判明した場合は，直接排出指導する．

　導入当初，カラーコピーによる偽造ごみ処理券が使用されたことがあったという．条例には，不正行為により手数料の徴収を免れた者に対しては，手数料額の5倍に相当する金額以下の過料に処する旨の罰則規定が置かれている．そのことも歯止めになって，現在ではそうした不正行為は影を潜めている．さらなる防止

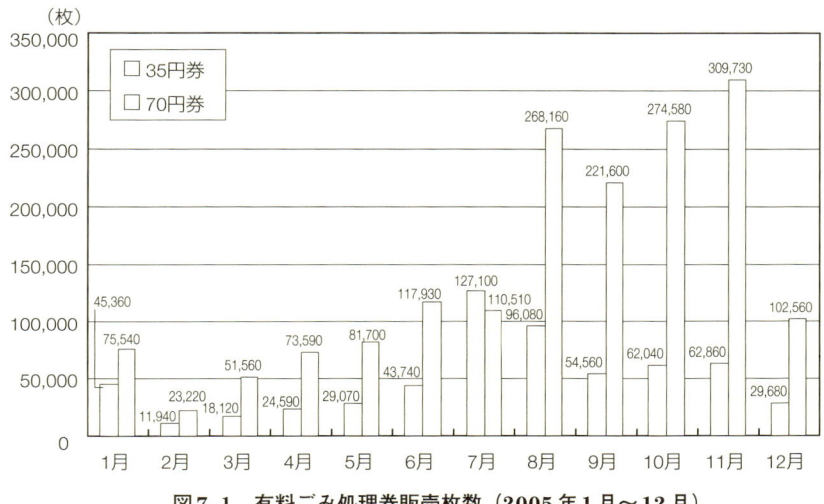

図7-1 有料ごみ処理券販売枚数（2005年1月～12月）

表7-6 佐世保市における不適正排出率の推移

調査年月	2005年1月	2005年2月	2005年9月	2005年11月
可燃ごみ不適正排出率	4.5%	0.8%	—	1.2%
不燃ごみ不適正排出率	55.7%	25.0%	11.6%	—

策として，2年目から無料ごみ処理券に新たに通し番号が付けられた．

現在の無料ごみ処理券は，導入当初とは仕様が大きく異なる．当初の無料ごみ処理券は，単身者に配付するミニ券と，2人以上世帯に配付するごみ処理券に分けられていたが，独身女性からプライバシー保護の要望があったことや，無料ごみ処理券をミニ券と交換したいとの申し出が多数寄せられたことを受けて，2年目から無料ミニ券単独の作製をやめ，無料ごみ処理券の中央に縦のミシン目を入れて，券を半分に切ってミニ券として使用できるようにした（**写真7–3**）．

二段階有料化制度の導入から1年を経て，ごみの減量効果はどうであったか．**表7–7**に示すように，有料化後の1年間の可・不燃ごみ量は，有料化前の1年間と比べて25%減少している．かなり大きな減少率といえる．ただし，有料化直前には特に不燃ごみについて駆け込み排出がなされる傾向があることから，不燃ごみの40%減については割り引いてみる必要がある．可燃ごみについては駆け込み排出も限られるから，概ね2割程度，ネットの減量効果があったといえそう

写真 7-3　佐世保市の無料ごみ処理券

表 7-7　佐世保市の有料化前後における家庭系ごみ量の変化

(単位：t)

ごみの種類		有料化前 2004年1月〜12月	有料化後 2005年1月〜12月	対前年比増減
可燃ごみ（A）		49,695	38,147	−11,548　（−23.2％）
	収集量	48,516	33,333	−15,183　（−31.3％）
	直接搬入量	1,179	4,814	＋3,635　（＋308.3％）
不燃ごみ（B）		4,438	2,403	−2,035　（−45.9％）
	収集量	4,141	1,885	−2,256　（−54.5％）
	直接搬入量	298	518	＋220　（＋73.8％）
ごみ量（A+B）		54,133	40,550	−13,583　（−25.1％）
資源物（C）		2,762	2,985	＋223　（＋8.1％）
ごみ・資源物合計（A+B+C）		56,895	43,535	−13,360　（−23.5％）

である．その一方で，資源物量は8％増加している．

　減量した分のごみの行方であるが，主として，古紙などの集団資源回収への排出[11]，容器包装などの行政資源回収への排出が減量に寄与しているとみられる．

　最後に，今回聞き取り調査をして気づいた制度上の課題点を指摘しておこう．その1は，バイパス問題である．表7-7に示すように，可・不燃ごみとも，収集量はかなり減ったが，直接搬入量は逆に著増している．特に可燃ごみの直接搬入量は4倍以上の急増ぶりである．月次データを見ると，月を追って増加している．これは，家庭系ごみの直接搬入が無料とされていることから，無料ごみ処理券を使い切った家庭や住民登録をしていない人が，有料の行政収集をバイパスし

---

11)　集団資源回収量は，2005年度前期（4〜9月）には前年度同期比で約20％増加している．

て，自家用車でクリーンセンターにごみを搬入しているからである．公平性の確保と処理コスト負担の適正化の観点から，早急に条例を見直して処理手数料を徴収する必要がある．

　その2は，無料ごみ処理券の配付基準である．1人当たり60枚の無料ごみ処理券を配付するので，多人数世帯に対する配付枚数が多すぎて，減量インセンティブが弱まることが懸念される．4人世帯で240枚，5人世帯で300枚はいかにも多すぎる．世帯人数が多くなるにつれ，世帯員1人当たりのごみ排出量が少なくなることは，既往の実証データで示されているとおりである[12]．いずれ，多人数世帯への配付枚数の絞り込みが必要となるかもしれない．

　その3は，無料ごみ処理券に有効期間の表示がないことである．使用期限がないので，ある年にごみを減量して無料ごみ処理券を使い残した場合，その翌年に減量インセンティブが働きにくくなる．このことは，配付枚数が多くなる多人数世帯について特に言えるのではないか．

　超過量方式の真価は，2年後，3年後にリバウンドを生じないかどうかで試される．佐世保方式は今後，その運用の正念場を迎えることになる．

---

[12] 東京都目黒区が2004年6月に実施した調査では，世帯人数別の可・不燃ごみ排出原単位は，1人世帯612g，2人世帯566g，3人世帯471g，4人世帯339g，5人以上世帯313gであった．

第8章

多摩地域における有料化の伝播

1. 多摩有料化の特徴

　東京多摩地域で家庭ごみの有料化が進展している．多摩30市町村のうちすでに16市町が従量制有料化を実施した．市だけを取り上げると，全26市のうち15市が有料化しているから，有料化率は58％と全国平均を上回る．

　多摩有料化の特徴は，次の諸点に要約できる．

①近年相次いで家庭ごみの有料化に踏み切る自治体が増えたこと

②手数料についてはいずれの自治体も単純従量制の料金体系を採用し，指定大袋1枚の中心価格帯が60〜80円と，全国的にみてもかなり高い料金水準が設定されていること

③資源物については大部分の自治体が無料収集としていること[1]

④有料化と同時に（一部自治体では有料化と前後して）ほとんどの自治体が可・不燃ごみの収集方式を戸別収集に切り替えたこと（一部自治体では資源物も戸別収集に切り替え）

⑤小規模事業所について少量の排出に限り登録制で収集していること

⑥生活保護世帯等に対して一定枚数の指定袋を無料配付するなど，社会的な配慮をしていること

⑦これまでの実績では，有料化により概ねごみ減量効果が得られ，大きなリバウンドに見舞われることなく減量効果が持続していること

　ごみ減量の受け皿として資源物回収の拡充や各種助成的・奨励的プログラム導入・充実策を併用するケースも多く，ヒアリング調査の際，「有料化」「戸別収集」

---

1) 「プラスチック資源ごみ」については，昭島市が2002年4月の有料化導入時に可・不燃ごみと同じ手数料で専用の有料指定袋での収集とした．2006年には小金井市，清瀬市もプラスチック容器等について，可・不燃ごみと同じ手数料での収集を開始した．両市とも，収集したプラスチックは選別の上，容リ協ルートで資源化している．さらに2007年1月からは東村山市が容器包装プラスチックについて可・不燃ごみの半値弱の手数料で有料分別収集を開始，容リ協ルートで資源化している．

「減量の受け皿整備」の3点セットを減量の成功因に挙げる自治体もあったが，最近では受け皿整備は当然の併用施策との認識が広がっており，多摩の特徴とまではいえない．比較的高い手数料と戸別収集の組み合わせが多摩有料化を特徴づける要素ではないかと考えられる．

多摩地域で近年，有料化が急進展している理由は何か．多摩の自治体を有料化施策の導入を含むごみ減量化行動に駆り立てているのは，「ヤードスティック競争」のメカニズムに他ならない，と筆者はみている．多摩の自治体は，最終処分を日の出町にある東京たま広域資源循環組合の処分場に依存するが，年々の埋立容量の配分を受け，配分量を超過した場合にはペナルティを課せられる．

さらに，組合構成自治体が参加する東京市町村自治調査会が多摩地域各自治体のごみ量や資源量などのデータをホームページなどで公表している．このデータを用いれば，各自治体のごみ減量への取り組み度合いが一目瞭然となる．こうした情報公開により，多摩自治体は，ごみ減量競争に駆り立てられることになる．

本章から第11章までの4つの章において，多摩地域で家庭ごみを有料化した自治体のうち，ヒアリング調査を実施した2006年2～3月時点で2年度以上の有料化ヒストリーがとれる7市と，最近有料化に踏み切った人口規模の大きな2市を調査対象とし，多摩自治体の家庭ごみ有料化施策への取り組み，その有料化を特徴づける「高い手数料水準」と「戸別収集の導入」によるごみ減量効果，多摩地域における有料化伝播のプロセス，有料化の推進力となった「ヤードスティック競争」のメカニズムを中心に検討してみたい．

2．先駆した青梅市の戸別収集・有料化

多摩地域で最初の家庭ごみ有料化は，西多摩エリアの中核都市として人口14万人を擁する青梅市で開始された．同市は，都心より西へ約50km，秩父多摩甲斐国立公園の玄関口に位置し，豊かな自然環境に恵まれているが，近年では圏央道など交通アクセスの利便性を活かして産業立地や観光に注力している．

ごみ量の増加傾向と排出状況の悪化に直面していた青梅市は，1996年1月，廃棄物減量等推進審議会に対し，「ダストボックス収集制度見直し」および「家庭ごみ有料化」について諮問した．ダストボックス収集の見直しは，1995年6月に容器包装リサイクル法が制定され，これに対応するための収集基盤整備の上からも必要と考えられた．審議会は，7回に及ぶ検討・視察を経て，翌年3月，

ダストボックスの撤去と有料化の実施を提言した答申を市長に提出した．これを受けて，市は新たなごみ収集制度と有料化を実施するための条例改正案を1998年3月議会に上程し，議決されるところとなった．

家庭ごみ有料化は1998年10月から導入され，可燃ごみと不燃ごみがその対象とされた．資源物の収集は無料である．手数料課金は可・不燃用それぞれ10L，20L，40Lの3種類の指定袋を販売することにより実施された．指定袋のこの容量種は，その後，日野市が有料化導入後に市民からの要望もあって新たに5L袋を作製し，これを加えた4容量種が多摩有料指定袋の標準となるが，そこに至るプロトタイプを提示するものであった（多摩主要都市の指定袋の容量と価格については**表8-1**参照）．

指定袋1枚の手数料は，10L袋が12円，20L袋が24円，40L袋が48円に設定された．手数料の決め方はコストベースで，収集運搬費の3分の1を市民に負担してもらうというものであった[2]．

家庭ごみ有料化にあたり，事業系ごみの扱いについても検討がなされた．その結果，事業所のごみは原則として市の許可を受けた収集運搬業者への委託等により処理することとするが，1日7kg以下の少量排出事業所については，その処理が家庭ごみの収集に著しく影響を及ぼしておらず，また事業者自らによる処理に困難が認められることから，事業系専用の有料指定袋により市が収集できることとされた．事業系の扱いに関するこのようなスキームは，戸別収集と同様，のちに後発の多摩有料化自治体でも踏襲されることとなる．

有料化導入時には，ごみ減量の受け皿整備施策として，資源ごみの行政回収対象を，従来のびん，缶に加え，新聞，段ボール，繊維類にまで拡充している．また，2004年度からはペットボトルについて，従来の拠点回収に加え，戸別収集を実施している．

ヒアリング調査にあたり，筆者の関心は，青梅市がのちに多摩有料化を特徴づけることになる「戸別収集を併用した有料化」の採用に踏み切るに至った経緯を詳細に把握することにあった．その概要は次のとおりである．

青梅市では，1967年度から数年かけて順次，ごみ収集をダストボックス収集

---

[2] 1998年度当初予算ベースの収集運搬経費1kg当たり29円50銭をもとにした算式は次のとおり．

29.5×0.9（経費節減率10％）$\times 1/3 = 8.85 \risingdotseq 8$円／kg

ここで，$1L \risingdotseq 0.15kg$換算し，10L袋 $= 0.15 \times 10 \times 8 = 12$円

表8-1　多摩地域ヒアリング調査都市の家庭ごみ手数料

	有料化実施	5 L袋	10 L袋	20 L袋	40 L袋
青梅市	1998年10月	―	12円	24円	48円
日野市	2000年10月	10円	20円	40円	80円
清瀬市	2001年6月	7円	10円	20円	40円
福生市	2002年4月	7円	15円	30円	60円
昭島市	2002年4月	7円	15円	30円	60円
羽村市	2002年10月	7円	15円	30円	60円
東村山市	2002年10月	9円	18円	36円	72円
八王子市	2004年10月	9円	18円	37円	75円
町田市	2005年10月	10円	20円	40円	80円

（注）指定袋1枚の価格で表記．

写真8-1　多摩地域のダストボックス（府中市）

に切り替えた．可燃用が緑色，不燃用がオレンジ色のボックスであった（**写真8-1**）．ごみの排出に便利であり，収集方式として定着していった．しかし，その後人口とごみ量が増加すると，排出マナーの悪化による悪臭や金属扉の開閉による騒音など生活環境の阻害，路上設置による交通障害，他地域からの不法投棄などの問題が顕在化し，ボックス周辺の住民から苦情が寄せられるようになった．1990年代に入ると，世帯増に対応して新たなボックスを設置することが，住民の反対で困難になってきた．収集委託業者も，収集作業に難渋を来していた．

　ダストボックス収集の限界を認識した市当局は，1993年8月，市内2000世帯を対象にごみ排出行動に関する市民意識調査を実施した（有効回収率53％）．この調査でダストボックス廃止について尋ねたところ，84％が反対と回答してい

る．その理由として，反対と回答した人の過半数が「非常に便利である」を挙げていた．しかし，この調査でごみ行政に対する自由意見を求めたところ，464件の意見が寄せられ，その中で最も多かったのが，「ダストボックス」に関するもので（120件），その問題点について指摘しているものが多かった．市では，「（市民は）ダストボックスの便利さを肯定しつつ，その問題点も認めていると見受けられた」（同調査まとめ）と分析している．

審議会では委員全員で，指定袋制を導入している千葉市のリサイクルセンターを視察しているが，事務局サイドは別に，当時不燃物の収集用にダストボックスを設置していた岐阜県高山市を訪問調査している．また，戸別収集を検討するにあたり，多摩地方ですでに戸別収集を実施していた三鷹市，狛江市，稲城市の実施状況が参考にされた．

市民意識調査や他市の取り組みも参考とした上で，審議会はダストボックスの撤去が必要とし，新たな収集方式について，次のような結論に至った．

「ダストボックス撤去後の収集方法としては，ステーション方式による収集と戸別収集が挙げられるが，ステーション方式による収集については，戸別収集に比べ作業効率，経費の面で勝るものの，ステーションとする場所の確保の困難性やステーションとする場所への不法投棄など，現行のダストボックス収集方法と同様の問題が内在している．このことから，排出ごみの自己管理責任や分別の徹底が図れる戸別収集方式とする．」（審議会答申）

こうして，青梅市においてダストボックスを廃止するにあたり，ステーション方式よりも，排出者責任を明確化できる戸別収集が選択され，家庭ごみ有料化と同時に実施されたのであった．そして，この「戸別収集を併用した有料化」は，青梅市に続いて有料化を実施したほとんどの多摩自治体で採用されることになる．

戸別収集への切り替えに伴い，収集運搬委託費の増大が避けられないことから，従来，週3回としていた可燃ごみの収集業務について，週2回に減らした．この「可燃ごみ週2回」の戸別収集も，多摩地域の戸別収集・有料化自治体で標準となっている．

青梅市では，資源物も含め，基本的に戸別収集であるが，集合住宅（約1300棟），戸別収集が困難な場所（35ヵ所）についてはステーション方式で収集している．収集車が入れない地区で市が指定した収集ステーションの土地所有者に対しては，協力の謝礼として報償品を交付している．

こうした戸別収集・有料化の取り組みのもとで、ごみの減量効果はどうであったか。**表8-2**に示すように、有料化初年度の1人1日当たりの収集量（家庭系ごみ量にほぼ相当、資源物を除く）は、年度後半からの実施ということで、前年度比11％減にとどまるが、有料化の効果が通年で寄与する1999年度には34％の減少となっている。その後若干リバウンド傾向がみられたものの、現在も3割近い減量効果が持続している。

近年の傾向としては、収集量（家庭系ごみ）について漸増傾向がみられるほか、持込量（主に事業系ごみ）がかなりのペースで増加し続けている。事業系対策は、青梅市における今後の取り組みの重点課題の一つとして位置づけられることになろう。他方で、資源回収量は有料化実施後に急増している。

ごみと資源を合わせた総量では、有料化の効果が通年で寄与する有料化翌年度に10％減を記録したが、その後次第にリバウンド傾向が強まってきた。発生抑制への取り組みが急務とされている。

発生抑制への最近の取り組みとして、青梅市は2004年10月から、レジ袋代わりに使える指定袋のバラ売りプログラムを開始した。市民団体からの要望を受けて、市がコンビニなど指定袋取扱店に働きかけて実現したものである。マイバッグを忘れたときでも指定袋を1枚買えば、持ち手が付いているのでレジ袋代わりになり、帰宅後はごみ袋として使える。レジ袋を減らすためのユニークな取り組みとして評価できる。現在40店が参加している。

3．福生市・羽村市への波及

青梅市の戸別収集・有料化は、同じ西多摩エリアで近接し、中間処理を西多摩衛生組合で一緒に実施している福生市（人口約6万2000人）、羽村市（人口約5万7000人）、瑞穂町（人口約3万5000人）に影響を与えずにはおかない。

西多摩衛生組合の資料を見ると、組合の諸経費のうち、塵芥処理費と工場管理費については「実績投入割」すなわちごみ搬入量の比率により各自治体の分賦金を算出する、とある[3]。組合の年間の塵芥処理費は約10億円であるから、ある自治体でごみ搬入量の比率が1％増えると、その自治体にとって塵芥処理費だけで1000万円負担が増大することになる。組合を構成する1自治体が有料化して

---

3) 西多摩衛生組合『2004年度事務報告書』2005年11月．

表8-2 青梅市のごみ量推移

(単位：t)

年　度		1997	(有料化) 1998	1999	2000	2001	2002	2003	2004	2005
人口（人）		138,171	139,093	139,786	139,881	140,178	140,453	140,420	140,848	140,836
収集量（A）		40,107	36,072	26,967	28,241	28,878	29,436	29,715	29,084	29,437
	可燃ごみ	32,747	26,967	20,538	21,499	22,182	22,666	22,704	22,469	23,839
	不燃ごみ	7,360	9,105	6,429	6,742	6,696	6,770	7,011	6,615	5,598
1人1日当たり収集量(g)		795	711	529	553	564	574	580	566	573
（1997年度比：%）			(−10.6)	(−33.5)	(−30.4)	(−29.0)	(−27.8)	(−27.0)	(−28.8)	(−27.9)
持込量（B）		3,530	4,660	6,134	7,080	7,648	8,186	8,324	7,809	7,868
ごみ量（A+B）		42,713	40,732	33,101	35,321	36,526	37,622	38,039	36,893	37,305
資源量		1,039	3,267	6,500	6,984	7,579	7,610	7,205	6,793	6,216
ごみ・資源の総量		43,752	43,999	39,601	42,305	44,105	45,232	45,244	43,686	43,521
（1997年度比：%）			(+0.6)	(−9.5)	(−3.3)	(+0.8)	(+3.4)	(+3.4)	(−0.2)	(−0.5)

(注) 粗大ごみは，収集分について収集不燃ごみに，持込分について持込量にそれぞれ算入．

ごみを減らすとなれば，負担増を回避するために，他の自治体も追随して有料化せざるを得なくなる．

　2002年度に福生市と羽村市が相次いで家庭ごみの有料化を実施した．この時点では，すでに日野市が大袋1枚80円で家庭ごみを有料化して大きな減量効果を上げていたことも影響して，両市の手数料水準は青梅市を上回る水準に設定されている[4]．両市とも，基本的にコストベースで手数料を算定し，40Lの大袋1枚60円に設定している[5]．

　戸別収集の開始時期については，両市で対応が異なる．福生市は，有料化に先立って，青梅市の戸別収集・有料化導入からわずか1年遅れて1999年10月から

---

4) 両市の資料をみると，有料化の前年に日野市視察の記録がある．
5) 福生市の手数料水準の決め方はこうである．1999年度実績ベースで，1kg当たりのごみ処理費は，収集運搬委託料，西多摩衛生組合の中間処理費，三多摩広域処分組合の埋立処理費を積み上げて，およそ35円となるが，急激な上昇を避けるため，事業系ごみの処理手数料を30円／kgとしているので，これに合わせる．家庭ごみの指定袋単価については，そのうちの1／3を負担してもらうこととすると，1kg当たり10円になる．1L≒0.15kgで換算すると，10L袋1枚の価格は15円となる．
　羽村市の手数料水準の決め方も，考え方は同じで，1kg当たりごみ処理費の試算も福生市とほぼ同額があるが，すでに隣接する福生市の手数料が決まっていたので，「直近の処理コストを算出根拠としている福生市単価と均一化を図ることが妥当」(同市審議会答申)とされた．

従来のステーション方式を戸別収集に切り替えている．収集方法見直しのきっかけとなったのは容リ法の制定で，効果的かつ効率的な分別収集の実施に向け，廃棄物減量等推進審議会に「ごみ及び資源の収集方法等の見直しについて」諮問した．1997年8月に提出された答申では，「収集方法については，…将来循環型社会となるような，収集方法とすべきである」と提言されていた．この答申に基づき，戸別収集の必要性，戸別収集による効果，青梅市など近隣自治体の戸別収集実態，戸別収集に要する経費などを調査した上で，戸別収集の導入に踏み切ったものである．収集経費の増加をもたらす戸別収集の導入に合わせて，従来週5回としていた可燃ごみの収集頻度を週3回に減らしている．

　さて，青梅市の有料化に触発された福生市，羽村市は庁内で家庭ごみ有料化施策の導入について調査・検討を開始した．その際，青梅市をはじめ埼玉県与野市，秩父市，岐阜県高山市，滋賀県守山市，北海道伊達市など先行自治体での実践が参考にされた．こうした準備を経て，福生市で同年8月，羽村市で翌年1月に廃棄物減量等推進審議会に家庭ごみ有料化について諮問，それぞれ2001年1月，10月に有料化の必要性や実施方法を提言した答申が市長に提出されている．これを受けて両市でそれぞれ有料化のための条例改正が行われ，福生市で2002年4月，羽村市で同年10月に相次いで家庭ごみの有料化が実施された．羽村市では，ステーションから戸別収集への収集方法の変更も同時に実施されている．

　両市における有料化の制度設計に強い影響を与えたのは，青梅市と日野市の実践であった．ちなみに，福生市では行政担当者が，また羽村市では審議会として，青梅市，日野市を視察している．

　家庭ごみの有料化にあたり，あるいはそれに先立ち，福生・羽村両市は，ごみ減量・リサイクル推進の受け皿を整備した．福生市では，有料化導入時に，これまで資源として収集してきた古紙類，古布類，びん，プラスチックボトルについて収集頻度を月1回から隔週に切り替えるとともに，新規に金属の分別収集，発泡スチロールの拠点回収を開始した．集団資源回収報奨金の増額，生ごみ処理機購入費補助金の増額，マイバッグの無料配付も実施している．

　一方，羽村市では，有料化導入時には資源収集の拡充策は採られていない[6]．わずかにコンポストや生ごみ処理機の購入費補助予算を増額した程度である．理

---

[6] 羽村市では，有料化と同時に，従来ステーションでの分別収集としていたペットボトルについて，小売店店頭などの拠点回収に切り替えた．しかし，それにより回収率が落ちたので，2006年度から行政収集と拠点回収の併用としている．

表8-3 福生市のごみ量推移

(単位：t)

年　度	2000	2001	(有料化) 2002	2003	2004	2005
人口（人）	62,186	62,399	62,343	61,915	61,850	61,618
収集量（A）	15,067	15,290	12,989	13,297	12,906	13,006
可燃ごみ	12,562	12,782	10,902	11,015	10,686	10,983
不燃ごみ	2,505	2,508	2,087	2,282	2,220	2,023
1人1日当たり収集量（g） (2001年度比：％)	664	671	571 (−14.9)	588 (−12.4)	572 (−14.8)	578 (−13.9)
持込量（B）	1,633	1,749	2,177	2,673	3,108	2,997
ごみ量（A＋B）	16,700	17,039	15,166	15,970	16,014	16,003
資源量	4,019	4,124	4,610	4,403	4,542	4,369
ごみ・資源の総量 (2001年度比：％)	20,719	21,163	19,776 (−6.6)	20,373 (−3.7)	20,556 (−2.9)	20,372 (−3.7)

(注) 不燃ごみ収集量には，粗大ごみ，有害ごみを含む．

由は，すでに2000年10月からごみ収集を15分別に細分化し，資源物の分別品目を増やす施策を展開していたからであった[7]．分別品目には，容器包装プラスチックや紙製容器も含まれている．

両市有料化によるごみの減量効果はどうであったか．まず，福生市においては，**表8-3**に示すように，有料化初年度の1人1日当たりの収集量は，前年度比15％の減少となっている．減量は主として，有料化に伴う分別強化により資源化が推進されたことによるものである．青梅市と比べると減量率がやや低いが，すでに戸別収集を導入した上での有料化であることに留意する必要がある．減量効果はその後も持続している．福生市では，2006年度から，容器包装プラスチックの分別収集を開始した．これにより，ごみ減量効果はさらに高まることが予想される．

福生市のごみと資源を合わせた総量は，有料化初年度に前年度比7％減少したが，その後は3〜4％減にとどまっている．

羽村市においては，**表8-4**に示すように，有料化初年度の1人1日当たりの収集量は，年度後半からの実施ということで，前年度比6％減にとどまるが，有料化の効果が通年で寄与する2003年度には12％減，さらにその翌年度以降は13％

---

7) 羽村市の総資源化率（集団回収を含む）は，2000年度時点で28.1％，直近の2005年度には31.8％と，多摩地域自治体の平均を上回っている．

表8-4 羽村市のごみ量推移

(単位：t)

年　　度	2000	2001	(有料化) 2002	2003	2004	2005
人口（人）	56,701	56,588	56,694	56,934	57,076	57,056
収集量（A）	12,955	12,323	11,678	10,937	10,784	10,754
可燃ごみ	10,667	10,297	9,618	8,985	8,957	9,238
不燃ごみ	2,288	2,026	2,060	1,952	1,827	1,516
1人1日当たり収集量（g） (2001年度比：%)	626	597	564 (−5.5)	526 (−11.9)	518 (−13.2)	516 (−13.6)
持込量（B）	3,741	3,594	3,736	4,197	3,940	4,031
ごみ量（A+B）	16,696	15,917	15,414	15,134	14,724	14,785
資源量	4,273	4,970	5,288	5,242	5,314	5,215
ごみ・資源の総量 (2001年度比：%)	20,969	20,887	20,702 (−0.9)	20,376 (−2.4)	20,038 (−4.1)	20,000 (−4.2)

（注）不燃ごみ収集量には，粗大ごみ，有害ごみを含む．

減と減量効果が浸透している．青梅市と比較して減量率が小さいが，これは羽村市においては有料化以前からすでに資源分別の細分化を実施していたことによるものと思われる．収集ごみの排出原単位では，羽村市は青梅市を下回っている．

羽村市のごみと資源を合わせた総量は，有料化の効果が通年で寄与する有料化翌年度に有料化前年度比2％減にとどまったが，その後4％減に減少幅が若干拡大している．

西多摩エリアでは，その後2004年の4月にあきる野市，10月に瑞穂町が，福生・羽村両市と同じ手数料水準で家庭ごみの戸別収集・有料化を実施している．

以上，第2節，第3節では，多摩有料化の原型を提示した青梅市有料化スキームの意義を浮き彫りにし，西多摩エリア主要都市への有料化の伝播フローをトレースした．青梅市で考案された有料化スキームは，西多摩エリアにとどまらず，日野市などその後に続く多摩有料化自治体に大きな影響を与えることになる．次節では，日野市有料化が他市に与えた影響を伝播フローとして俯瞰する．

4．大きな減量効果を上げた日野市有料化

(1) 青梅市に有料化の制度設計を学んだ日野市

青梅市が「戸別収集を併用した有料化」を実施した1998年，のちに家庭ごみ有料化の卓越した成功事例として知られるようになる日野市（人口約17万人）の状況はどうであったか．

　この年の1月，朝日新聞は「日野市のごみリサイクル率が多摩地区でワースト1」という見出しを打った記事を掲載した．当時，日野市は，多摩自治体の中で，1人1日当たりの不燃ごみ量が最大であるなど，ごみ量が非常に多い状況にあった．

　このままでは，三多摩広域処分組合（現・東京たま広域資源循環組合）の最終処分場への配分された搬入量を超過してしまい，数億円の追徴金の支払いが避けられなくなることも懸念された．ごみの減量と分別の適正化を図る狙いで，それまで2度にわたって廃棄物減量等推進審議会よりダストボックスの廃止について答申が出ていたにもかかわらず，市民の合意が得られずに廃止に至らないなど，市のごみ行政は手詰まり状態にあった．

　深刻なごみ問題に直面し，ごみ改革の方途を模索していた日野市が，ダストボックスの廃止・戸別収集の導入を併用した青梅市の有料化実施から衝撃的な影響を受けたことは想像に難くない．市の担当者は何度か青梅市に足を運び，制度の設計と運用実態を学習している[8]．

　その上で，青梅市有料化の2ヵ月後には，廃棄物減量等推進審議会に「廃棄物処理費に関する住民負担を求めることについて」諮問した．翌1999年3月，市長が市議会での所信表明でダストボックス廃止の決意表明，5月には広報紙でダストボックスを2000年10月に廃止する旨周知し説明会を開始，そして6月には審議会から家庭ごみ有料化を可とする答申が提出された．

　この答申書には，意外にも，「現段階で，廃棄物処理費に関し住民負担を求めることは不可とする少数意見もあった」との但し書きが付けられていた．日野市でも，有料化導入に対する一部市民の反対意見は，かなり強固なものであったことが窺える．

　審議会答申を受けて，日野市は有料化の実施方針を広報紙に掲載するとともに，市長を本部長とするごみ減量対策本部を設置するが，その際庁内で参加者を募ったところ，約150名もの職員が応募した．市長による非常事態宣言もあって，ご

---

8) 筆者の聞き取りに答えて，当時からごみ行政に携わってきた日野市担当部局の責任者は，「手数料水準以外はすべて参考にした」と，青梅市の先駆的取り組みから多くを学んだことを率直に語ってくれた．

み問題に対する危機意識が全庁に共有されていたものと考えられる.

ボランティア参加の職員は,担当課から研修を受けた上で,1班3名の50班に分かれ,250自治会を対象に家庭ごみ有料化と戸別収集への切り替えについて説明にあたるとともに,集合住宅を1件ごとに回って排出場所調整などの作業に従事した.条例改正前の説明会には,3700人の市民が参加し,一部の説明会では市長が直接説明にあたった.

2000年3月議会で,有料化のための条例改正案が可決された.これを受けて,市は広報活動を活発化させるとともに,再度,自治会単位等で市民説明会を開始した.説明会は,昼夜,平休日を分かたず,地区の要望に応じて開催したという.市長によるごみ減量を訴える駅頭演説も行われた.有料化実施までに開催された説明会は,条例改正前のそれを含め,1年ほどのうちに開催回数600回,出席者のべ3万人という記録が残されている.

(2) 日野市による多摩標準スキームの構築

日野市の家庭ごみ有料化は2000年10月から導入された.有料化の対象は,青梅市同様,可燃ごみと不燃ごみで,資源ごみについては無料とされた.指定袋の容量種は,当初,青梅市にならって可・不燃それぞれ10L,20L,40Lの3種であったが,有料化導入後も引き続き開催された説明会において,市民から5L袋の導入を求める要望が多かったことを受け,2001年4月から5Lの極小袋の取り扱いを開始した.5L袋を加えた4容量種は,これ以降,多摩有料化自治体での標準となる[9].

指定袋1枚の手数料は,5L袋が10円,10L袋が20円,20L袋が40円,40L袋が80円に設定されている.1L当たり2円の手数料水準は全国的にみても高い.日野市が家庭ごみ有料化の詳細設計をしていた時点で,すでに北海道室蘭市が大袋1枚80円で有料化しており,単純従量制では全国一の高さであったが,その直接的な影響は全く受けていない.

日野市が有料化の制度設計にあたって主として参考にしたのは,青梅市であった.では,その青梅市を遙かに上回る手数料水準はどのような根拠のもとに設定されたのか.

まず,有料化を可とした審議会答申からたどってみよう.答申書には,7つの

---

9) 日野市の5L袋は,北海道函館市など他地域自治体の容量種にも影響を与えた.

条件を付した上で，有料化を可とする，とある．その条件の一つに「負担額は，ごみ減量・リサイクル推進への意識改革につながる程度の負担とし，併せて社会的弱者等に過度な負担とならないよう，経済的理由その他により，柔軟な減免措置を講ずること」とある．条件文前段の「ごみ減量・リサイクル推進への意識改革につながる程度の負担」額が，手数料設定の基本原則とされたことを確認できる．

筆者が2005年2月に実施したアンケートにも，「減量への動機づけとするため，ある程度の負担感を持ってもらえる（水準の手数料）設定とした」と回答されている．

具体的には，30％程度のごみ減量への動機づけとなる，ある程度の負担感の出る1世帯当たり負担月額として500円程度という金額が設定された．標準的な使用が見込まれる指定袋容量種を20L袋とすると，可燃週2回，不燃週1回の月12回収集で，1回の排出につき約40円となり，1L当たりでは2円となる[10]．

市は有料化と同時に，減量の受け皿を整備した．資源物について，収集回数を月2回から隔週に変更，回収品目にトレー・硬質プラボトルを追加するとともに，収集方法を可・不燃ごみ同様，戸別収集に切り替えている．

（3）徹底した合意形成と市民との協働で減量効果持続

こうした有料化によるごみの減量効果はどうであったか．それについては，すでにさまざまな媒体を通じて紹介されているが，多摩自治体特有の集計方法に若干手を加え，全国比較がしやすい形にして，ごみ量の推移を確認しておきたい．

表8-5に示すように，有料化初年度の1人1日当たりの収集ごみ量（家庭系ごみ量にほぼ相当）は，年度後半からの実施ということで，前年度比17％減にとどまるが，有料化の効果が通年で寄与した2001年度には45％の大幅減となって

---

[10] 市の解説は，通常そのようになされている．しかし，公文書からは別の側面もみえてくる．有料化を可決した議会議事録を手繰ると，1か月の標準世帯負担額500円とした根拠をただした議員の質問に答えて，当時の環境共生部長は次のように答弁している．
「全国的にも近隣市の例でも，ごみの処理費の3分の1程度を住民に負担していただいている考えが多いようでございます．日野市でも基本的にはそのように考えさせていただきました．当市の場合，1キロ当たりのごみ処理費に，約38円かかっております．ごみ袋は容積でございますので，東京都や他市の例を参考に換算いたしまして，ご存じのように10L20円，20L40円，40L80円と定めさせていただきました．これはごみ処理費の約30％程度の費用となっております．」
推察するに，減量インセンティブと市民の受容性を勘案の上，500円程度の負担額を設定したが，議会等での説明に備えて，コストベースでの裏付けも用意したものであろう．

第 8 章　多摩地域における有料化の伝播　139

表8-5　日野市のごみ量推移

(単位：t)

年　　度		1998	1999	(有料化) 2000	2001	2002	2003	2004	2005
人口（人）		164,489	164,635	164,948	166,016	167,176	169,887	171,114	172,131
収集量（A）		54,012	52,234	43,471	29,153	29,684	30,032	28,814	29,386
	可燃ごみ	41,655	40,299	32,895	23,001	23,229	23,217	22,028	22,327
	不燃ごみ	12,357	11,935	10,576	6,152	6,455	6,815	6,786	7,059
1人1日当たり収集量（g） （1999年度比：％）		900	869	722 (−16.9)	481 (−44.7)	486 (−44.1)	484 (−44.3)	461 (−47.0)	468 (−46.1)
持込量（B）		6,550	6,764	8,085	9,183	9,579	9,738	9,303	9,171
ごみ量（A＋B）		60,562	58,998	51,556	38,336	39,263	39,770	38,117	38,557
資源量		3,183	3,810	8,286	12,605	12,818	12,959	12,563	12,653
ごみ・資源の総量 （1999年度比：％）		63,745	62,808	59,842 (−4.7)	50,941 (−18.9)	52,081 (−17.1)	52,729 (−16.0)	50,680 (−19.3)	51,210 (−18.5)

(注) 不燃ごみ収集量には，粗大ごみ，有害ごみを含む．

いる．その後若干の揺り戻しがみられたが，マイバッグ運動の効果もあってか2004年度には47％減と減量効果が高まっている．直近の2005年度では有料化前年度比46％減が記録されている．

ごみと資源を合わせた総量については，有料化の効果が通年で寄与した2001年度以降，16～19％の減量効果が出ている．市民の発生抑制行動が高い総量削減効果に結び付いたとみられる．ごみ・資源総量の削減は，地方自治体にとって究極の取り組み課題として位置づけられるが，実現することは至難の業である．日野市の減量成果はまさに驚異的といってよい．

日野市の有料化でごみ減量効果が大きく出たのは，ある意味で当然である．有料化前のベースラインがかなり高かったから，ダストボックスから戸別収集への切り替えを伴い，しかもきわめて高い水準の手数料が導入されたとなれば，ごみ減量の落差は大きくなって当然ともいえる．

注目すべきは，その後もほとんどリバウンドに見舞われることなく，その減量効果が現在に至るまで持続していることである．その理由について，市の担当者は，①導入時に市民の合意形成をきっちりできたこと，②市民との協働の取り組みが一般市民の共感を得たこと，の2点を躊躇なく指摘する[11]．筆者も，高い水準の手数料が効いていること，戸別収集により排出者責任が明確化されたことと

相まって，市民理解の浸透と協働の取り組みの四輪駆動が日野有料化の成功因であると考えている．

導入時の合意形成については，既述の通りであるが，全庁体制での取り組みと市長自らの100回以上に及ぶ説明など，市当局の意気込みとごみ減量の訴えは十分市民に伝わったはずである．

そして，市民との協働プログラムが功を奏した．ごみ減量に取り組む市民・行政の協働プログラムが始動したのは，一般廃棄物処理基本計画としての「日野市ごみゼロプラン」を推進する母体として，2002年8月に，市民と市職員からなる「日野市ごみ減量推進市民会議」が発足してからである．市民会議は，2003年7月から2年間，廃棄物減量等推進員，各種団体のメンバーなどの協力も得て，ごみゼロプランで優先プログラムとして挙げられたマイバッグ運動に取り組んだ．

運動は，主要なスーパーマーケットの協力を得て，毎月5日をマイバッグ・デーと定めて，店頭で買い物袋持参を呼びかけ，啓発チラシを配布するものであった．市民会議による出口調査では，レジ袋辞退率は，運動実施前の約20％から実施1年後には約30％に上昇している．運動の意識啓発効果がかなり大きかったことが窺える．この運動には，市民約100人が参加した．

市民・行政の協働作業としてもう一つ挙げておきたいのは，市が発行するごみ減量情報紙「エコー」の企画・編集に市民会議が参加していることである．市民の目線で，市民の創意工夫や実践活動などが取り上げられており，市民に好評のようである．有料化後の減量効果持続の背後に，こうした市民・行政協働の取り組みが存在したことを，看過してはならない．

5．戸別収集によらない清瀬市のスキーム

日野市に次いで家庭ごみを有料化したのは，北多摩エリアで埼玉県寄りに位置する清瀬市（人口約7万人）である．清瀬市の有料化は2001年6月から実施された．有料化の制度設計においては，青梅市，日野市の先行事例が参考とされた[12]．しかし，実際につくられた制度は，先行2市や，その後有料化するに至る他自治

---

11) 筆者の2005年2月アンケート調査においても，有料制運用上工夫を凝らしていることは何かとの質問に対し，日野市からは「市民との合意形成を第一と考え，そのための情報発信，啓発，また市民参画による協働事業に力を入れている」との回答が寄せられている．
12) 清瀬市担当者による青梅，日野両市視察の記録が残されている．

体のものとは，いくつかの点で異なっていた．

多摩有料化自治体の中における清瀬市有料化スキームの特徴は，①多摩自治体の中で最も手数料水準が低いこと，②多摩自治体で唯一，戸別収集を導入しなかったこと，③有料化にあたって，資源物収集の拡充などの併用施策を講じていないこと，にみられる．それだけに，清瀬市の有料化実践は，有料化の効果を検証する上で，有益な示唆を提供してくれる．

手数料水準については，可・不燃ごみ用それぞれの指定袋1枚の価格は，5L袋が7円，10L袋が10円，20L袋が20円，40L袋が40円と，日野市のほぼ半額に設定されている．手数料設定の根拠は，どのようなものであろうか．

2000年1月にとりまとめられた廃棄物減量等推進審議会の答申は，家庭ごみの指定袋制（有料化）が必要としているが，指定袋の価格については「ごみの減量を促すための施策であることを考慮し，市民に大きな負担とならないごみ処理費用を含めた価格に設定すること」とし，「価格については3年ごとに見直しを図ることとする」との尚書きを付けている．答申書は，有料化について「指定袋制」と表現するなど，全体として有料化推進についてやや腰の引けた書きぶりとなっている．

推察するに，審議会での議論も含め，一部市民から強固な反対意見が表明されていたのではなかろうか．市民の反対を宥和するために，苦肉の策として，当初手数料水準を低く設定するも，見直し期間をおいて，適正水準に是正しようとする意図があったかのようにも読める．

それはともかくとして，市の説明会資料によって，指定袋価格の設定根拠を確認しておこう．価格設定のプロセスは次のとおり．

①可・不燃ごみの1kg当たりごみ処理費（中間処理＋最終処分）26円（20.4円＋5.9円）
②1世帯から1か月に排出されるごみ量40kg（0.6kg×2.47人×7日×4週）
③1世帯1か月当たりの処理費用1040円（①×②）
④1世帯1か月当たりの負担額346円（③の3分の1）
⑤標準サイズとなる20L袋1枚の価格20円（④÷可・不燃16回収集／月）

つまり，収集運搬費を除いたごみ処理費の3分の1を市民に負担してもらうというものであった．収集運搬費を除いた理由は示されていないが，審議会答申にある「市民に大きな負担とならないごみ処理費用」とする狙いであったとみられる．

次に，戸別収集を導入しなかった理由はこうである．清瀬市では長らく可燃ごみを平日毎日収集してきたが，1998年度から週3回収集に変更した．家庭ごみ有料化にあたって，先行した青梅市，日野市のように戸別収集に切り替えるべきか検討したが，戸別収集への切り替えに伴い収集回数の削減が必要となることが問題視された．

戸別収集にした場合には経費増となるため，予算制約上，先行2市のように可燃ごみの収集回数を週2回に減らさざるを得ないが，立て続けに2度も収集回数を減らすことに市民の理解が得られないと判断した．その結果，従来からのステーション方式が継続されることになったものである．

こうした，比較的低位の手数料水準，戸別収集の未導入，従来からの再資源化促進施策の継続というスキームのもとで，有料化導入によりごみ量はどのように変化したか．**表8-6**に示すように，有料化初年度の1人1日当たりの収集ごみ量は，前年度比8％減にとどまる．有料化の効果が通年で寄与した翌年度以降には減量効果が少し高まるが，それでも10〜14％程度の減少である．

一方で，持込量（ほぼ事業系ごみ量に相当）は家庭ごみ有料化に伴って増加している．家庭ごみ有料化の際，中小事業所による家庭用ステーションへの排出が制限されたこと[13]，市民が買い物の際，ごみになるものを小売店に置いてくる行動をとることなどにより，家事シフトが起こったものである．

家事合算のごみ量でみると，有料化による減量効果は2〜5％程度に低下し，最近ではリバウンド傾向が見られる．手数料水準と併用施策（戸別収集への切り替え，各種資源化推進施策など）の有無が減量効果に大きく影響したことが窺える．

ごみと資源を合わせた総量では，有料化実施後4年間にわたって3〜5％の減量効果がみられたが，直近年度では1％減程度に低下している．

ごみ減量の効果を高めるために，市は2006年10月から容器包装プラスチックの分別・資源化を開始した．容器包装プラスチックの収集には，プラスチック専用の有料指定袋が用いられている．その容量種と価格は可・不燃ごみと同一である．プラスチックの資源化は当面，専門業者を通じた独自ルートで実施されるが，将来的には容器包装リサイクル法の完全実施をめざしている．

---

[13] 事業系ごみについては，事業者が自ら処理することが原則であるが，1回の排出量が120L以下の事業所については，事業系ごみ専用の有料指定袋を用いて，家庭ごみに準じた行政収集を利用できる．事業系の指定袋については，可・不燃ごみとも40L袋1種類のみで，価格は1枚300円とされている．

表 8-6 清瀬市のごみ量推移

(単位：t)

年　度	2000	(有料化) 2001	2002	2003	2004	2005
人口（人）	67,598	68,212	69,051	69,892	72,543	73,393
収集量（A）	14,970	13,884	13,592	13,953	13,884	14,118
可燃ごみ	12,420	11,278	11,035	11,247	11,126	11,349
不燃ごみ	2,550	2,606	2,557	2,706	2,758	2,769
1人1日当たり収集量（g） （2000年度比：%）	607	558 (−8.1)	539 (−11.2)	545 (−10.2)	524 (−13.7)	527 (−13.2)
持込量（B）	2,106	2,405	2,548	2,679	2,691	2,665
ごみ量（A＋B） （2000年度比：%）	17,076	16,289 (−4.6)	16,140 (−5.5)	16,632 (−2.6)	16,575 (−2.9)	16,783 (−1.7)
資源量	3,691	3,952	3,743	3,595	3,091	3,829
ごみ・資源の総量 （2000年度比：%）	20,767	20,241 (−2.5)	19,883 (−4.3)	20,227 (−2.6)	19,666 (−5.3)	20,612 (−0.7)

(注) 不燃ごみ収集量には，粗大ごみ，有害ごみを含む．

　清瀬市としては，排出ごみの分別状態の悪さ，指定袋を使用しない不適正排出などの問題に直面し，戸別収集への切り替えの必要性についても十分認識している．すでに収集方式見直しが視野に入っており，近い将来において戸別収集が導入される可能性が高い．2006年10月からはごみ減量を狙いとして，可燃ごみの収集回数を週3回から週2回変更しており，戸別収集導入への地ならしともみられる．

　最後に，清瀬市における最近のユニークな取り組みを紹介しておきたい．市は2003年度から「ノーレジ袋・マイバッグ運動」を開始している．その運動の一環として，指定袋のデザインを一新して，洒落たマイバッグ風にし，持ち歩きやすくした[14]．指定袋のデュアルユースによりレジ袋を減らす試みとして注目される．

6．プラスチックを分別有料収集する昭島市

　清瀬市有料化の翌年には，北多摩エリアにおいて2つの市で有料化が実施され

---

14) 清瀬市のマイバッグ風にデザインされた指定袋は，市のホームページでみることができる．

た．西多摩エリアの福生市に隣接する昭島市と，清瀬市に隣接する東村山市である．

都心西方35km，東京都中央部に位置する人口約11万人の昭島市は便宜上，西多摩エリアとして括られることもあるほど，地理的にも，生活圏域としても，西多摩エリアと密接な関係にある．地理的には，青梅，羽村，福生，昭島は，北西から東方向に，多摩川とJR青梅線という2本の串で貫かれた団子のように並んでいる．それだけに，青梅市の有料化実施とそれに続く福生市，羽村市の有料化への動きは，昭島市に少なからぬ影響を与えたと思われる．

昭島市が廃棄物減量等推進審議会にごみ・資源の収集方法と家庭ごみ有料化について諮問したのは，青梅市議会で有料化のための条例改正案が成立して4ヵ月後の1998年7月のことであった．審議会は翌年2月，ごみの収集方法について，次のような内容の中間答申を提出している．

①可燃ごみ収集をこれまでの週3回から週2回に減らす
②古紙回収を新たに週1回とする
③不燃ごみから廃プラスチックを分離させ，不燃ごみと廃プラスチック収集は隔週（月2回）とする

この答申に基づいて，2000年2月から，可燃ごみから古紙を，不燃ごみからプラスチックを分離し7分別収集を開始した．収集されたプラスチックは，民間業者に引き渡して固形燃料（RPF）化している[15]．

最終答申が市長に提出されたのは2000年7月で，資源ごみ回収方式の袋回収から容器回収への切り替え，家庭ごみ有料化の導入について提言している．有料化については，ごみ分別・排出状況の問題点を指摘した上で，「現行のごみ収集制度ではごみの排出量による経費負担に差がないことから，排出抑制，リサイクル等に取り組む動機が稀薄になっていることもその一因」とし，改善を図るための手法の一つとして「家庭ごみの排出量に応じた経費負担の公平化（有料化）を図ることは意義のあることと考えられる」としている．

最終答申を受けて，市は担当部局で制度設計に着手し，有料化計画を立案した．それに基づいて，2001年9月議会に有料化のための条例改正案を上程し，可決

---

15) 昭島市からの三多摩広域処分組合の二ツ塚処分場への搬入量は，1997年度までの6年間に，組合から割り当てられた配分量を3121m³超過し，市は1m³につき2万円の追徴金を課せられていた．最終処分場への搬入量を減らすために，プラスチックのRPF化はすでに1996年から，収集した不燃ごみから抜き取る作業を市の破砕処理施設で行うことで，一部実施していた．

された．これを受けて，市は11月からのべ142回にわたり自治会等への説明会を実施するとともに，PR紙「昭島リサイクル通信」を発行するなど，広報活動に注力した．昭島市の家庭ごみ有料化は，2002年4月から実施された．

　昭島市の有料化スキームは，主として青梅市，それに日野市を参考にして設計された．審議会も，有料化を検討する過程で，青梅市を視察している．昭島市は，主要な制度的枠組みについて両市に学んだものの，手数料水準についてはいずれとも異なる．詳細設計の時点で，隣接する福生市が有料化の実施計画（大袋1枚60円）を策定していたことも影響してか，昭島市の手数料は同市やその隣の羽村市と同じ水準に設定されている．

　市が作成した資料には，手数料の決め方について，ごみ処理費1kg46円の約1/4を排出者に負担してもらう，とするコストベースの考え方が示されている．筆者のアンケート調査への回答もそうなっていた．コストベースと近隣自治体とのバランス，両要素を勘案して設定されたものと推察される．

　昭島市有料化の他自治体で見られない特徴は，プラスチックを可・不燃ごみと切り分けた上で，資源ごみの扱いで有料としているところにある[16]．可燃ごみ，不燃ごみ，プラスチックそれぞれ別仕様の指定袋を用いて排出することとされている．これら3つのごみ種の袋1枚当たりの価格は同一で，40L袋が60円，20L袋が30円，10L袋が15円，5L袋が7円に設定されている．

　昭島市有料化のもう一つの特徴は，有料化時に戸別収集を併用せず，有料化後に地区を限定して戸別収集を導入し，段階を踏んで市内全域に拡大したことである．当初，ステーション方式を継続したまま有料化を実施したが，1年間におよそ1500件も不適正排出があり，そのうち約500件については開袋の上，直接指導した．シール貼付による警告にとどまらず，開袋・指導にまで踏み込んだのは，有料化の目的の一つに「公平性の確保」があったからである．

　ステーション方式での有料化の限界が明らかとなるにつれ，市は戸別収集の段階的な導入に踏み切った．まず有料化導入から半年遅れて市内4地区1600世帯で戸別のモデル収集を実施した．当時，収集業務は直営と民間委託の二本立てであったが，経験を積ませるため，両方が参加できるように地区割りをした．その

---

[16] 昭島市による「プラスチック」の定義は，たんなる「ごみ」ではない．ごみと資源のどちらに位置づけているか，担当部局の責任者に確認したところ，「最終的には資源となるごみ」（つまり「資源ごみ」）という回答であった．ごみと資源のグレーゾーンに位置づけられているという印象を受けた．

1年後,市内4分の1の世帯まで拡大,さらに1年後の2004年10月には市内全域に戸別収集を拡大している.

こうした有料化の取り組みのもとで,ごみの減量効果はどうであったか.**表8-7**に示すように,有料化初年度の1人1日当たりのごみ収集量は,前年度比18％の減少となっている.その翌年には減量効果がやや低下したが,年度後半から戸別収集を市内全域に拡大した2004年度以降は初年度を上回る減量効果が出ている.

ごみと資源を合わせた総量では,有料化実施後の4年間にわたって有料化前年度比6～9％程度と,まずまずの減量効果が出ている.

有料化によるごみ減量は,二ツ塚処分場への搬入量を大幅に削減する効果をもたらした.プラスチックの分別が開始された2001年度,さらに有料化が実施された2002年度から,二ツ塚処分場への搬入量は搬入配分量を大幅に下回るようになった.

7.手数料収入を基金で運用する東村山市

昭島市と同様,三多摩広域処分組合の二ツ塚処分場への搬入量が配分量を超過し,追徴金を課せられていた東村山市(人口約14万6000人)は,ごみ減量への取り組みを迫られていた[17].そうした状況の中で,市は減量化策としての家庭ごみ有料化の検討に着手し,廃棄物減量等推進審議会に「家庭ごみ処理費用負担のあり方について」諮問した.

同審議会は,2001年11月,家庭ごみ有料化の必要性や施策の内容などについて検討した結果を答申として提出している[18].これを受けて市長は定例市議会での所信表明で,有料化実施の提案を表明した.市は先行して有料化した青梅市,日野市,清瀬市などを参考としつつ,有料化スキームの制度設計に取り組み,有料化計画を策定した.その上で,市民対話説明会を開催して事前説明を行った.説明会は52回開催され,2127名の市民が参加した.市は2002年6月議会に有料化条例案を上程,原案通り可決されるところとなった.

これを受けて,市の担当者は実施説明会と出張説明会に忙殺されることになっ

---

17) 二ツ塚処分場へ搬入する不燃物を減らすための窮余の策として,東村山市は破砕処理施設において不燃ごみからプラスチックを抜き取り,RPF化事業者に引き渡していた.
18) 東村山市の審議会は,家庭ごみ有料化を検討する過程で,青梅市を視察している.

表8-7 昭島市のごみ量推移

(単位:t)

年　　　度	2001	(有料化) 2002	2003	2004	2005
人口(人)	107,975	109,877	110,901	110,866	111,365
収集量(A)	24,575	20,495	21,010	20,283	20,430
可燃ごみ	21,774	18,690	19,172	18,474	18,501
不燃ごみ	2,801	1,805	1,838	1,809	1,929
1人1日当たり収集量(g) (2001年度比:%)	623	511 (−18.0)	519 (−16.7)	501 (−19.6)	503 (−19.3)
持込量(B)	9,912	9,958	10,772	9,889	10,093
ごみ量(A+B)	34,487	30,453	31,782	30,172	30,523
資源量	7,104	7,491	7,520	7,840	8,087
ごみ・資源の総量 (2001年度比:%)	41,591	37,944 (−8.8)	39,302 (−5.5)	38,012 (−8.6)	38,610 (−7.2)

(注)不燃ごみ収集量には,粗大ごみ,有害ごみを含む.

た.実施説明会は102回開催され,4275名が参加,出張説明会のほうは34回行い,1454名が参加した.また,市報,環境PR誌,ホームページでの広報,庁用車・収集車の車体広報,市長・助役による駅頭PRも実施した.

　東村山市の家庭ごみ有料化は,2002年10月から開始された.有料化と同時に,収集方法が従来のステーション方式から戸別収集に切り替えられた.有料化に伴い不法投棄や不適正排出などの問題が出てくることが予想されたため,排出者の責任を明確化し,ルール違反を減らすのがその狙いであった.

　可燃ごみの収集回数については,従来から週2回で,変更はしていない.また,家庭ごみ有料化にあたって,資源収集の拡充など減量の受け皿整備施策は特にとられていない.事業系の少量排出事業者については,事業系専用の指定袋(可・不燃それぞれ45L袋1種類のみ)での排出により,1回の排出につき2袋まで家庭ごみに準じて収集するが,指定袋1枚の価格はコストベースで420円と禁止的に高く設定されている.この水準は,全国でもトップクラスである.

　手数料水準については,可・不燃ごみ用それぞれの指定袋1枚の価格は,5L袋が9円,10L袋が18円,20L袋が36円,40L袋が72円に設定されている.あまり切りのよい価格とはいえないが,設定の根拠は何であったか.審議会答申は,指定袋単価について次のように述べている.

「手数料の算出根拠は収集運搬経費・中間処理経費・最終処分経費を合算した，ごみ処理経費（原価）とし，その一部を単価（手数料）として設定すべきである．なお，単価の設定にあたってはごみ処理経費のみならず，ごみの越境の回避，不法投棄の発生を防止するなど，周辺市との均衡や，減量効果を十分期待できる適正な手数料を設定する必要がある．」

このきわめてオーソドックスなコストベース原則に基づいて，手数料が算定されたのである．ごみ処理経費のうち，排出者の負担比率は2割とされた．算定方式は次のとおり．

① 可・不燃ごみの1kg当たりの処理費用（収集運搬＋中間処理＋最終処分）43円（9円＋20円＋14円）
② 1世帯から1か月に排出されるごみ量50kg（0.7kg×2.4人×30日）
③ 1世帯1か月当たりの処理費用2150円（①×②）
④ 1世帯1か月当たりの負担額430円（③×0.2）
⑤ 標準サイズとなる20L袋1枚の価格36円（④÷可・不燃12回収集／月）

東村山市有料化スキームの特徴の一つとして，手数料収入の基金による運用が挙げられる．審議会答申では，手数料の運用について「手数料収入の一部を減量・リサイクル・環境・アメニティ関連の活動等を支える基金等として積立・運用することが，有料化による費用負担増加について住民合意を得ることからも望ましい」と提言している．

これを受けて，多摩自治体として初めて，家庭ごみ有料化による手数料収入を基金運用することとなった．基金制度については，すでに1990年から東村山市アメニティ基金条例に基づいて，びん・缶の売却金を基金に積み立てて運用していたので，条例を一部改正して手数料収入の受け皿として活用することとした．

手数料収入のうち，指定袋の製造販売・管理費，戸別収集に伴う増分経費など有料制の運用にかかる必要経費を差し引いた残りの金額が基金に繰り入れられている．2004年度の繰入実績は，約2億5000万円であった．一方，基金の運用先事業は，条例により①環境の保全・回復・創造の推進，②ごみの発生抑制・循環的利用の推進，③ごみの再使用・再生利用等に必要な処理施設の整備，に関するものとされている．

2004年度の主な対象事業は，RPF化プラスチック運搬委託料，リサイクル施設建替経費，リサイクルショップ運営経費，環境広報紙印刷・配布委託費，生ごみ処理機購入補助金である．アメニティ基金の年度別積立金は，**表8-8**に示す

第8章　多摩地域における有料化の伝播

表8-8　東村山市アメニティ基金年度末積立金

(単位：円)

年度	年度末積立金	増減額
1999	155,319,186	25,836,943
2000	174,910,895	18,591,709
2001	131,147,035	－43,763,860
2002	156,814,358	25,667,323
2003	355,088,618	198,294,260
2004	499,331,357	144,242,739

（注）2001年度のマイナスは秋水園ふれあいセンター建設に活用．
（参考）ごみ手数料収入は，2002年度約3億円，2003年度約4億円，2004年度約3億7,000万円．資源物売払分は2004年度約5,000万円．

表8-9　東村山市のごみ量推移

(単位：t)

年度		2000	2001	(有料化) 2002	2003	2004	2005
人口（人）		142,669	143,045	143,689	145,165	146,100	146,684
収集量（A）		32,367	31,094	29,065	26,254	25,951	26,470
	可燃ごみ	26,874	25,980	23,763	21,410	21,038	21,373
	不燃ごみ	5,493	5,114	5,302	4,845	4,913	5,097
1人1日当たり収集量（g）(2001年度比：%)		622	596	554 (－7.0)	495 (－16.9)	487 (－18.3)	494 (－17.1)
持込量（B）		6,407	6,829	7,439	7,977	7,755	7,698
ごみ量（A＋B）		38,774	37,923	36,504	34,231	33,706	34,168
資源量		7,010	7,056	7,769	8,157	7,884	8,065
ごみ・資源の総量 (2001年度比：%)		45,784	44,979	44,273 (－1.6)	42,388 (－5.8)	41,590 (－7.5)	42,233 (－6.1)

（注）不燃ごみ収集量には，粗大ごみ，有害ごみを含む．

とおりである．2004年度末ですでに5億円が積み立てられている．

　こうした有料化の実施により，ごみ量はどのように変化したか．**表8-9**に示すように，有料化初年度の1人1日当たりのごみ収集量は，年度後半からの実施ということで，前年度比7%減にとどまるが，有料化の効果が通年で寄与した2003年度以降は17〜18%減となっている．

　ごみと資源を合わせた総量では，有料化の効果が通年で寄与する2003年以降の

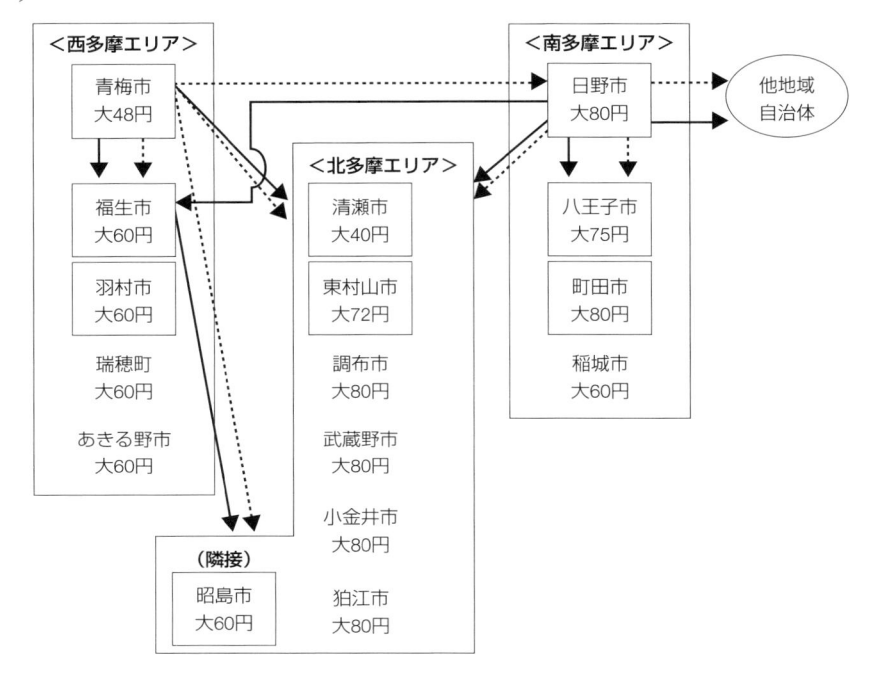

```
                                                                          
         ┌─<西多摩エリア>──────────┐    ┌─<南多摩エリア>──┐
         │  ┌──────┐              │    │  ┌──────┐        │    ┌──────┐
         │  │青梅市 │┄┄┄┄┄┄┄┄┄┄┄┄┄┄┄┄┄┄┄┄┄►│日野市 │┄┄┄┄┄┄┄┄┄┄►│他地域 │
         │  │大48円│              │    │  │大80円│        │    │自治体 │
         │  └──────┘              │    │  └──────┘        │    └──────┘
         │     │  ▲     ┌─<北多摩エリア>─┐ │  │  ▲         │
         │     ▼  │     │  ┌──────┐  │ │  ▼  │         │
         │  ┌──────┐    │  │清瀬市 │  │ │  ┌──────┐     │
         │  │福生市 │    │  │大40円 │  │ │  │八王子市│    │
         │  │大60円│    │  └──────┘  │ │  │大75円│     │
         │  └──────┘    │  ┌──────┐  │ │  └──────┘     │
         │  ┌──────┐    │  │東村山市│  │ │  ┌──────┐     │
         │  │羽村市 │    │  │大72円 │  │ │  │町田市 │     │
         │  │大60円│    │  └──────┘  │ │  │大80円│     │
         │  └──────┘    │  ┌──────┐  │ │  └──────┘     │
         │   瑞穂町     │  │調布市 │  │ │   稲城市      │
         │   大60円     │  │大80円 │  │ │   大60円      │
         │              │  └──────┘  │ │              │
         │  あきる野市  │   武蔵野市  │ └──────────────┘
         │  大60円      │   大80円    │
         │              │   小金井市  │
         │              │   大80円    │
         │  (隣接)      │             │
         │   昭島市     │   狛江市    │
         │   大60円     │   大80円    │
         └──────────────┴─────────────┘
```

(注) 1. □ で囲んだ市は，今回の調査対象．
    2. ── は，手数料水準の伝播フロー．
    3. ┄┄► は，戸別収集等の伝播フロー．

図 8-1　多摩有料化スキームの伝播フロー

3年間にわたって，有料化前年度比6～8％程度とまずまずの減量効果が出ている．

有料化によるごみ減量は，東村山市でも，二ツ塚処分場への搬入量を大きく削減する効果をもたらした．有料化の効果が年度を通じて寄与した2003年度以降，処分場への搬入量は配分量を下回り，貢献量がプラスに転じた．

8．有料化スキームの伝播

青梅市や日野市の有料化実践とその効果の情報は，瞬く間に多摩自治体間に伝播した．多摩地域には，地域の自治体で構成される多摩清掃協議会のほか，東京都市町村職員研修所主催の研修会や勉強会などがあり，情報提供や意見交換の機

会には事欠かない．東京市町村自治調査会が毎年度とりまとめる『多摩地域ごみ実態調査』によって，多摩地域では，自治体ごとのごみ排出原単位などの情報は，市民・自治体に共有されている．有料化後の日野市の1人1日当たり可・不燃ごみ量ランクの最下位近辺からトップクラスへの躍進は，多摩の他自治体に大きなインパクトを与えずにはおかなかった．

　日野市有料化スキームの他自治体への伝播が，こうして開始された．多摩地域でのちに有料化の検討に着手した自治体のほとんどが，浅川べりに立つ日野市クリーンセンターに視察に訪れている．日野市への視察は，多摩地域だけでなく，全国各地からの行政担当者，審議会，議員，市民団体等によって行われている[19]．

　図8-1は，多摩有料化スキームの伝播フローのイメージを簡略化して描いたものである．1998年10月，青梅市で開始された家庭ごみ有料化のスキームは，その後同じ西多摩エリアの福生市，羽村市などの自治体に伝播し，福生市に隣接する北多摩エリアの昭島市もその影響を受けた．

　青梅市の有料化スキームは，南多摩エリアの日野市にも大きな影響を与えた．ただ有料化スキームのキーポイントの一つである手数料水準については，日野市は独自の制度設計により，青梅市の水準をかなり上回るものとした．しかも，市民の合意形成と市民・行政協働事業の立ち上げにも成功した．それにより，可・不燃ごみの大幅な減量を達成し，青梅市でみられたようなリバウンドもなく減量効果を持続させた．そうした情報が流通すると，日野市の有料化スキームは，多摩全域の有料化自治体に伝播するようになったのである．

---

[19] 年度別の視察件数・人数は，2000年度9件43人，2001年度41件486人，2002年度48件1,022人，2003年度56件720人，2004年度48件2,051人，2005年度34件365人（2006年2月の調査時点）となっている．

第9章

八王子市の有料化への取り組み

　多摩地域で最大の人口54万人が生活する八王子市は，186km²の広大な市域の北西部を中心に都市機能が集積した大都市でありながら，市東部には高尾山などの山々が連なり，そこを源流とした浅川など多くの河川が流れる自然豊かなまちでもある．市内には大学・短大合わせて22校が立地し，学生も多い．本章では，八王子市の家庭ごみ有料化への取り組みを取り上げ，その料金設定方法の特徴やごみ減量・リサイクル推進効果などについて検討する．

1．「幻の有料化」

　八王子市については，10年ほど前に大手新聞各紙が「八王子市　家庭ごみ有料化へ」といった見出しで報道したことを，筆者は記憶している．手元のスクラップブックから拾える読売新聞1997年2月4日付の報道では，「八王子市は4日までに，家庭ごみのうち可燃ごみは98年4月から，不燃ごみも99年から，市指定の有料ごみ袋での収集を義務づける方針を固めた．ごみ総量抑制が狙い．家庭ごみの有料化は50万人以上の都市では全国初．…市は9月議会への条例改正案提出を目指す」とある．

　八王子市で実際に家庭ごみ有料化が実施されるまでには，この「幻の有料化」観測記事から7年半の歳月を要した．この間の事情を知る手がかりとして，観測記事のソースの一つになったとみられる同市廃棄物減量・再利用推進審議会での「収集ごみの有料化について」の審議結果を確認しておこう．

　1994年2月，八王子市長は，最終処分場の逼迫，清掃工場の建て替えの困難性などの問題に直面する中で，ごみの減量化や再資源化を推進するために，家庭ごみ有料化を導入することの是非について諮問した．審議会は95年6月，指定袋制度の採用とそのための試行調査の実施を提案した中間答申を市長に提出した．市は，この中間報告に基づいて，住居環境の異なる5つの地区をモデル地域

として，6か月間にわたり指定袋制度を実施し，減量効果や分別適正化の検証を行った．その結果，ある程度のごみ減量効果と分別改善効果が出ることが確認された．

また，市は，試行区域内の全世帯と町会・市民団体関係者を対象として指定袋制や有料化についてのアンケート調査を実施している．その結果，指定袋制度の全市域での実施については回答者の65％が賛成し，反対は19％にすぎなかったが，有料化については賛成が28％にとどまり，反対が58％であった．

1997年6月に審議会がとりまとめた答申書「収集ごみの有料化について」は，次のような「提言」をしている．「本審議会は，家庭から排出されるごみの減量を図るためには，ごみ収集専用の指定袋制度を導入することが，現状において最も効果的な手法であると判断し，その実施を市に提言する．また，市民は，自らが排出するごみの量に応じてその収集処理経費の一部等を負担することが適当であり，その経費は指定袋の購入代金として徴収する方法を採用することが望ましい．ただし，当面は資源分別収集システムが確立している可燃ごみを対象として実施し，不燃ごみについては，不燃系資源物の分別収集システムの確立を待ってその導入について検討する必要がある．[1]」

当時のごみ・資源物の収集状況は，1994年から可燃ごみ収集が週3回から週2回に変更され，古紙とびんの分別収集が全市で開始されたところであった．市は，答申を受けて，「庁内で有料化の検討をしたが，まだ実施の態勢は整っていないと判断し，条例改正の準備作業には入らなかった」（市担当者）という．新聞報道とかなり食い違うが，市としてはぎりぎりのところまで，有料化実施の是非について検討したものと推察される．

では，市当局が有料化実施をぎりぎりのところで断念した理由は何か．それは，有料化に伴う減量の受け皿としての資源物収集制度が，特に不燃物について十分に整備されていないことにあった．可燃ごみについては，紙類が重量比で約40％を占めており，行政の分別収集や町内の集団回収により減量の手段を提供できる．しかし，不燃ごみについては，不燃系資源物の分別収集態勢が未整備であった．

答申書の提言のように「資源分別収集システムが確立している可燃ごみを対象

---

1) 「提言」の中で「自らが排出するごみの量に応じてその収集処理経費の一部等を負担することが適当」とした理由について，答申書は「市民が自ら排出したごみに責任をもってもらう意味から経済的な負担をすることが必要と判断したからに他ならない」としている．

として実施」した場合には，有料化の対象とされた可燃ごみの一部が，有料指定袋をバイパスして，無料で排出できる不燃ごみ袋に混入することが懸念されたのである．そこで，市としては，有料化を実施する前に，まず資源物分別収集の拡充に取り組むこととした．

2．態勢整え再度有料化に挑む

　資源物収集システムの整備として，1998年に缶分別収集の全市拡大，古布収集の開始，ペットボトル拠点回収の全市拡大，2000年にはプラスチック容器包装の一部地域モデル収集を実施した．しかし，資源物の分別へのインセンティブが十分に働かず，ごみが減らない状況が続いた．

　八王子市のリサイクル率（総資源化率）は，多摩26市の平均が25.9％であるのに対し，19.9％と最下位であった（2002年度実績）．ごみの発生抑制と分別適正化を推進する上で，家庭ごみ有料化が必要との認識が再び，高まってきた．青梅市や日野市の有料化も八王子市当局に大きな影響を与えた．

　2001年2月，廃棄物減量・再利用推進審議会は「プラスチックごみの減量とリサイクルについて」答申書をとりまとめ，市長に提出した．この答申書は，有料化について諮問を受けたのではないが，プラスチックごみをはじめとするごみ全体の減量を推進する観点から，有料化の提言で締めくくられている．

　答申書は，その末尾において，「市民がごみの排出者としての責任を持ち，ごみ減量とリサイクルへの努力が報われることにより，負担の公平性が確保されるシステムが必要である」との認識を示した上で，「市においては，資源物の分別収集体制を整えるとともに，ごみ減量とリサイクルを推進する方策としてごみ収集の有料化に取り組むことを強く求めるものである．」と結んでいる．

　この答申を受けて，市の担当部局は家庭ごみ有料化の検討を本格的に開始した．近隣の日野市には，市の担当者が何度も足を運んで，視察・調査をしている．2003年7月には，市長が廃棄物減量・再利用推進審議会に「ごみの発生抑制について」諮問，審議会を立ち上げて，有料化の制度設計に市民・事業者などの意見を反映させることとした．審議会の中では，日野市の担当者を招いて，その取り組みについて説明を受けたこともあった．

　2003年6月に市長が2004年秋を目標に有料化を実施すると意思表明し，9月には「有料化」「戸別収集」「資源物回収の拡充」の3本柱を中心に据えた有料化

計画を発表，町会自治会連合会やリサイクル推進員を対象に説明会を開催した．事前説明会は105回実施された．また，広報やホームページでも，有料化の意義について周知が図られた．

　2004年3月，議会定例会において廃棄物処理条例が改正され，有料化の導入が決定した．これを受けて，市は4月から500以上ある町会・自治会，各種団体，学校などでごみ有料化説明会を開催した．市主催の説明会は812回実施された．説明会には，原則として市のすべての管理職が参加することにより対応した．9月からは指定袋の販売が開始された．

　家庭ごみの有料化は，2004年10月から実施された．有料化の対象は，多摩の大部分の有料化市町と同様，可燃ごみと不燃ごみで，資源ごみについては無料とされた．多摩地域の他の有料化都市と同様，社会的観点から生活保護世帯等に対しては一定枚数の指定袋の無料配布が行われている．

　有料化と同時に，可・不燃ごみの収集方法は，従来のステーション方式から戸別収集に切り替えられた．資源物については，引き続きステーション方式がとられている．

　資源物の回収方法についても，見直しが行われた．まず，プラスチックのうち元八王子地区でモデル収集を行ってきた発泡スチロール製の容器と緩衝材，プラスチック製ボトル容器について，新たに市全域で2週に1回ステーション収集することとした．また，これまで拠点回収のみによっていたペットボトル，紙パックを2週に1回ステーション収集することとした．その他の資源物についても回収頻度を増やした（**表9-1**）．

　その他の減量の受け皿整備策として，生ごみ処理機の購入補助について，予算を大幅に増額して補助件数を5倍に増やしている．

　事業系ごみについては許可業者との処理契約によることが原則であるが，少量排出事業者については多摩の他の有料化都市同様，一定の条件のもとで市が収集する．八王子市の場合，行政収集を希望する事業者は，まず商工会議所に登録する必要がある．その際，ごみ種やごみ排出場所などの情報を記入した書類を提出する．事業者の情報は商工会議所から市に流れ，市から収集委託業者に提供されて，収集業務に活用される．

　登録を完了した少量排出事業者は，商工会議所で容量20Lの事業系専用指定袋（1枚130円）を購入し，これを用いて市に収集してもらえるが，1回の収集について可・不燃ごみとも2袋までとされている．

表9-1　八王子市有料化に伴うごみ・資源物収集方法の変更

収集品目		～2004年9月	2004年10月～	
可燃ごみ		集積所収集（週2回）	戸別収集（週2回） 集合住宅は集積所収集	有料
不燃ごみ		集積所収集（週1回）	戸別収集（週1回） 集合住宅は集積所収集	
有害ごみ		集積所収集（週1回）	戸別収集（不燃ごみと同じ日） 集合住宅は集積所収集	
資源物	新聞	集積所回収（月1回）	集積所回収（2週に1回）	無料
	ダンボール			
	雑誌・雑紙			
	紙パック	拠点回収		
	古着・古布	集積所回収（年6回）	集積所回収（月1回）	
	ペットボトル	拠点回収	集積所回収（2週に1回）	
	プラスチック			
	空きびん	集積所収集（週1回）	変更なし	
	空き缶			

3．異色の手数料設定方法

　手数料水準については，可・不燃ごみ用それぞれの指定袋1枚の価格は，5L袋（可燃のみ）が9円，10L袋が18円，20L袋が37円，40L袋が75円に設定されている．隣接する日野市のそれよりもやや低めの手数料水準となっているが，その設定根拠は異色である．

　八王子市における手数料水準の設定方法は，一種のコストベースといえるが，ヒストリカルなそれではない．フォワードルッキング・コストに基づく価格設定方式がとられている．筆者のアンケート調査には，価格設定について，「資源物回収の拡充，戸別収集など（有料化と）同時に行うごみ減量施策経費に充てる前提で，予想した（指定袋使用）枚数より類推して決定」と記述回答されている．手数料の設定プロセスは，次のとおりである．

① 減量目標値の設定

　2004年3月に策定された八王子市環境基本計画におけるごみ減量目標「可燃・不燃ごみの収集量を1人1日当たり500gに抑える」に基づいて，可・不燃ごみ排出原単位を25％減量することとした．

② 目標達成のための施策に要する経費の1世帯当たり月額算定

　この目標を達成するために，家庭ごみの有料化，資源物収集の拡充，戸別収集などの施策を実施するとし，これらの施策に要する経費を算定する．これを1世帯当たりの月額に割り戻して，各家庭の負担月額500円が得られる．

③ 1世帯1か月の指定袋使用枚数

　指定袋の標準使用サイズを20L袋とする[2]．1か月の収集回数は，1週に可燃2回，不燃1回の計3回であるので12回となるが，そのうち1回は40L袋を使用すると見込む．そこで，標準サイズの指定袋の使用枚数は月13枚となる．

④ 指定袋の価格設定

　1世帯当たりの負担月額500円を13枚で割って，20L袋＝37円と設定，他のサイズの指定袋は容量に比例して決められた．

　このように，有料化とその併用施策の実施コストをベースに手数料水準を決めるのは，全国でも珍しい．有料化にあたって，減量の受け皿として資源物収集の拡充など併用施策が導入されることが多いが，それに伴う経費をどうまかなうかは大きな課題となる．その点，八王子方式では，「手数料」と「有料化とその併用施策の経費」とがあらかじめリンクし，手数料収入で確実に減量化施策の経費をまかなえる．手数料収入の使途が明確であり，透明性が高い制度といえる．新しい設定方式として，これから有料化に取り組む他の自治体にも参考になるのではないか．

　1世帯当たりの負担月額の実績については，指定袋のサイズ別出荷枚数から推計できるが，有料化当初の3か月間はまとめ買いもあって650円程度になったが，その後買い方が安定してきて，当初の狙い通り440円程度で推移しているようである[3]．

4．ごみ減量とリサイクル推進の効果

　比較的高い手数料水準，戸別収集，資源物収集の拡充を3本柱とした有料化の導入により，ごみ量はどのように変化したか．経年変化を示した**表9-2**で確認

---

[2] 20L袋を標準としたのは，有料化前に一般に使用されていた45L袋のごみの組成調査をすると資源化可能物が半分以上入っていたこと，また日野市において有料化実施後20L袋が最も多用されていたことによる．
[3] 八王子市廃棄物減量・再利用推進審議会 (2005年11月28日開催) 会議録より，市担当者の説明．

表9-2 八王子市のごみ量推移

(単位:t)

年　　度	2000	2001	2002	2003	(有料化) 2004	2005
人口(人)	524,415	529,083	532,619	536,095	541,831	545,065
収集量(A)	131,524	130,288	128,290	130,979	114,415	95,317
1人1日当たり収集量(g) (2003年度比:%)	687	675	660	669	579 (−13.5)	479 (−28.4)
持込量(B)	47,653	47,306	43,935	46,287	46,308	49,518
ごみ量(A+B)	179,177	177,594	172,225	177,266	160,723	144,835
資源分別収集量(C)	15,911	16,333	16,039	16,553	23,638	30,249
資源集団回収量(D)	12,253	12,264	12,105	12,810	13,305	13,656
ごみ・資源量(A+B+C+D)	207,341	206,191	200,369	206,629	197,666	188,740

(注)1．(A)は資源を含まない．
　　2．(C)には清掃工場への持込段ボールと粗大再生量を含む．

しておこう．
　有料化初年度の2004年度の減量効果は，前年度比で次のようであった．
・1人1日当たりのごみ収集量(家庭系ごみ量にほぼ相当)は，前年度の669gから579gへと13％減少した．
・収集量と持込量(事業系ごみにほぼ相当)を合わせたごみ量が9.3％減少した．
・資源分別収集と集団回収を合わせた資源量が25.8％増加した．
・ごみ・資源(集団回収を含む)の総量でも4.3％減少した．
　有料化初年度に総排出量の減少をもたらした要因としては，有料化前に不燃・粗大ごみストックを一掃する行動がみられたこと，有料化後に買い物時の過剰包装拒否などリデュース行動がとられたこと，などが考えられる．
　有料化の効果が通年で反映される翌2005年度の減量効果は，有料化前年度比で次のようであった．
・1人1日当たりのごみ収集量は，28.4％減少した．
・収集量と持込量を合わせたごみ量が18.3％減少した．
・資源分別収集と集団回収を合わせた資源量が49.5％も増加した．
・ごみ・資源(集団回収を含む)の総量でも8.7％減少した．
　めざましい減量・リサイクル促進効果が上がっている，といってよい．とりわ

表9-3 八王子市の資源物収集量

(単位：t)

年度		2000	2001	2002	2003	(有料化) 2004	2005
分別収集	新聞	2,897	2,959	2,831	2,631	3,064	3,190
	ダンボール	2,028	2,208	2,099	2,308	2,912	3,651
	雑誌・雑紙	4,631	4,887	4,506	4,783	8,891	12,369
	びん	3,788	3,767	3,809	3,820	4,130	4,405
	スチール缶	954	936	942	915	1,075	1,173
	アルミ缶	307	320	326	343	448	566
	古布	887	735	1,026	1,242	1,688	2,310
	プラスチック	38	82	86	94	433	865
	粗大再生	21	23	20	19	10	16
	小計	15,551	15,916	15,644	16,155	22,651	28,545
拠点回収	ペットボトル	318	364	348	359	847	1,484
	紙パック	15	14	12	12	111	215
	トレイ	—	1	1	1	1	1
	はがき	5	4	2	2	3	4
	小計	338	382	363	374	962	1,704
	計	15,889	16,298	16,007	16,529	23,613	30,249

(注) ペットボトルは，有料化導入時から拠点回収と分別収集を併用．

け，ごみと資源を合わせた総量が減少していることに注目したい．有料化施策は，的確な制度設計のもとで実施すれば，発生抑制効果も期待できることを示している．

表9-3は，行政が収集する資源物量の推移を品目別に示したものである．これを見ると，有料化を実施した2004年度以降，収集態勢が拡充されたプラスチック，ペットボトル，古紙類，紙パック，古布の収集量が顕著に増加したことがわかる．これに対して，収集方法に変更がなかったびんと缶の収集量については，比較的穏やかな増加率にとどまっている．

このことから，有料化と同時に資源物の収集システムを拡充した八王子市の施策は，リサイクル推進の面で大きな成果を上げたといってよい．**図9-1**に示すように，2003年度には八王子市の総資源化率は20.0％と，多摩地域の中で最低のレベルであったが，有料化を実施した2004年度に24.3％，翌2005年度には

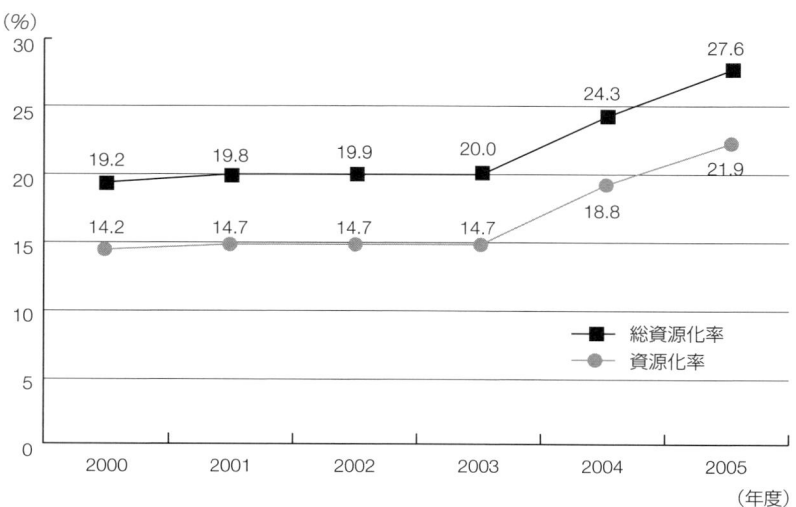

```
(%)
30                                                           27.6
                                                    24.3
25
      19.2    19.8    19.9    20.0
20                                                           21.9
                                                    18.8
      14.2    14.7    14.7    14.7
15

10
                                        ━■━ 総資源化率
 5                                      ━●━ 資源化率

 0
     2000    2001    2002    2003    2004    2005
                                              (年度)
```

(注) 資源化率・総資源化率の算出方法

$$総資源化率（\%）= \frac{資源分別回収等＋中間処理後の資源化＋資源集団回収}{収集ごみ＋持込ごみ＋資源分別回収等＋資源集団回収} \times 100$$

$$資源化率（\%）= \frac{資源分別回収等＋中間処理後の資源化}{収集ごみ＋持込ごみ＋資源分別回収等} \times 100$$

図9-1　八王子市の資源化率・総資源化率の推移

27.6％となって，多摩地域の平均（2005年度29.4％）に近づいた．

　市はごみ減量による環境負荷の低減効果も試算している．それによると，ごみの減量により，有料化後1年間に前1年間と比較して，清掃工場の運転に伴って発生する二酸化炭素の排出量は1万110t減少（減少率12％）し，焼却灰埋立量は2,637tの減量（減量率24％）となった[4]．

　ごみ減量の効果はそれだけにとどまらない．八王子市には現在，多摩（多摩市・町田市との一部事務組合），戸吹，北野，館の4清掃工場があるが，館清掃工場（年間焼却量3万3,000t）については1981年稼働で2006年に，北野清掃工場（同3万t）については1994年稼働で2018年にそれぞれ耐用年数が満了する．

---

4) 八王子市環境推進会議（2005年11月10日開催）配布資料より．

有料化により年間約3万tを上回るごみ減量が見込まれるので，清掃工場を建て替えずに縮減することが可能となる．その場合，将来的に120〜200億円の財政負担が軽減されることになる[5]．

有料化に伴い，ごみ減量化・リサイクル推進の実績が上がり，環境負荷の低減がもたらされた一方で，有料化実施直後，不法投棄収集量が一時的に増大した．不法投棄・不適正排出対策として，市ではパトロール態勢を強化するとともに，排出ルールがきちんと守られていない集合住宅には，説明会の実施や各戸へのチラシ配布を行っている．また，排出場所が清潔に維持管理されている集合住宅に対して認定マークを交付する「集積所適正管理認定制度」が2006年度から導入されている．

5．手数料収入の使途

有料化による手数料収入として，2004年度について9億7,000万円を見込んだが，実績はそれを上回る10億3,830万円となった．初年度における手数料収入の使途内訳は，**図9-2**に示すとおりである．

まず，戸別収集の導入による経費の増分には約6,600万円が充当された．その内訳は，増車による不燃ごみの委託収集費増分約5,300万円，直営の可燃ごみ収集での資機材費増分約1,300万円である．

次に，資源物回収の拡充費は約3億円と，最大の費目となっている．新たに開始したプラスチックの分別収集，ペットボトルの拠点回収からステーション回収への変更，その他資源物の収集頻度向上に伴う経費増をまかなうものである．

それに次ぐ費目が指定袋関係費で，約2億5,900万円である．その内訳は，指定袋作製費約1億8,000万円をはじめ，指定袋取扱店への配送委託費，指定袋取扱店に対する販売手数料などからなる．

さらに，啓発・その他経費として，市民説明会の設営，ごみカレンダーをはじめ各種印刷物の作成，生ごみ処理機補助，集団資源回収助成，不法投棄防止パトロールなどに約1億1,000万円が充当された．

そのほかに，「みどりの保全基金」に1億5,500万円が繰り入れられている．こ

---

5) 八王子市議会2005年第1回定例会（2005年3月）会議録より，伊藤議員と黒須市長，石垣清掃事業担当部長の質疑応答から．

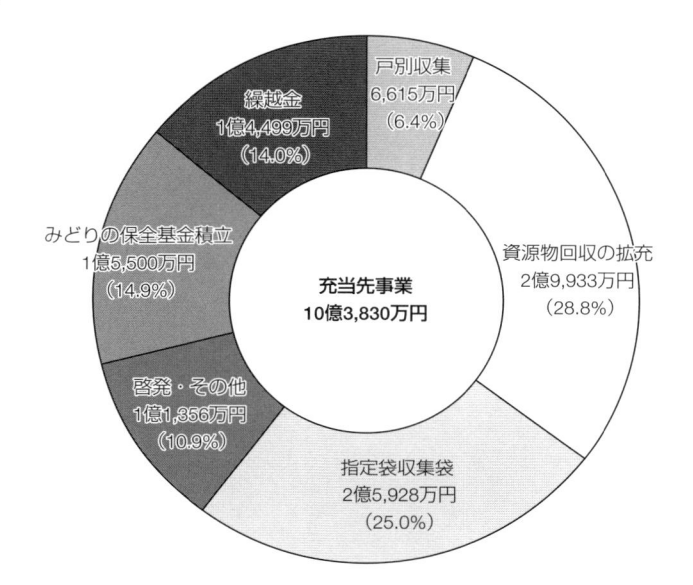

図9-2 八王子市手数料収入の使途（2004年度）

充当先事業 10億3,830万円

- 戸別収集 6,615万円（6.4%）
- 資源物回収の拡充 2億9,933万円（28.8%）
- 指定袋収集袋 2億5,928万円（25.0%）
- 啓発・その他 1億1,356万円（10.9%）
- みどりの保全基金積立 1億5,500万円（14.9%）
- 繰越金 1億4,499万円（14.0%）

の繰入金額は，あらかじめ当初予算で組まれたものである．この基金は市に残された貴重なみどりを市民共有の財産として保全し，緑化の推進を図るために設けられている．

手数料収入から4つの費目への充当金額と基金積立額を差し引いた残額約1億4,500万円は繰越金とされたが，翌年度に全額みどりの保全基金に繰り入れられている．

多額の手数料収入をみどりの保全基金に繰り入れることについては，審議会委員から疑問視する意見が表明されている[6]．前述のように，手数料の設定根拠を，新たなごみ減量施策の経費見合いとしている以上，有料化による手数料収入はあくまでも，ごみ減量・リサイクル推進のために用いるべきではないか，との指摘は当然予想されるところである．家庭ごみの有料化は市民に新たな負担を求めるものだけに，「ごみの手数料収入も市の環境政策全体の中に位置づけて…」という行政サイドの言い分が市民の理解を得にくいことに留意する必要がある．

翌2005年度には，約12億6,700万円の手数料収入があった．当年度における

---

6) 八王子市廃棄物減量・再利用推進審議会（2005年11月28日開催）会議録より，委員発言．

手数料収入の使途については，収入総額の43％にあたる約5億4,500万円が「資源物回収の拡充」に充当された．資源物回収の受け皿整備策が功を奏して，資源物回収量が有料化前年度比で5割増となったことは，既述の通りである．資源物の回収量が増えて，収集業者への委託料や集団回収登録団体への補助金が増加したことが，この使途比率の拡大につながった．そのぶん，「みどりの保全基金積立」（使途比率が前年度15％から9％に縮小），「啓発・その他」（同じく11％から4％に縮小）が大幅に減額されている．

6．今後の取り組み課題

有料化導入後，かなり大きなごみ減量効果が出たが，月次ベースでみると次第に家庭系ごみの減量率が縮減する傾向がみられる．導入を開始した月の40％減は別として，その後1年間は低下傾向を示しつつも月次で30％台の減量率を維持したが，直近では20％台まで落ちている．リバウンドを防ぎ，有料化による減量効果の定着を図ることが，今後の重要な取り組み課題となる．

そこで，市は新たなごみ処理基本計画を策定し，減量効果の持続を狙いとした各種施策を盛り込んだ．そこでの重点施策として，プラスチック容器の収集品目を現在の発泡スチロール・ボトル容器以外にも拡充することが計画されている．そのために必要な施設の整備も行う．汚れたものや製品プラスチックについては，不燃ごみの扱いから可燃ごみの扱いに切り替えてサーマルリサイクルする方針である．

家庭ごみを有料化してから漸増傾向をたどっている事業系ごみ対策も重要である．新たな取り組みとして，市は2006年度から，商店街の事業者が古紙・ダンボールを集積場所に集めて資源化業者に引き渡すシステムの構築に着手した．

意識の向上を通じた発生抑制への取り組みも強化する．市民の減量行動をサポートするために，市は最近，オリジナルエコバッグを3種類，合わせて1万枚作製した．環境イベントで配布したり，転入者の啓発に活用することを予定している．市内の小売店に対して，レジ袋削減，簡易包装，バラ売り，量り売り，環境配慮製品の品揃え強化などに取り組むための制度的枠組みを提供する「エコショップ認定制度」も，2006年度から開始された．

矢継ぎ早に市が打ち出した施策やプログラムにより，有料化1年目，2年目に見られたかなり大きな減量効果が今後も持続していくことが期待されている．

第10章

有料化の制度設計に取り組んだ町田市審議会

　多摩地域で八王子に次ぐ人口規模約41万人の大都市・町田市は，東京の西南端に位置し，半島状に神奈川県と境を接している．新宿や横浜まで小田急線，JR横浜線を利用して30分程度と交通の便が良いこともあって，首都圏のベッドタウンとして年々人口が増加している．人口増に伴って，ごみ量もほぼ一貫して増加傾向にあった．そこで，ごみ減量の有力な手法として，家庭ごみ有料化の是非とそのあり方について廃棄物減量等推進審議会で検討することになった．本章では，筆者が会長を務めた町田市審議会における家庭ごみ有料化の合意形成と制度設計の取り組みを取り上げる．

1．有料化審議以前の経緯

　有料化を検討した審議会を取り上げる前に，これまでの町田市におけるごみ減量・リサイクルをめぐる問題状況を簡単に振り返っておこう．

　1970年代，公団や民間による住宅開発が進展したことに伴い町田市の人口は急増し，ごみ量の増加に焼却能力が追いつかず，市が所有する最終処分場の逼迫にも直面した．こうした危機的状況への対応策として，1982年には，従来からの可燃，不燃，粗大に，びん・缶，有害ごみを加えた5分別収集を先駆的に導入し，また現在のリサイクル文化センターを開設して発電や温水供給など余熱利用を行う焼却施設を設置した．

　その後も，市はペットボトルやトレイなどの店頭回収，古紙類の分別収集，剪定枝の資源化などに取り組んだ．しかし，ごみ量の増大を抑え込むことはできなかった．また，焼却炉からのダイオキシン類濃度を国が初めて公表し，市の焼却施設からの排出濃度が都内ワースト2であることが判明した．

　こうした状況のもとで，1998年1月，市長は廃棄物減量等推進審議（寄本勝美会長）を立ち上げ，「町田市の今後の廃棄物対策のあり方」について諮問し

た．諮問事項は，①廃棄物の減量・リサイクルの今後の施策について，②廃棄物の分別・リサイクルによる収集システムの見直しについて，の2つであったが，諮問の際，市長から口頭で「緊急の検討課題」として，可燃ごみとして処理してきたプラスチックごみの分別収集と資源化の方法についての検討依頼が行われた．

審議会は1年間の検討を経て，1999年2月，「今後のプラスチックごみ対策について」を中間答申した．そこでは，容器包装プラスチックと商品等プラスチックを分別収集し，前者について容リ法に基づく指定法人への引き渡し，後者についても資源化することとされた．これを受けて，市は一部地域でプラスチック分別収集のモデル実験を開始した．

市は容器包装プラスチックを指定法人に引き渡すための要件とされている圧縮・結束などの中間処理を行う施設を市のごみ処理施設が立地するリサイクル文化センター内に設置しようとしたが，周辺住民の反対で円滑に進まない事態に直面した．

一部の周辺住民で組織した団体は，審議会に対して，①ごみ焼却施設，最終処分場の安全性が確保されていない，②プラスチック施設の建設は容認できない，③施設の稼働に伴う周辺環境への負荷がきわめて大きくなることが懸念される，④施設は市内に分散すべきである，などとした意見書を提出した．審議会がこの意見書を議題に取り上げたことから，反対運動は勢いを増した．

中間答申から1年後の2000年1月，審議会から諮問事項全体についての答申が市長に提出された．そこには，「ごみを焼却しない，埋め立てない」ことの重要性を認識した上で，プラスチックの分別収集・資源化の全市での実施の他に，生ごみの分別収集・資源化も盛り込まれていた．「個人や地域での取り組みでカバーできない生ごみの資源化を進めるために，市による分別収集，資源化を行うことが必要である」としている．

市民が中心となって，プラスチックや生ごみなどの部会を設けて時間をかけて審議した成果としてまとめられた答申であり，審議に参加した市民のごみ減量とリサイクル推進への情熱が伝わってくるが，やや理想論が先行した感も否めないところがあった[1]．

---

1) リサイクル文化センター内にプラスチック中間処理施設を建設することに反対する団体のメンバーも部会に加わったり，審議会を傍聴したりするなど積極的に参加した．

審議会答申を受けて，市はプラスチックの分別収集・資源化に必要とされる中間処理施設の建設について，リサイクル文化センター周辺地域の住民に対して町内会単位で説明会を開催したが，反対意見が多く，説得は難航した．市では事態を打開するため，センター周辺住民から求められていた施設の分散化に取り組むこととし，モデル実験地区で民間施設を活用する方法でプラスチックの分別収集・資源化を先行実施することを計画したが，これも候補地周辺住民の反対で白紙撤回を余儀なくされた．モデル実験も中止に追い込まれている．
　市は，審議会に参加した環境グループから早期のプラスチックリサイクルの実現を迫られ，施設の一極集中に反対するセンター周辺住民からはリサイクルに必要な施設の建設を拒否されて，板挟み状態にあった．こうした状況のもとで，ごみ減量方策としての家庭ごみ有料化を検討する審議会が立ち上げられたのであった．

2．有料化を検討する審議会の始動

　町田市において家庭ごみ有料化を検討するために廃棄物減量等推進審議会を立ち上げたのは，2003年5月のことであった．答申をとりまとめるまでに13回の会議開催と先行都市視察調査，市民との意見交換会を実施している（**表10-1**）．
　第1回会議では，委員委嘱，会長・副会長の選出が行われた．委員の構成は，学識経験者3名，公募市民3名，廃棄物減量等推進員2名，自治会関係2名，環境・消費者団体3名，各種小売事業者4名，リサイクル事業者1名，青年会議所1名，職員労組1名の計20名であった．委員による自己紹介の後，会長，副会長の選出に移った．会長には筆者，副会長には江尻京子氏（NPO法人東京・多摩リサイクル市民連邦事務局長）が選出された．
　6月の第2回会議で，市長から「家庭ごみ等の費用負担のあり方（ごみの有料化）について」諮問を受けた．諮問書には，諮問理由として，焼却灰について自区内処理できず全量を日の出町の二ツ塚処分場に依存せざるを得ない中で，1人1日当たりでみたごみ量の増加と資源の減少，総ごみ量の増加に直面し，一層の減量・リサイクルを進めることが急務となっているが，この状況に対応するための一手法として「ごみの有料化」制度のあり方について審議いただきたい，という旨の文書が添えられていた．
　これを受けて，早速審議に入り，今後の審議日程と進め方，町田市のごみ処理

表10-1 審議会の開催経過更

	開催日	審議の概要
第1回	2003年 5月30日	・委嘱 ・会長，副会長の選出
第2回	2003年 6月24日	・諮問 ・町田市のごみ処理の現状と課題について ・三多摩地域におけるごみ有料化の事例紹介
第3回	2003年 7月17日	・ごみ有料化の全国動向，有料化の効果と課題
第4回	2003年 8月 7日	・市民アンケート調査について ・視察市と視察内容について
先進都市視察	2003年 8月29日	・日野市環境共生部リサイクル課へのヒアリング ・昭島市環境部ごみ減量課へのヒアリング
第5回	2003年 9月29日	・調布市・八王子市の有料化実施の概要 ・市民アンケート結果について ・今後の審議の方向について ・有料化の制度内容についての討議
第6回	2003年10月20日	・有料化の制度内容についての討議
第7回	2003年11月 7日	・有料化の制度内容についての討議
第8回	2003年11月28日	・これまでの討議結果の整理
第9回	2003年12月19日	・審議会答申（案）についての討議
第10回	2004年 1月13日	・審議会答申（案）についての討議
市民フォーラム	2004年 1月25日	・基調講演，体験談発表，答申（案）の説明 ・答申（案）についての質疑応答および意見聴取
第11回	2004年 2月17日	・審議会答申（案）についての討議 　（パブリックコメントをふまえて）
第12回	2004年 3月 1日	・審議会答申（案）についての討議 　（パブリックコメントをふまえて）
第13回	2004年 3月 9日	・審議会答申（案）についての討議，答申の了承

の現状と課題，多摩地域の有料化先行都市の事例などについて，事務局から説明があり，討議を行った．7月の第3回会議では，有料化の全国動向，有料化による減量効果と課題などについて討議し，有料化について共通認識を深めた．また，「ごみ有料化に関する市民アンケート調査」の調査票原案を提示して，委員の意見を求めた．

 8月に開催した第4回の会議では，委員意見を反映して修正を加えた「ごみ有料化に関する市民アンケート調査」の調査票，8月下旬に実施する視察調査の視

察内容，有料化の現状や課題について検討した．会議が終わりに近づいた頃合いを見計らって，筆者は，「有料化の細かい制度設計や課題についての議論に入っていくためには，まず有料化の方向で今後の議論を進めていくのかを決定することが望ましい．現地視察をふまえた上で，次回の審議会で委員の意見を表明してもらい，審議会としての合意を形成してはどうか」（第4回会議録）と提案した．

これに対して，一部の委員から「有料化の賛否を表明するには時期が早いのではないか．もっと議論が必要ではないか」（同）といった意見が出たが，筆者は「今回話題にのぼった有料化の対象範囲，社会的弱者等への減免措置などの詳細な制度設計について議論するためには，一定の方向付けを行うことが必要」（同）と説明して，了承してもらった．

3．第一関門となった委員アンケートのとりまとめ

有料化で先行する日野市，昭島市への視察調査を挟んで，9月に第5回の会議が開かれた．この席上，委員意見の集計結果が配布された．前回会議での会長提案を受けて，事務局から各委員に対して，有料化導入についての「現時点での」考えを聞くアンケート票が発送され，無記名で全委員から回収されたものである．

集計結果は次のようであった．まず，「有料化の導入についてどのように考えるか」との質問に対して，「積極的に導入すべき」が6名，「克服すべき課題や，導入にあたって必要な条件はあるが，どちらかといえば賛成」が11名，「どちらとも言えない」が3名であった．「課題が大きいと考えられるため，どちらかといえば反対」または「導入すべきではない」と回答した委員はいなかった．

第2問として，「上記の回答の理由として考えられる，有料化の効果や課題，導入に当たって必要な条件などについて」自由記述で聞いた．建設的な意見が多数寄せられたが，1件だけ紹介するにとどめる．

「アンケートでもわかるように，自らごみ減量に取り組んでいる人たちが，まだまだ少ない．行政のルールを守るという消極的なかかわりではなく，リデュース・リユース行動に踏み出せるようなきっかけ作りが必要．有料化はその一つとなると考えられるが，市民の出すごみに対する有料化を導入するだけでなく，商品の販売方法，事業者の責任についてもあわせて議論していくことが大切だと考える．最も弱い立場にある市民にだけ負担を負わせるのでなく，すべての主体が少しずつ力を出し合いながら，負担を分かち合うことができるような方法を『見

えるシステム』にしていくことが重要なのではないか.」

　第3問として,「今後の審議会では,どのような方法で議論を進めていくことが望ましいと思うか」聞いた.回答数は,「有料化の導入を前提として,有料化の制度内容等について議論を行う」が9名,「有料化の制度内容等について議論を行うが,有料化の適否については最後に判断する」が4名,「有料化の必要性や適否について,もう少し時間をかけて議論を行う」が5名,「その他」が2名であった.「その他」のうち1件の具体的内容は「有料化の導入を前提として,克服すべき課題の解決策を議論する」であったから,半数の委員が有料化の導入を前提として,制度設計作業に入ることが望ましいとの意見であった.

　第4問として,「今後の審議会において,特にどのような点について議論が必要と考えるか」尋ねたが,これについては紙幅の都合上省略する.

　会議では,事務局による委員アンケート集計結果の説明のあと,審議会としてこれをどのように取り扱うかを議論した.筆者は,この審議が有料化への第一関門になるとみていた.

　席上,公募市民委員から,アンケート票の回答の選択肢に「有料化を前提にして議論を行う」とあることに抗議する意見が出された.「何かを前提として議論を行うことにどのようなメリットがあるのか.議論の中で意見が変わる場合もあると考えられるため,たんに『有料化について議論を行う』ことでよいのではないか」(第5回会議録).

　別の委員からは,「仕組みなどが見えてこなければ意見がまとまらない.最終的に全体の制度設計ができた後でなければコンセンサスを得ることは難しい」(同)といった意見も表明された.

　筆者は,ここでの議論を次のようにとりまとめた.「委員意見の集計結果によると,大方の委員が有料化の導入に対して肯定的な意見を持っている.また,今後の進め方についても,有料化の制度内容について議論を進めるということで半数以上の委員の了承をいただいている.一方で,有料化の適否については最後に判断した方がよいと考えている委員や,もう少し時間をかけて有料化の適否について議論すべきだと考えている委員もいることをふまえ,無理にこの場で有料化の方向で行くことを決める必要はないものの,今後は有料化の具体的な制度内容についての議論に入ることが適切と考えられる.」(同)

　以上の集約で,委員全員の了承を得た上で,早速,有料化の制度内容の検討に入り,有料化の対象範囲,料金体系,手数料収入の運用方法について議論した.

会議の終了に当たって，筆者は，「有料化ありき」の審議手順を踏むものでないことを再度確認する意味で，次のように締めくくった．

「有料化に対する結論を先に出す必要はない．議論を重ねた末に方向性を出せばよい．有料化を導入すると仮定した場合に，どのような課題があり，それにどのように対応していくかという点について，議論を進めていきたいと考えている．本日の議論は，有料化に踏み切るということを決めたわけではなく，委員の皆さんが有料化に対して概ね肯定的な意見を持っているということで，町田で有料化を行うとすればどのような方法が望ましいかという具体的な制度内容の議論に入ったということである．具体的な制度のあり方を議論した上で，有料化に踏み切るべきかどうかを議論する．」（同）

4．制度検討のための情報収集

有料化制度の検討にあたっては，アンケート調査による住民意向の把握と，ごみ組成分析による資源化可能性の見極め作業が欠かせない．そこでまず，有料化に関する市民の意見を審議の参考資料とする目的で，8月に2000人を対象に郵送によるアンケート調査を実施した．回収数は853件（回収率42.7％）であった．

この調査において，市民が効果的と評価する施策を把握するために，有料化を含め10の取り組み項目を示した上で，「今後ごみの減量を進めていくためには，市としてどのような取り組みを行うことが効果的だと思いますか」と質問した．「効果あり」の回答が高かった取り組み項目は，「販売者に簡易包装を要求」，「製造者にリサイクル容易な製品製造を要求」，「ごみ問題に関する学校教育の充実」，「プラスチックの分別収集・資源化」などで，「家庭一般ごみの有料化」は最下位であった．

有料化に対する賛否を把握するために，「家庭一般ごみ有料化の導入についてどう思いますか」と聞いたところ，回答の比率は「積極的に導入すべき」が8％，「どちらかといえば賛成」が23％で，有料化に肯定的な意見は31％にとどまった．これに対して，有料化に否定的な意見は，「導入すべきでない」の15％，「どちらかといえば反対」の27％を合わせると，42％にのぼった（**図10-1**）．これを市内居住年数別にみると，30年未満では否定的な意見が肯定的意見を上回っているが，30年以上では逆に肯定的意見が否定的意見を上回っていた．

支払意志額を把握する狙いで，「有料化を実施する場合，世帯当たり月間でど

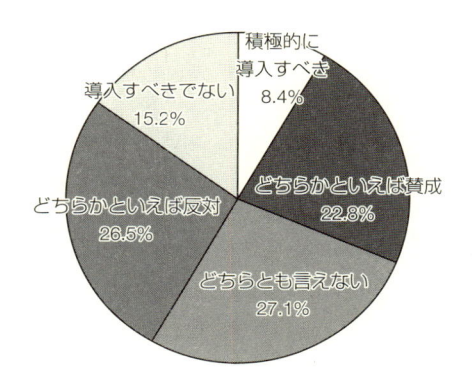

第10章　有料化の制度設計に取り組んだ町田市審議会　171

図10-1　家庭ごみ有料化についての賛否
（町田市民アンケート調査）

積極的に導入すべき　8.4%
どちらかといえば賛成　22.8%
どちらとも言えない　27.1%
どちらかといえば反対　26.5%
導入すべきでない　15.2%

の程度の負担額なら受け入れることができますか」と尋ねた．回答は，「250〜500円」が最も多く，以下「250円以下」，「750〜1000円」，「500〜750円」の順であった（**図10-2**）．500円以下が65％を占めていた．

　また，手数料体系についての選好を把握する目的で，「有料化を実施する場合，どのような方式が望ましいと思いますか」と尋ねた．その際，各手数料体系のメリット，デメリットについての説明を付けた．回答の比率は，市民の負担が軽減されやすい「超過量方式」が53％を占め，一般に採用されることが多い「単純従量制」は34％にとどまった（**図10-3**）．

　また，審議会の進行中，分別状況と資源化可能性を把握するために，市は収集ごみ組成調査を2度実施し，その結果を参考資料として審議会に報告した．それによると，可・不燃ごみに含まれていた資源（古紙，古着，びん，缶，ペットボトル，白色発泡トレイ）の総量は，推定で約1万5000tにものぼり，ごみ量全体の10％を占めることが判明した．

　可燃ごみについてみると，「再利用可能な紙類」が16％も含まれていた（**図10-4**）．このことから推計される量は，市が「古紙」の区分で資源として週1回分別回収している量を上回る年間約1万2000tで，そのすべてが可燃ごみとして焼却され，灰として二ツ塚処分場に搬入されていた．

　混入していた紙類は，そのほとんどが食品の箱やチラシ，ダイレクトメールなど「雑紙」であった．これらは市が「雑誌・雑紙」の区分で回収しており，集団

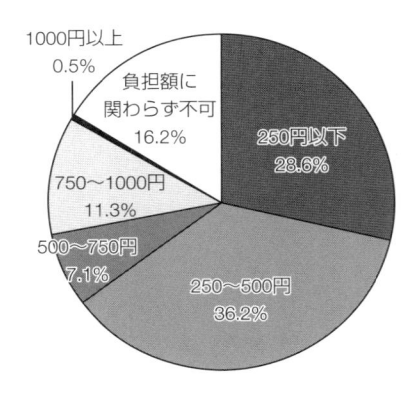

図10-2　世帯当たり月間の負担意志額
（町田市民アンケート調査）

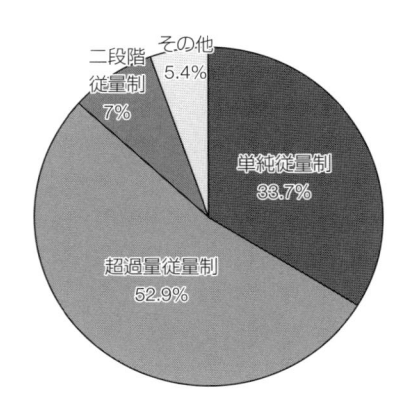

図10-3　望ましいと思う手数料体系
（町田市民アンケート調査）

資源回収に出すこともできるものであった．有料化を実施することにより，再利用可能な紙類を分別する誘因を強化できると考えられた．

　可燃ごみの中で最も大きな比率を占める「生ごみ」については，有料化の実施に併せて，生ごみ処理機購入補助予算を大幅に増額することにより家庭における堆肥化の取り組みを促進することや，戸別収集の併用により水切りなど排出マナーの改善が見込めることなどが議論された．

　不燃ごみについては，びん，缶，古着など資源にできるごみが8.4％含まれていた．また，生ごみや事業系ごみなどルール違反のごみが20.7％入っていた（**図10-5**）．有料化を実施することにより，資源にできるものの分別を強化するとともに，戸別収集を併用することにより，事業系の切り離しが可能となると考えられた．

　可燃ごみの15.2％，不燃ごみの23.1％を占めるプラスチック（資源化の対象としているペットボトル，白色発泡トレイを除く）については，有料化実施と同時に分別収集・資源化すれば，可・不燃ごみを大幅に減らすことができると見込まれた．

第10章　有料化の制度設計に取り組んだ町田市審議会　173

（注）2003年度調査の分析結果．　　　　　　　（注）2003年度調査の分析結果．

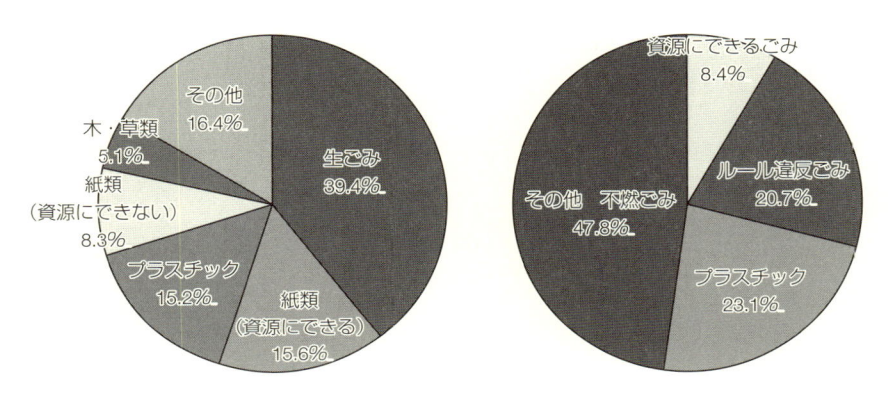

図10-4　可燃ごみの組成調査結果（町田市）　　図10-5　不燃ごみの組成調査結果（町田市）

5．有料化の是非に関する委員意見の集約

　第5回から第7回の会議では，家庭ごみ有料化の具体的な制度のあり方について討議した．検討した内容は，有料化の対象範囲，資源物有料化の是非，手数料の体系と水準，料金徴収方式，減免措置，手数料収入の運用方法，有料化に伴う収集方法の変更，有料化と併せて取り組むべき減量化施策，小規模事業系ごみの扱いなど，有料化実施にあたって検討を要するほぼすべての事項を網羅していた．
　あり得べき有料化の制度内容について検討・整理した上で，11月に開催した第8回会議において，「有料化導入の是非」について討議した．
　一部の公募市民などからは，「もう1年かけてじっくりと審議を行ってはどうか」とか「プラスチックの分別・資源化と併せて有料化を実施することが望ましい．その場合は，中間処理施設の問題があるため，3年くらいかかるのではないか」（第8回会議録）といった慎重な意見が表明された．
　これに対して，自治会代表からは「自治会ではごみ問題に関心を持っている人が多く，有料化が必要という意見も多い．効果があるのなら早く実施すべき」（同）との意見が出され，環境団体代表からも「適切な方法で実施することによりごみが減量化するということであれば，有料化を実施すべきである．現状の危機的なごみ処理情勢をふまえると，プラスチックの分別・資源化と併せた実施にこだわらず，できることから取り組むことが重要」（同）との発言があった．

委員全員に対して，有料化導入の是非について1人ずつ発言を求めたところ，賛成意見が多数を占めた．そこで，筆者は会長として，討議結果を次のように集約した．

「各委員のご意見を聞くと，慎重な意見もあるが，全体として有料化の実施が必要であると感じているようである．答申では，『町田市においてはごみ有料化が必要である』と述べた上で，望ましい有料化の制度内容を提示することが適当と考えられる．」（同）

これについて，一部の公募委員は，「今回の答申は中間答申ということでよいのではないか」（同）と食い下がったが，「全体の意見をふまえると，最終答申とすることが適切と考えられる」（同）と突っぱねた．

6．市民意見の反映

制度内容の検討後も，答申書の作成に至るまでに，第9回から第13回まで5回の会議と，説明・意見交換会「市民フォーラム」の開催，パブリックコメントの募集が行われた．

市民フォーラムは2004年1月，中央公民館のホールで開催され，審議会委員全員と市民約100人が参加した．会長による基調講演，日野市民の体験談発表，副会長による答申案の説明があったあと，答申案についての質疑応答・意見聴取が行われた．市のごみ政策に日頃不満を募らせていた市民グループのメンバーが多数参加し，有料化に対する反対意見や疑問が投げかけられた[2]．有料化に関する質問には会長・副会長が回答し，行政への質問には市の担当者が対応した．

審議会答申案に対するパブリックコメントの募集は，1月下旬から2月上旬にかけて広報やホームページなどを通じて行われた．フォーラムでの会場発言や意見カードと合わせ，59人から意見が提出されたが，これを意見要旨202件に区分してとりまとめた．その上で，第11回と第12回の会議において，パブリックコメントをふまえた答申案の修正について討議し，主なものだけでも11箇所の

---

[2] 事後に，いつも審議会を傍聴していた市民活動家から会長・副会長宛に届いたメールでの解説によると，前審議会の答申書の内容（プラスチックや生ごみの分別収集・資源化）の大半が生かされないまま，4年の歳月がいたずらに経過したことに対する不満がほとばしり出たもの，という．確かに，「やるべきことをやらないでいて，なぜ唐突に有料化なのか」といった指摘が多かった．先鋭的な一部市民からの罵声を浴びながら，市民と行政の合意形成の難しさを痛感させられた．

修正を施した[3]．これにより，有料化の方法については，市民意見をかなり反映できたと思われる．

3月に開催された最後の会議では，事務局による答申（案）についての説明のあと，会長から「審議会答申」としての承認を求め，全会一致で了承された．会議を取り仕切る会長としては，有料化に慎重な公募委員から，時期尚早とする少数意見の尚書きを付けるよう要望が出ることも想定して臨んだ．しかし実際には，ここに至るまでに十分な意見交換をしてきたことや，先進事例の視察なども経験して有料化に対する理解が深まったことで，当初有料化に懐疑的だった公募委員の考え方が，次第に受け入れる方向へ変化していたようである．

答申案が承認されたことを受けて，筆者は，各委員から市民に向けたメッセージを作成してもらって，「答申に寄せて」と題する冊子とし，「ごみ元年キャンペーン」（後述）で発信することを提案した．各委員の熱い思いの込められた冊子は，3月末日，答申式の席上，答申書とともに市長に手渡された．

7. 審議会で設計された町田市の有料化制度

町田市審議会答申は，有料化の基本的な制度設計に踏み込んだところに特色がある．現在の市の有料化制度は，この答申にそって構築されている．答申に盛り込まれた制度内容について，討議の様子も交えながら，紹介する．

まず，「有料化の対象範囲」については，家庭ごみのうち，可燃ごみ，不燃ごみを有料化の対象とすることとした．びん・缶・古紙・古着などの資源については，委員の意見が分かれた．資源も有料化すべきとする委員からは，分別収集・資源化に大きな経費を要するとの指摘に加え，「有料化の目的がごみの減量化であることをふまえると，資源とごみを分けて考えるのではなく，全体の減量化を図るために，資源も有料化の対象に含めることが必要ではないか」（第7回会議録）との発言があった．

これに対して，資源を有料化の対象から外すべきとする委員からは，「市民の

---

[3] パブリックコメントをふまえて修正した事項の代表例は，「剪定枝の資源化」である．当初，答申案では，美化活動による剪定枝や落ち葉の収集について「ボランティア袋」を用いた減免措置の対象とするものの，個人が排出する剪定枝については有料としていた．「剪定枝は資源として無料で回収すべき」とする市民意見に応えて，「有料化と併せて取り組むべき施策」の一つとして「剪定枝の資源化」，一定量の無料収集を加えることとした．

受容度を考慮するとリサイクルできる資源を有料とすることは困難である．現状では市民の意識が十分に高まっていないため，資源の有料化は必ずしも発生抑制の動機付けにはならない」（同）との意見が出された．審議会のとりまとめとして，資源については従来通り無料とすることとした．

事業系ごみは，基本的には事業者の自主的な回収ルートの設定により，収集運搬・処理費を負担すべきであるが，少量排出事業者については処理事業者との収集契約が困難な場合もあり，一般事業所と不公平が生じない料金で可・不燃ごみを収集することとした．

また，有料化の実施が，生活保護受給世帯等にとって過度な負担増にならないよう，手数料の減免措置を講じることとした．環境美化のボランティア活動に伴うごみ排出については申請によりボランティア袋を無償で提供する．

「収集方法等」については次の通りとした．可・不燃ごみの収集について，現行のステーション方式を「戸別収集」に切り替えることで排出者責任を明確化し，有料化によるごみ減量効果を一層高めることとした．また，手数料徴収のための媒体としては，美観，衛生，徴収容易性の観点から「指定袋」を用いる．指定袋には，排出者責任を明確化する観点から，排出者の自由意志により氏名の記入ができる欄を設けることとした．

次に，「手数料の設定」である．手数料体系については，市民アンケート調査で支持率の高かった超過量方式を，事務コストと減量効果面での難点から斥け，大都市でも実施容易で，減量化への動機付けが働く方式として「単純従量制」を採用することとした．

手数料水準については，減量効果が発揮できるように，排出者がある程度負担感を感じる価格を設定する必要がある．そこで，日野市をはじめとする他市の事例を参考としつつ，「ある程度負担感を感じる価格水準」でかつ，「市民にとって過大な負担とならない範囲」で手数料の価格水準を設定することとした．

「手数料収入の運用方法」については，収支の状況や使途が市民にとって理解しやすく，手数料収入が有料化の目的である「ごみの減量とリサイクルの推進」のための施策の経費に充当される方法として，「基金制度」を設けることとした．この制度のもとで，手数料収入のうち有料化に伴う経費を除いた分は，基金として積み立てられ，ごみ減量・リサイクルのためのソフト施策や，リサイクル施設整備の経費として用いられる．

「市民への普及啓発」に関しては，有料化の実施にあたって，その背景・必要

性・効果等について十分な啓発を行うことにより，ごみ処理費用負担に対する理解を形成することが必要であるとした．また，指定ごみ袋への変更，戸別収集への移行など大きなシステム変更を伴うため，事前周知を十分に行うことが重要であると指摘した．

8．リバウンド防止策の提言と取り組み状況

　審議会答申は最後に，リバウンドを防止し，減量効果を持続的に維持していくために必要とされる「有料化と併せて取り組むべき施策」として，次の7項目を挙げた．
　①「ごみ元年キャンペーン」の実施
　②分別の徹底
　③プラスチックの分別収集・資源化
　④生ごみの資源化
　⑤剪定枝の資源化
　⑥事業者による取り組みの促進
　⑦国等への働きかけ
　これらの取り組みのうち，「ごみ元年キャンペーン」は，有料化実施に向けて，2004年度を「ごみ元年」として定め，市民・事業者・市民団体・学校等の自主的な活動を活発化させることにより，市民がごみ減量化やリサイクルの活動に実際にふれる機会を多く設け，有料化やごみ問題全般に対する関心・理解を全市的に盛り上げていくために実施することとされた．

　筆者は，ごみ減量に対する市民の関心を高め，ごみ減量化の手法としての有料化について理解を深める上で，「ごみ元年キャンペーン」は重要な位置を占めると考えた．そこで，2月の第11回会議で，キャンペーンでの取り組みの具体的なイメージについて，各委員に検討するよう依頼した．3月の第12回会議には全委員から文書で提出された意見集が資料として配布された．

　寄せられた意見はいずれも，町田のごみ減量への熱い思いに裏打ちされた建設的な提言を内容とするものであった．その中で，日頃からアイデア豊富な江尻副会長の提案の一部を紹介しておこう．
　①行政の「やる気」を市民や事業者に示すことが大事．全職員が取り組めることを考え，実施する．

②全職員は広報媒体になるつもりで，共通のバッジやワッペンなどを付けて，ごみ元年をアピールする．
③ごみ収集車両だけではなく，庁用車でも「ごみ元年」をアピールできるように車体を利用したPR方法を考える．
④ごみ問題や環境問題をテーマに活動している団体以外の団体にも積極的にかかわってもらえるように誘う．
⑤同時多発的な活動をタイムリーに知らせるために，ごみ元年用のホームページをつくる．
⑥ケーブルテレビも利用する．
⑦団体だけではなく，個人の活動についても情報を寄せてもらい，どんどん発表していけるような体制を組む．

大手スーパーから出ている委員からは，次のような運動を全社挙げて展開し，キャンペーン盛り上げに協力したいとの意見が表明された．
①「ごみ元年キャンペーン」にあわせて，当社の市内全11店舗で「マイバッグキャンペーン」を展開し，レジ袋の削減を図る．
②マイバッグ持参者には当社ポイントカードにポイントを加算するサービスもあわせて実施する．
③社内運動としては，パック，トレー，包装等の容器・包装の削減運動を全社挙げて展開する．

また，商店会連合会の代表委員からは，加盟店の約半数にあたる250店でICカードを用いたマイバッグキャンペーンを実施するべく推進中との報告があった．「ごみ元年キャンペーン」の実施に向けて，審議会の議論は大いに盛り上がった．

筆者は，キャンペーンなどの意識啓発活動の実践組織として，市民と事業者を中心とした「ごみ減量連絡協議会」を設立し，その事務業務を市が担うことを提案した．アンケート調査での有料化支持率の低さからみて市民の有料化に対する理解を深める必要があり，また有料化による減量効果の持続に市民の意識改革が欠かせないと考えたからである．全委員と事務局の賛同を得た上で，協議会の立ち上げには設立準備委員の選出まで審議会が関与した．

ごみ減量連絡協議会は，市内36団体が参加して2004年6月に発足し，「ごみ減量1人1日100g」をスローガンに掲げて活動を続けている．2004年12月には，市長や市議会議長出席のもと，約150名が参加して，のぼり旗を持って市の中心

写真 10-1　連絡協議会出動式での市長のあいさつ　　写真 10-2　連絡協議会のキャンペーン出動式

部を練り歩き，啓発チラシを配布するなどしてごみ減量化をPRした（**写真10-1，10-2**）．その後も，月例の会合を持って，効果的なキャンペーンの実施について検討を重ねている．

　一方，有料化に伴う減量の受け皿整備策としての「プラスチックの分別収集・資源化」については，答申では，前審議会の答申をふまえ，「資源」として分別収集することが望ましいが，中間処理施設の設置に関する市民の合意が得られないことから，市により一層の市民理解を得るための努力を求め，その上で「容器包装プラスチック」については早急に，「その他のプラスチック」については低コストの資源化技術が確立した後に，分別収集・資源化を行うことが望ましいとした．

　プラスチックの分別収集・資源化を実施する場合の手数料については，家庭ごみ全体の減量化の観点から，無料とするか，指定袋の原価程度の安い有料とすることが望ましいとした．

　なお，これまで拠点回収してきたペットボトルについては，回収率を高めるため，早急に分別収集・資源化を行うこととした．

　この答申に基づいてプラスチックを資源化するため，市はプラスチックの中間処理施設を民間事業者に設置してもらい，その施設を活用して資源化を図ろうとした．しかし，建設予定地周辺の住民からの反対により着工には至らなかった．2006年2月の市長選挙で建設反対を公約の一つに掲げて当選した現市長は，同年6月議会においてプラスチック中間処理施設の建設計画の中止を表明している．

9. 有料化による減量効果

　審議会答申を受けて，市は詳細設計の検討に着手し，実施計画が整った2004年10月から翌年2月にかけて，町内会・自治会の協力のもとにごみ有料化懇談会を180回開催し，町田市のごみの現状，ごみ減量の必要性，答申の概要について市民に説明し，意見交換した．その上で，2005年3月議会に廃棄物処理条例改正と基金条例制定の議案を提出し，可決された．

　条例改正を受けて，市は6月から有料化説明会を開始した．市主催と町内会・自治会等への出前を合わせ，350回の説明会を開催，2万2252人の市民が参加した．

　町田市の家庭ごみ有料化は，2005年10月から実施された．手数料は，多摩地域で最も大きな減量効果が上がっている日野市のそれを参考にして，可・不燃ごみとも指定袋1枚の価格が5L袋10円，10L袋20円，20L袋40円，40L袋80円に設定された．

　有料化と同時に，可・不燃ごみの収集は「戸別収集」に切り替えられた．それに伴って，可燃ごみの収集回数が週3回から週2回に変更された．

　資源物収集については，新たにペットボトルの集積所収集が開始され，従来からの拠点回収との2本立てとなった．樹木の剪定枝については，1回2束まで無料収集とされた．

　こうしたスキームの有料化のもとで，ごみの減量効果はどう出たか．まず経年変化を示した**表10-2**をみると，有料化初年度の2005年度には前年度比で，ほぼ家庭系ごみに相当する収集量は4％減少し，1人1日当たりのごみ収集量では，前年度の596gから566gへと5％減少している．しかし，事業系ごみが大部分を占める持込量が増加したことにより，収集と持込を併せたごみ総量では1％減にとどまる．

　その一方で，資源分別回収と集団資源回収の合計量が10％増加している．町田市のリサイクル率（総資源化率）は，ここ数年伸び悩んでいたが，有料化により再び上昇に転じた（**図10-6**）．

　年度後半からの有料化であることから，2005年度については，有料化の効果が年度を通して反映されていない．そこで，**表10-3**により，有料化直後の1年間（2005年10月～2006年9月）について前年同期比でごみ量変化を確認しておこう．有料化直後の1年間に，ほぼ家庭系ごみに相当する収集量が24.1％減少し，

第10章 有料化の制度設計に取り組んだ町田市審議会

表10-2 町田市のごみ量推移

(単位：t)

年　度	2000	2001	2002	2003	2004	(有料化) 2005
人口（人）	377,305	384,535	392,402	400,171	404,819	408,441
収集量（A）	83,084	84,118	86,685	89,086	88,085	84,473
1人1日当たり収集量（g）	603	599	605	610	596	566
持込量（B）	34,803	37,036	35,763	36,212	35,068	37,669
ごみ量（A+B）	117,887	121,154	122,448	125,298	123,153	122,142
資源分別収集量（C）	21,480	20,134	20,169	19,833	19,715	22,024
資源集団回収量（D）	11,452	11,454	11,109	11,349	11,512	12,234
ごみ・資源量（A+B+C+D）	150,819	152,742	153,726	156,480	154,380	156,400

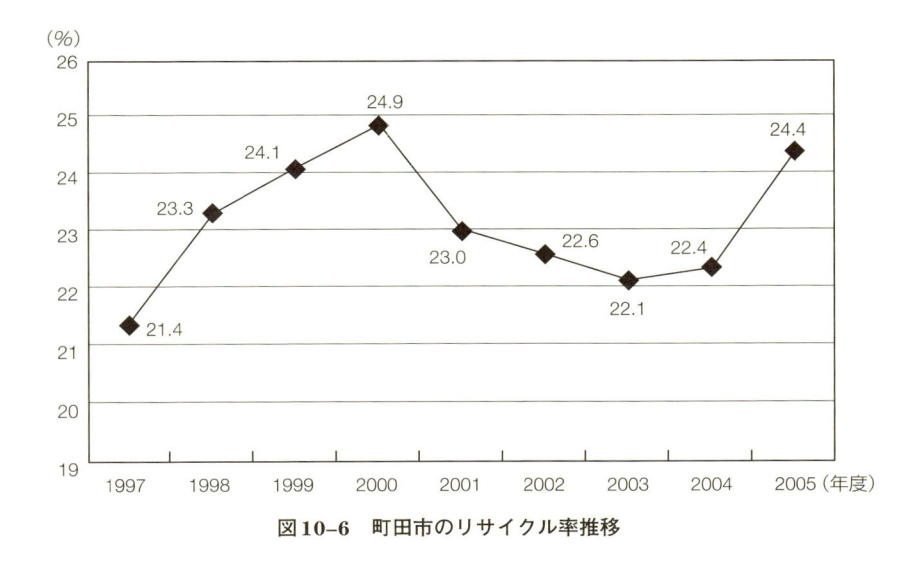

図10-6 町田市のリサイクル率推移

収集量と持込量等を合わせたごみ量全体でみても17.6％減少している．その一方で，行政が収集する資源物の量は5.2％増加している．

ごみと資源の総量でみても，約2.2万 t（14.5％）減量している．その要因の一つとして，不燃ごみについて有料化直前の8～9月に前年同期比で約5倍の駆け込み排出があったことが挙げられる．しかし，駆け込み排出量は不燃と可燃合わせて3,000t程度であるから，それだけでは減量全体を説明できない．ごみ・

表10-3 町田市の有料化前後1年間のごみ量変化

(単位：t)

		2004年10月〜2005年9月	2005年10月〜2006年9月	対前年同期比増減（%）	
収集量（A）		98,526	74,746	−23,780	(−24.1)
	可燃ごみ	81,539	62,859	−18,680	(−22.9)
	不燃ごみ	11,359	5,819	−5,540	(−48.8)
	粗大ごみ	5,369	5,825	456	(+8.5)
	有害ごみ	259	243	−16	(−6.2)
持込量（B）		32,220	32,956	736	(+2.3)
土砂・瓦礫（C）		23	22	−1	(−4.3)
ごみ量（A＋B＋C）		130,769	107,723	−23,046	(−17.6)
資源量		21,055	22,156	1,101	(+5.2)
ごみ・資源の総量		151,824	129,879	−21,945	(−14.5)

(注) 粗大ごみは, 収集と持込の合計.

資源総量の減少の大部分は，市民が有料化に対応して「発生抑制」行動を取ったことによりもたらされたものとみられる．

10．今後の課題

　町田市における有料化による減量効果は，隣の八王子市のそれと比べてやや控え目である．減量効果を高めるには，プラスチックの分別収集・資源化が課題となる．

　有料化による手数料収入は，2005年度について概算で8億円余り，そこから指定袋の製造・流通，ペットボトルの分別収集など有料化制度の運用に要した経費を差し引いた約4億円が「廃棄物減量再資源化等推進整備基金」に積み立てられる．

　毎年度積み立てられるこの基金を有効活用して，プラスチックの分別収集・資源化や生ごみの資源化をはじめとしたごみ減量とリサイクル推進の新規施策に積極的に取り組むことが求められている．2006年10月，市当局は市民委員134人の参加を得て，ごみ減量・リサイクル推進方策について検討する「ごみゼロ市民会議」を立ち上げた．そこでの議論を通じて，有料化のスキームを活用した実効性の高い減量方策が見いだされることを期待したい．

第11章

ごみ減量化とヤードスティック競争
―― 多摩地域でのごみ減量の推進力 ――

1. はじめに

　東京多摩地域においては，近年，各自治体による家庭ごみ有料化など積極的なごみ減量施策の展開により，ごみの減量とリサイクルの推進が図られている．1人1日当たりのごみ量（行政収集の資源量を含む）をみると，全国平均がここ数年間1,100グラム程度でほぼ横ばいなのに対し，多摩地域では2000年度の949グラムから2005年度の882グラムへと，着実に減量が進んでいる．

　この地域では，リサイクル推進の取り組みも活発である．2005年度の多摩地域の総資源化率（集団資源回収を含む）は29.4％で，全国平均の17.6％（2004年度）を大きく上回っている．

　多摩地域で家庭ごみ有料化施策を含めごみ減量化の取り組みが加速している背景には，最終処分場の確保難という事情がある．多摩のほとんどの自治体は，最終処分を日の出町にある東京たま広域資源循環組合（「東京都三多摩廃棄物広域処分組合」が2006年4月に名称変更）の処分場に依存するが，自治体ごとに年々の搬入量の配分を受け，配分量を超過した場合にはペナルティを課せられる．したがって，ごみ排出量の多い自治体には，ペナルティ回避のために，ごみ減量の取り組み強化へのドライブがかかることになる．

　また，組合構成自治体が参加する東京市町村自治調査会が多摩地域各自治体のごみ量や資源量などのデータをとりまとめ，ホームページでも公開している．このデータを用いれば，各自治体のごみ減量への取り組み度合いが一目瞭然となる．こうした情報公開によっても，多摩自治体は，ごみ減量競争に駆り立てられることになる．

　このような，自治体間のごみ減量競争を促進するスキームは，ヤードスティック競争のメカニズムの活用を意図したものに他ならない．多摩地域においては，ごみ減量をめざしたヤードスティック方式の仕組みが家庭ごみ有料化などごみ減量施策の推進力として働いてきた．

2. ヤードスティック競争の仕組み

「ヤードスティック」とは，文字通りヤード（長さ）を図るスティック（棒）で物差し，転じて「評価指標」のことである．まずは，ヤードスティック競争のメカニズムが機能してきたとされる日本の電気事業で導入されたヤードスティック方式について確認しておこう．

地域独占で営まれてきた電力会社は，料金単価をはじめ，労働生産性，財務体質，停電率などさまざまな経営成果指標を同業他社と比較し，自社の経営成果が業界平均を下回る場合には，成果の良好な他社に負けまいとして，市場を異にする他社との間接的な競い合いをしてきた．こうした状況は「ヤードスティック競争」と呼ばれる．

JR，NTT，道路公団などの地域分割もこのような競争の効果を期待して実施された．こうした競争が有効に機能するためには，主要な評価指標の達成状況について，きちんとした情報公開が担保されていることが欠かせない．

ヤードスティック競争のメカニズムを電気料金規制のスキームに取り入れたものが，「ヤードスティック方式」である．原価を積み上げて料金を決める従来の総括原価方式には，「情報の非対称性」により規制当局の原価査定に限界があり，事業者に対して経営効率化の誘因を十分に提供できないという難点がある．そこで，1996年の料金改定にあたって，従来からの原価査定に加え，新たにヤードスティック方式が導入された．

新方式においては，事業者からの料金改定申請を受けて規制当局がこれを査定する際に，各社の効率化度合いの指標（ヤードスティック）が比較され，経営効率化が進んでいない事業者には減額査定が行われる．この査定結果は公表される．こうした規制方式の導入により，あたかも競争的な市場におけるがごとく事業者間の効率化競争が喚起されることが期待できる．

各事業者の効率化度合いを比較・評価するための指標として，「原価単価」（費用額／電力量）が用いられた．ヤードスティック査定にあたっては，料金改定申請時の原価単価の「水準」と，申請までの一定期間の原価単価の「上昇率」の両面で効率化の度合いが比較・評価される．査定の対象とされたのは，電源設備費，送配電設備費，人件費など一般経費の3項目である．

各社の3つの費用項目別の原価単価水準（X円／kWh）とその上昇率（Y円／kWh）は，効率化の度合いに応じて点数評価される．最上位の事業者には100

点，最下位の事業者には0点，中間の事業者群には相対的な評価に基づく素点が付けられる．その上で，水準と上昇率の得点を足して2で割って総合得点が算出される．

さらに，総合得点に応じてⅠ，Ⅱ，Ⅲにランク付けされ，低ランクの事業者にはより厳しい査定が行われることになる．査定率（原価算入から控除する比率）は，3つの費用項目ごとに，ランクⅠが0％減，Ⅱが1％減，Ⅲが2％減とされた．こうした方式の導入により，地域独占産業に対して経営効率化へのプレッシャーをかけることができる．電力と同時に，ガス事業についても，ほぼ同様のヤードスティック方式が導入されている[1]．

3．ごみ減量のヤードスティック方式

多摩地域30市町村のうち，25市1町（人口約390万人）の可燃ごみ焼却残渣と破砕された不燃ごみが，これらの市町を組織団体とする東京たま広域資源循環組合の二ツ塚処分場に搬入され，埋め立てられている．組合を構成する26自治体別のごみ搬入量（2005年度）は，**表11-1**に示すとおりである．

組合は，1980年11月に設立され，日の出町に谷戸沢処分場を建設して1984年4月から埋立を開始した．以後14年間にわたって埋立を行い，1998年4月に埋立を終了している．それ以降の埋立は，日の出町に新たに建設された二ツ塚処分場で行われている[2]．

組合は，ごみ減量化と最終処分量の削減を狙いとして，1992年度に「第1次廃棄物減容（量）化基本計画」を策定した．この計画に基づいて組合は，各自治体に対して，谷戸沢処分場の残余年数と見込まれた1996年度までの5年間の各年度について，搬入配分量を割り当てた．

各年度の埋立総容量については，単純に処分場の残余容量を残余年数で割って算出するのではなく，各自治体が時間経過につれて減量施策を導入して減量に取り組めるよう，後年度になるほど埋立総容量が少なくなるように傾斜配分された．

---

[1] 電力・ガス事業のヤードスティック方式について，詳しくは山谷修作『よくわかる新しい電気料金制度』（電力新報社，1995年），同「電気・ガスヤードスティック規制の特徴と課題」『公益事業研究』第48巻1号（公益事業学会，1996年11月）を参照されたい．
[2] 各構成自治体から二ツ塚処分場への搬入にあたっては，焼却灰と不燃ごみを区分して，それぞれ別立てで運搬し，処分場内でも場所を区分して埋め立てている．

表11-1 二ツ塚処分場への自治体別ごみ搬入量（2005年度）

組織団体	人口	搬入量 (m³)	組織団体	人口	搬入量 (m³)
八王子市	544,707	16,934	国分寺市	115,427	2,650
立川市	172,772	5,618	国立市	73,504	990
武蔵野市	135,583	2,966	福生市	61,632	1,813
三鷹市	174,351	2,031	狛江市	77,084	683
青梅市	140,829	3,723	東大和市	80,993	2,215
府中市	241,372	3,446	清瀬市	73,397	1,670
昭島市	111,382	2,799	東久留米市	115,952	2,943
調布市	212,833	3,247	武蔵村山市	67,735	1,708
町田市	407,932	11,023	多摩市	143,706	3,617
小金井市	111,713	3,801	稲城市	76,341	749
小平市	180,513	4,488	羽村市	57,091	1,582
日野市	171,845	4,528	西東京市	188,962	4,660
東村山市	146,580	5,025	瑞穂町	34,604	1,070

（注）人口は2005年8月現在.
（出所）東京たま広域資源循環組合資料

　その上で，各年度の埋立総容量を各自治体に配分した．各自治体への搬入配分量の案分は，次の4つの指標に基づいて，各自治体の地域特性を反映した「標準ごみ量」を算定することにより行われた．
　①各自治体の定住人口（住民基本台帳に基づく）
　②各自治体の昼間人口（国勢調査に基づく）
　③26自治体共通の家庭系ごみ排出原単位（目標値の織り込み）
　④26自治体共通の事業系ごみ排出原単位（目標値の織り込み）
　各自治体の標準ごみ量＝標準家庭系ごみ量（①×③）＋標準事業系ごみ量（②×④）
　算定された標準ごみ量について，各自治体の財政力を表す経常一般財源の指標値を用いて補正を施す．このようにして算定された各自治体の各年度の標準ごみ量に基づいて，各年度の埋立総容量の各自治体への配分量が設定される．搬入配分量は，26自治体共通の重量(t)／容量(m³)換算係数（「体積換算係数」と呼ばれる）を適用して，自治体ごとに容量(m³)ベースで設定する．
　一方，実績搬入量については，組合の埋立処分場への搬入時に重量を計量して把握している．しかし，埋立処分場への負荷は容量ベースで計測するのが適当である．そこで，重量(t)から容量(m³)に読み替えるために体積換算係数を用いる必要がある．この換算係数は，焼却灰と不燃ごみそれぞれについて，自治体ご

第11章　ごみ減量化とヤードスティック競争　187

表11-2　二ツ塚処分場搬入の体積換算係数（日野市）

年　　度	1998	1999	2000	2001	2002	2003	2004
焼却灰	0.81	0.81	0.80	0.76	0.79	0.80	0.80
不燃ごみ	0.94	1.01	1.46	1.93	1.79	1.66	1.70

とに，組合が年に数回実施する組成調査での実績に基づいて，毎年度異なる数値が適用されている．比重の違いから，不燃ごみについては焼却灰よりも体積換算係数が大きくなる．また，不燃ごみについて重量の割りにかさばるプラスチックごみなどが多く含まれる場合には，係数が大きくなる．ちなみに，日野市について適用された換算係数は，表11-2に示すとおりである．

　自治体ごとに搬入配分量を設定したことにより，結果的に第1次減容化計画で予定したよりも1年長い1997年度まで谷戸沢処分場を有効活用できることになった．

　その後，1998年2月に第2次減容化基本計画が策定された．この計画では，二ツ塚処分場への埋立が2012年度までの16年間にわたって可能となるように各自治体に搬入配分量が割り当てられた．第2次計画期間からは，処分組合が割り当てた搬入配分量と実績搬入量との乖離について，実績量が配分量を上回った自治体には超過金が課せられ，下回った自治体には減量努力を評価して貢献量について還付金が与えられることとされた．超過金は，のちの第3次基本計画策定時に，超過搬入量1m^{3}につき2万円に設定され，還付金については，超過金総額を貢献自治体に対して貢献量に応じて還付することとされた．構成自治体からの超過金はすべて構成自治体に還付されるから，組合にとっては，レベニュー・ニュートラルである．

　超過金・還付金の精算は，年度割りして各年度について行われ，各自治体が組合に拠出する負担金に超過金，還付金を加える形で実施されることになる．1998～2005年度分の精算については，2007年度以降6年間で実施される予定である．

　図11-1に示すように，第2次基本計画がスタートしてからは2000年度をピークに現在まで，埋立処分量は着実に減少している．2005年度には2000年度に比べ39.6％もごみ搬入量が削減された．搬入ごみ種別には，不燃ごみの減少が顕著である．搬入量減少の主因は，組合を構成する自治体の一部において，①家庭ごみ有料化が導入され，ごみ減量化が進んだこと，②プラスチックなどを不燃ご

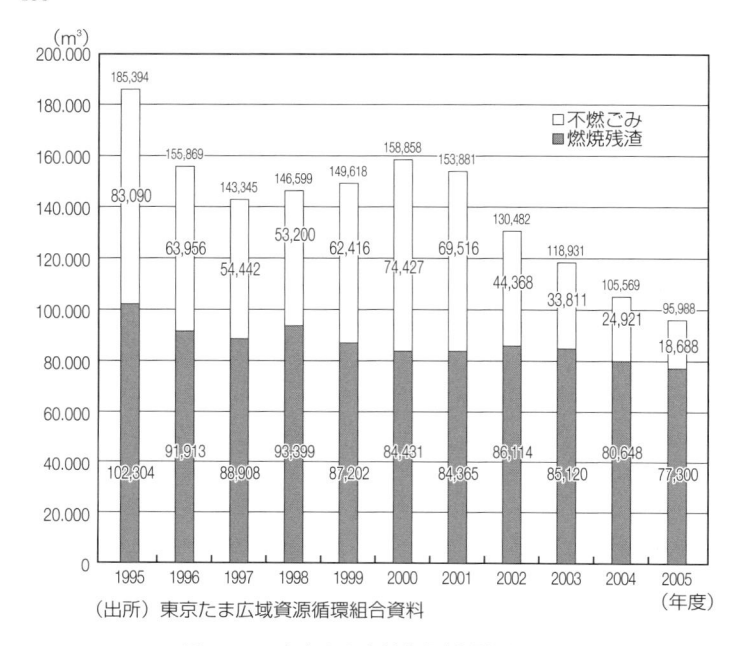

図11-1 東京たま広域資源循環組合の最終処分量推移

（出所）東京たま広域資源循環組合資料

みから分離して資源化したこと，にあるとみられる．

　2005年7月には，第3次減容化基本計画が策定された．この基本計画では，その目的として，①二ツ塚処分場の埋立空間の有効活用，②組織団体のごみ減量のさらなる推進，③エコセメント化施設の安定的かつ効率的な運用，が掲げられている．処分場の使用年数の延伸を図るため，可燃ごみ焼却灰の全量を資源化することで，処分場への埋立量を大幅に削減するとともに，最近のごみ減量の動きをふまえ，着実な減容効果の発揮につながるような仕組みを導入する，としている．計画期間は，2010年度までの5年間である．

　2005年末現在の埋立進捗率は，約40％となっているが，2006年度から始まった第3次基本計画では，これを2010年度末まで約50％以下に抑えることを目標としている．この目標を実現するための切り札として，2006年7月からエコセメント事業が開始された．二ツ塚処分場に搬入されるごみ容量の約8割を焼却灰が占めるが，エコセメント事業は，処分場内に建設されたエコセメント化施設においてこの焼却灰を全量，セメントとして処理するものである．この施設では，1日平均約300tの焼却灰を処理し，約430tのエコセメントが生産される．この

事業を進めることで，埋立処分するのは不燃ごみだけとなり，二ツ塚処分場の使用期間を大幅に延伸できる．

第3次基本計画では，埋立ごみの着実な減容を図るための仕組みとして，各自治体に対する搬入配分量の設定方法を変更した．まず，焼却灰がエコセメント化されることに対応して，搬入ごみの配分量について，新たに焼却灰と不燃ごみの搬入量を別立てとして各自治体に割り当てることとした．その上で，「総量規制」をかけることにより，各自治体の搬入配分量を毎年度見直す．焼却灰の搬入配分量についてはエコセメント処理能力または直近（2年度前）搬入実績のどちらか低い方の数値に基づいて，また不燃ごみの搬入配分量については直近搬入実績に基づいて，それぞれ総量規制がかかる．

こうした総量規制は，焼却灰の全量を資源化することにより処分場への負担を軽減してその有効利用を図るとともに，組合を構成する自治体の減量努力が実績をふまえて年々高まっていくよう目標設定するという趣旨で導入されたものである．

2006年度からの新たな搬入配分量については，不燃ごみについては従来通りの容量（m³）ベース，エコセメント化される焼却灰については重量（t）ベースで設定されている．毎年度見直されることとされた搬入配分量であるが，2006年度については2004年度の実績値をベースに，算定された．

4．ごみ減量ヤードスティック競争と家庭ごみ有料化

日の出町での最終処分場の建設と運用には，一部地権者や反対派住民との訴訟問題や，強制収用による摩擦など，大きな社会的コストを伴った．また，二ツ塚処分場の埋立が終了した後の処分場確保の目処は全く立たない状況にある．それだけに，多摩地域の自治体にとって，ごみ減量・リサイクル推進は公共政策上の至上命題の一つに位置づけられるほどの重みを持っている．

こうした背景のもとで，組合を構成する各自治体にごみ減量・リサイクル推進へのドライブを提供する仕組みとして，組合の最終処分場へのごみ搬入量に目標値を設定し，達成状況に応じてペナルティとボーナスを提供する「ヤードスティック方式」が導入されたのであった．

このような仕組みのもとで，多摩地域の各自治体は，行政の定期収集や拠点方式による資源回収と，市民主体の集団資源回収に注力し，家庭用ごみ処理機の購

入補助など助成的施策の導入にも取り組んだ．最も効果が期待されたのは，行政による資源回収であったが，家庭ごみが無料の場合，手間をかけて資源をきちんと分別する誘因が十分働かない．税金による負担では，そもそもごみ処理にコストがかかることを情報伝達できないから，ごみ減量への誘因を提供できないし，ごみ減量に努力する人とごみをたくさん出す人との負担の公平性も確保できない．多摩地域の自治体は次第に，ごみ減量とリサイクル推進には家庭ごみの有料化が必要，との認識を持つようになった．

多摩地域では，1998年10月に青梅市が有料化を導入したのを嚆矢として，すでに15市1町が家庭ごみ有料化を実施している．有料化した16自治体のうち，組合の組織団体でないのは1市（あきる野市）だけである．多摩地域における自治体別の家庭ごみ有料化実施年月と手数料額は，**表11-3**に示すとおりである．有料化の対象とされたのは，可燃ごみと不燃ごみで，資源物については一部の自治体がプラスチックを有料指定袋で収集しているのを例外として，無料とされている．有料化と同時に，あるいは一部自治体では有料化と相前後して，ほとんどの自治体が戸別収集方式を導入している．

有料化後3年以上の平年度ベースでのヒストリーがとれる7自治体について，家庭ごみ有料化による直近年度（2005年度）の家庭系可・不燃ごみ減量効果をみると，有料化前年度比で13.2％減（清瀬市）～46.1％減（日野市）となっている[3]．

家庭ごみ有料化とごみ排出原単位の関係をみてみよう．**表11-4**は，2004年度について，多摩地域の各市町村における1人1日当たりの家庭系可・不燃ごみ量を少ない順に並べたものである．この表から，一般的な傾向として，2004年10月までに家庭ごみ有料化を実施している自治体がランキング上位にあることがわかる．あきる野市については，有料化したにもかかわらず，ランクが低くなっているが，これは事業系ごみが含まれていることによる．ちなみに，絶対値でみると有料化前年の2003年度ダントツのワースト，815gから694g（15％減）へと，有料化によりかなり改善されている．

2004年4月に家庭ごみ有料化を導入した調布市は，有料化と同時に容器包装プラスチックの分別収集を開始するなど資源化の受け皿を拡充したことにより減量効果が大きく出た．有料化初年度の2004年度には，前年度の14位から一気に

---

[3] 詳しくは，第8～10章を参照されたい．

表11-3 多摩地域における家庭ごみ有料化実施状況

市町名	実施年月	5L	10L	15L	20L	30L	40L	45L
青梅市	1998. 10		12		24		48	
日野市	2000. 10	10	20		40		80	
清瀬市	2001. 6	7	10		20		40	
昭島市	2002. 4	7	15		30		60	
福生市	2002. 4	7	15		30		60	
東村山市	2002. 10	9	18		36		72	
羽村市	2002. 10	7	15		30		60	
調布市	2004. 1	8		26		53		80
あきる野市	2004. 4	7	15		30		60	
八王子市	2004. 10	9	18		37		75	
武蔵野市	2004. 10	10	20		40		80	
稲城市	2004. 10	8		15		30		60
瑞穂町	2004. 10			15		30		60
小金井市	2005. 8	10	20		40		80	
狛江市	2005. 10	10	20		40		80	
町田市	2005. 10	10	20		40		80	

(注) 可燃ごみについて表記.

前年度トップの日野市を抜いてランキングトップに躍り出て，2005年度もトップの座を維持した．

多摩地域の各自治体は，東京市町村自治調査会が毎年度とりまとめ，ホームページでも公開している『多摩地域ごみ実態調査』に掲載された各市町村の人口，種別ごみ量，資源量などのデータを加工して，**表11-4**のような原単位ベースでのランキングリストを作成しているようである．市民も容易にごみ排出原単位ランキングを作成できるから，行政との協議の場で話題に取り上げられる．各自治体の議会でも，低位にある自治体の首長は，改善の取り組みを求められる．市民・議会からの監視や要望もあって，多摩の各自治体はごみ減量のヤードスティック競争に駆り立てられることになる．

こうしたヤードスティック競争を促すための情報基盤の上に，前節で取り上げたような最終処分場への搬入量にかかるヤードスティック方式が構築されている．多摩地域では，ヤードスティック競争のメカニズムがうまく機能して，ごみ減量への取り組みの過程で，近年家庭ごみ有料化が進展した，と筆者は観察している．

表11-4 多摩市町村1人1日当たり家庭系ごみ量ランキング（2005年度）

順位	市町村名	家庭ごみ有料化状況	グラム (g)
1	調布市	2004年 4月実施	438.0
2	日野市	2000年 10月実施	467.7
3	八王子市	2004年 10月実施	479.1
4	三鷹市	未実施	490.3
5	東村山市	2002年 10月実施	494.4
6	昭島市	2002年 4月実施	502.6
7	武蔵野市	2004年 10月実施	502.8
8	瑞穂町	2004年 10月実施	505.7
9	羽村市	2002年 10月実施	516.4
10	立川市	未実施	523.1
11	清瀬市	2001年 6月実施	527.1
12	小金井市	2005年 8月実施	534.2
13	稲城市	2004年 10月実施	539.5
14	東久留米市	未実施	540.9
15	西東京市	未実施	545.0
16	国分寺市	未実施	545.3
17	多摩市	未実施	561.3
18	町田市	2005年 10月実施	554.7
19	国立市	未実施	568.9
20	青梅市	1998年 10月実施	572.7
21	狛江市	2005年 10月実施	573.0
22	福生市	2002年 4月実施	578.2
23	小平市	未実施	586.8
24	武蔵村山市	未実施	599.1
25	奥多摩町	未実施	609.3
26	府中市	未実施	619.8
27	東大和市	未実施	649.8
28	檜原村	未実施（定額制）	652.7
29	あきる野市	2004年 4月実施	694.3
30	日の出町	未実施	678.8

（注）1. ここでの家庭系ごみは，資源物を含まない．
    2. あきる野市・奥多摩町・日の出町・檜原村については，家庭系・事業系の収集区分がないため，事業系ごみを含む．
（出所）東京市町村自治調査会『多摩地域ごみ実態調査（2005年度版）』2006年8月より作成．

　家庭ごみ有料化によるごみ減量効果がきいて，これまで組合への実績搬入量が搬入配分量を上回って，超過金を課せられていたいくつかの自治体において，貢献量がプラスに転換し，還付金を受け取れるようになった．そうした事例をいくつか紹介しておこう．

表11-5 日野市の二ツ塚処分場搬入量の推移

(単位：m³)

年度	1998	1999	2000	2001	2002	2003	2004
搬入配分量	7,312	7,067	6,815	6,584	6,346	6,329	6,274
搬入実績量	7,798	7,347	6,366	4,374	5,136	4,834	4,605
貢献量	−486	−280	449	2,210	1,210	1,495	1,669

表11-6 昭島市の二ツ塚処分場搬入量の推移

(単位：m³)

年度	1996	1997	1998	1999	2000	2001	2002	2003	2004
搬入配分量	5,632	5,481	5,318	5,111	4,858	4,723	4,603	4,592	4,510
搬入実績量	6,936	5,790	5,316	4,949	4,792	4,073	3,104	3,434	2,713
貢献量	−1,304	−309	2	162	66	650	1,499	1,158	1,797

表11-7 東村山市の二ツ塚処分場搬入量の推移

(単位：m³)

年度	1997	1998	1999	2000	2001	2002	2003	2004
搬入配分量	6,420	6,384	6,211	6,010	5,742	5,530	5,497	5,511
搬入実績量	6,463	8,576	8,470	8,470	10,032	7,792	5,136	4,496
貢献量	−43	−2,192	−2,259	−2,460	−4,290	−2,262	361	1,015

　日野市は，家庭ごみを有料化する以前，1人1日当たりの不燃ごみ量が多摩自治体の中で最大であるなどごみ量が非常に多く，組合の最終処分場への搬入量は配分量を上回っていた．しかし，2000年10月の有料化実施によりごみ量が大きく減少し，**表11-5**に示すように貢献量がプラスに転換，以後毎年度還付金を受け取れるようになった．

　昭島市においては，1997年度までの6年間に，搬入量が組合から割り当てられた配分量を3,121m³も超過し，多額の超過金を課せられてきた．その主因は，不燃ごみ中のプラスチックの比率が極めて高く，不燃ごみ埋立換算係数が1.48と，多摩平均値を0.26も上回っていたことにあった．これへの対策として，収集した不燃ごみから一部プラスチックを抜き取り固形燃料（RPF）処理事業者に引き渡すことで貢献量のプラス転換を図り，さらに2001年度からのプラスチックの分別導入，2002年4月からの家庭ごみ有料化の実施により，貢献量のプラス幅を拡大させた．同市の搬入量推移は，**表11-6**に示すとおりである．

　東村山市でも，組合処分場への搬入量が配分量を大幅に超過し，窮余の策とし

て，収集した不燃ごみの中からプラスチックを抜き取って固形燃料化ルートに乗せるなどの取り組みをしてきたが，2002年10月から家庭ごみ有料化を実施すると，有料化によるごみ減量効果が通年で寄与した2003年度以降，貢献量がプラスに転換している．同市の搬入量推移は，**表11-7**に示すとおりである．

5．おわりに

　多摩地域の自治体は，ごみ排出原単位のデータが公開され，その順位を上げるための取り組みを市民や議会から求められている．また，ごみを減量化しないと，組合への搬入量が設定された埋立配分量を上回り，超過金を課せられることになる．多摩の自治体は，ごみ減量に取り組まざるを得ない状況に置かれている．ごみ減量のための最も有力な施策が家庭ごみの有料化と位置づけられ，有料化の導入が進展している．

　エコセメント事業の始動により新たに搬入される焼却灰が全量エコセメント化されるとはいっても，環境負荷の大きい不燃ごみは引き続き埋め立てられ，二ツ塚処分場の埋立容量が年々限界に近づく状況には変わりない．今回のインセンティブ・スキームの精緻化により，ヤードスティック競争のメカニズムが一層有効に機能し，各自治体と市民・事業者によるごみ減量・リサイクル推進の取り組みがさらに進展することが期待される．

第12章

戸別収集の効果とコスト

　多摩地域における有料化の重要な特徴の一つは，ほとんどの自治体が有料化と同時に，または相前後して，戸別収集を導入したことである．このことが，有料化によるごみ減量効果を強化し，また減量効果を持続させる要因の一つとなっているとみられる．本章では，戸別収集の効果とコストを検討対象として取り上げる．

1．戸別収集に対する市民のアクセプタンス

　全国の大部分の市町村では，可・不燃ごみの収集はステーション（集積所）方式で行われている．こうした中で，一部の都市は戸別収集を導入し始めた．政令指定都市では福岡市，名古屋市がかなり以前から「各戸収集」という呼び方で戸別収集を実施してきた．東京都区部でも品川区が最近，各戸収集を全区域に拡大・実施した．戸別収集を実施する場合でも，集合住宅については，従来どおり敷地内の集積場所での収集とされている．

　戸別収集の基本的な目的は，ごみを自分の家の前に出すことで，排出者に自分の出すごみに責任を持ってもらうこと，すなわち「排出者責任の明確化」にある．ステーション方式と違い，排出者が特定されたごみ袋が近隣の人の目にさらされるから，分別や排出マナーの向上へのプレッシャーがかかることになる（**写真12-1**）．

　一般に，戸別収集の利点として，次の諸点を指摘できる．

　①分別の改善とそれに伴う可・不燃ごみの減量
　②排出マナー改善によるまちの美化
　③カラス被害の減少

　そのほか，ステーションの設置に関するトラブルの回避，高齢者にとっての排出負担の軽減，事業系ごみの切り離し，廃家電製品等の不法投棄の減少などの効果も期待できる．

　このように利点の多い収集方式ではあるが，戸別に収集することから，収集効

写真 12-1　戸別収集地区のごみ排出風景

表 12-1　戸別収集に関する住民アンケート調査結果（江東区）

（複数回答可）

	回答	比率
賛成	ごみ出しが楽になるので，家の前にごみを置きたい	7.9%
	ごみの出し方がよくなるので，家の前にごみを置くようにすべきである	18.3%
	自分が出すごみに責任を持つべきで，家の前に置くのは当然である	20.5%
	ごみ集積所の設置場所に関する摩擦を避けるため，家の前にごみを置いた方がよい	7.2%
反対	経費を考慮し，今までどおり集積所に出すことが望ましい	55.9%
	家の前にごみを置くことは，プライバシーなどの面で問題がある	24.0%

（出所）江東区資料

率の低下は否めない．戸別収集の最大の難点は，収集効率の低下に対応した収集車両の増車や要員増による経費の増大である．そのほか，収集車の低速度運行による道路交通の妨げ，ごみが道路沿いに排出されることによる美観上の問題，プライバシー上の問題，収集作業員の過重負担などが指摘されることもある．

　戸別収集に対する一般市民のアクセプタンスはどのようなものであろうか．戸別収集を導入していない江東区が2006年3月に実施した区民アンケート調査（発送1000票，回収417票）では，半数を上回る回答者が収集経費の増大を問題視し，約4分の1の回答者がプライバシーなどの面で問題があるとするなど，未導入地域では戸別収集に否定的な意向が優勢であった（**表12-1**）．

これに対して，戸別収集を実施した地域では，市民の戸別収集に対する評価は俄然高くなる．**表12-2**は，品川区と中野区がモデル実施または本格実施区域の住民に対して行ったアンケート調査の結果である[1]．これをみると，戸別収集を実施した地域の住民については，戸別収集に対する満足度が高く，まちの美観の向上，カラス被害の減少に効果があると評価する回答者が半数を超え，戸別収集がごみの分別意識の向上に効果があるとする回答者が半数近くに及び，ごみの減量に効果があるとする回答者が3分の1程度いた．

既存の制度に慣れた住民は，新たな制度改革に消極的に反応する性向がある．有料化しかり，戸別収集もしかりである．有料化については，導入前と比べ導入後に住民の支持率が高まったとする調査は，筆者のものも含めいくつか存在する[2]．戸別収集についても，未実施地域の住民から消極的な意向が表明され，実施地域の住民からは自らの体験に基づく前向きな評価が下されたものとみられる．

2．各区モデル事業での戸別収集の効果

東京のいくつかの区でこれまでに実施された戸別収集のモデル事業では，ごみ減量や分別向上にかなりの効果があることが示されている．ここでは，中野区，品川区，台東区で実施されたモデル事業の調査結果を紹介する．

まず，週平均のごみ量の変化を示した**表12-3**で，中野区が2002年に実施したモデル事業でのごみ減量効果をみてみよう．モデル地区において，可燃ごみ量は，戸別収集実施前の12.2tから実施中には11.1tへと9.0%，不燃ごみ量は，実施前の3.4tから実施中には2.8tへと17.6%，それぞれ減量した．調査期間中，区内全域では可燃ごみ量が0.1%，不燃ごみ量が5.1%減量したのと比べ，戸別収集地区では顕著な減量効果が出ていた[3]．

---

1) 品川区は東京23区の中で他区に先駆けて戸別収集に取り組み，2001年9月から3カ月間，南品川2・3丁目地区（可燃），二葉2丁目地区（可・不燃）2600世帯対象のモデル収集を皮切りに，翌年度6700世帯を対象に本格実施，以後毎年度対象区域を拡大し，2005年7月からは全区域の戸建住宅が対象とされている．一方，中野区の戸別収集モデル事業は，2002年10月から2カ月間，江原2丁目地区1583世帯を対象に実施された．モデル地区でのアンケート調査は，両区ともモデル事業の終了時に実施対象世帯の一部（品川区：発送2000票，回収902票，中野区：発送320世帯，回収214票）に対して行われた．また，品川区の本格実施段階での調査は，2004年9月に実施され，有効回答数180世帯であった．
2) たとえば，山谷「ごみ有料化施策と市民の反応」『月刊廃棄物』2000年12月号を参照．
3) 中野区ごみ減量課「戸別収集モデル事業の実施結果について」2003年．

表12-2 戸別収集に関する住民アンケート調査結果（実施地域）

	品川区（モデル実施）		品川区（本格実施）		中野区（モデル実施）	
	良い・良くなった	悪い・悪くなった	良い・良くなった	悪い・悪くなった	良い・良くなった	悪い・悪くなった
戸別収集の満足度	78%	7%	77.7%	5.0%	51.9%	22.9%
ごみの分別意識	62%		49.4%		42.0%	
ごみの減量	34%	1%	36.7%		26.2%	2.3%
まちの美観	73%		50.6%	9.4%	56.1%	23.3%
カラス被害	66%		47.8%	7.8%	55.1%	4.7%

（出所）品川区・中野区資料

表12-3 戸別収集前後のごみ収集量の変化（中野区モデル事業）

（単位：t）

		実施前ごみ量	実施中ごみ量	ごみ減量率
モデル地域	可燃ごみ	12.2	11.1	9.0%
	不燃ごみ	3.4	2.8	17.6%
	合計	15.6	13.9	10.9%
区全域	可燃ごみ	400.9	400.5	0.1%
	不燃ごみ	63.0	59.8	5.1%
	合計	463.9	460.4	0.8%

（出所）中野区資料

　品川区が2001年に実施したモデル事業では，南品川地区の可燃ごみで平均6%減，二葉地区の可燃ごみで平均8%減，不燃ごみで平均4%減となった．南品川地区では，旧東海道や住宅の多い地域では平均8%の減となったが，事業者が比較的多い地域では平均3.3%の減にとどまった．家庭系の方が事業系より減量効果が大きく出ていた．品川区の報告書では，住民アンケートの結果も勘案の上，「今回の各戸収集による減量効果は，全体として5〜6%と考えられる」としている[4]．

　台東区が2004年2〜3月に竜泉3丁目地区で540世帯を対象に実施した戸別収集モデル事業においても，かなりの減量効果と分別向上効果が出た[5]．戸別収集実施後，可燃ごみについては，1人1日当たりの排出量が実施前と比べ11.0%減少し，不適正排出物の混入率も，不燃物が50%，資源物が42%減少した．ま

---

4) 品川区清掃リサイクル課「住宅地での各戸収集モデル事業の実施結果について」2002年．
5) 台東区清掃リサイクル課『平成15年度一般廃棄物基礎調査報告書』2004年．

た，不燃ごみについては，1人1日当たりの排出量が10.7％減少し，不適正排出物の混入率も，可燃物が36％，資源物が31％減少している．

　戸別収集では，ステーション方式に比べて，収集作業により多くの時間がかかりそうである．作業員にとっては，道路脇の各戸の敷地内のごみを早足で拾う作業の連続で，狭小路地では奥まで入ってごみを収集しなければならないなど，作業条件も厳しくなる．

　各区のモデル事業について，戸別収集に伴う収集作業時間の増加をみてみよう．品川区のモデル事業においては，南品川地区での可燃ごみ収集作業時間が95％，二葉地区での収集作業時間は可燃ごみ収集で60％，不燃ごみ収集で70％，それぞれ延びた．全体の平均では，1回の収集に1.75倍の時間がかかる，との調査結果が示されている[6]．

　これに対して，他区のモデル事業では，戸別収集に伴う作業時間の増加はそれほどでもない．中野区のモデル事業における戸別収集の収集時間への影響は，**表12-4**に示すとおりである．収集車1台当たりの平均収集作業時間は，可燃ごみが戸別収集実施前の29.5分に対して実施中38.1分となっており8.6分，不燃ごみが実施前30.0分に対して実施中39.2分となっており9.2分，それぞれ増加している．作業時間の増加率は可・不燃合わせて30％であった[7]．

　台東区のモデル事業では，戸別収集への切り替えに伴う収集車1台当たりの収集時間の変化については，可燃ごみで実施前の25.92分から実施中の28.11分へと2.34分，不燃ごみで同じく21.50分から28.00分へと6.5分増加した，と報告されている[8]．この調査で注目されるのは，可燃ごみ収集の作業時間について，モデル実施中，日を追って積み込みに要する時間が短縮する傾向がみられることである．戸別収集には，作業に慣れるにつれて効率が向上する，「習熟効果」が存在するようである．

　戸別収集の習熟効果を図示しておこう（**図12-1**）．戸別収集を開始してから一定期間（t_0）の経験を積むことによって，収集時間はかなり短縮化される．

6）品川区，前掲資料．
7）中野区，前掲資料．
8）台東区，前掲資料．

表12-4　戸別収集に伴う収集作業時間の増加（中野区モデル事業）

(単位：分)

	実施前平均時間	実施中平均時間	増加時間数	増加率
可燃ごみ	29.5	38.1	8.6	29.2%
不燃ごみ	30.0	39.2	9.2	30.7%
合　計	59.5	77.3	17.8	30.0%

(出所) 中野区資料

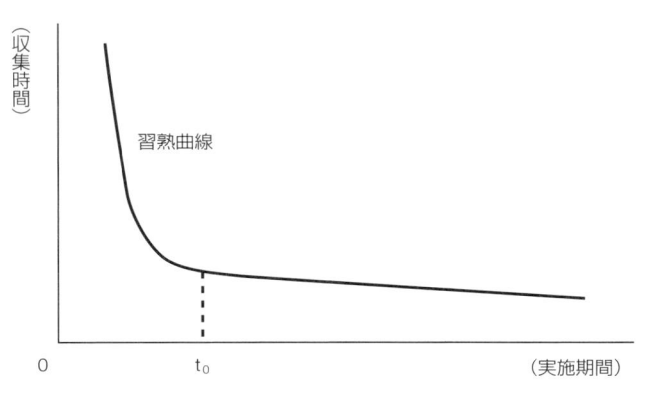

図12-1　戸別収集の習熟効果

3．福生市戸別収集の減量効果

　多摩地域の有料化都市の多くは，有料化と同時に戸別収集を導入している．したがって，戸別収集のみの減量効果を把握することには限界がある．有料化と戸別収集の開始に時間差があるのは，福生市と昭島市である．ここでは，データが得られた福生市について取り上げる．

　すでに述べたように，福生市は，有料化実施に先立って，1999年10月から戸別収集を単独で導入している．したがって，有料化とは切り離した戸別収集のみの効果を計測可能である．なお，同市の戸別収集の効果をみる際，戸別収集と同時に，ごみ収集回数を減らし，資源の収集品目と収集回数を増やしていることに留意する必要がある．

　有料化と同時実施ではない，戸別収集単独導入の効果はどうであったか．まず，西多摩衛生組合の統計資料を用いて，福生市の戸別収集導入前後各1年間の家庭

系可燃ごみ量を比較してみよう[9]．家庭系可燃ごみ量は，導入前（1998年10月〜99年9月）の15,868tに対し，導入後（1999年10月〜2000年9月）には14,012tへと11.7％も減っていた（**表12-5**）．戸別収集への切り替えと同時に可燃ごみの収集頻度を従来の週5回から週3回に変更したことも，減量効果を大きくしたとみられる．

　戸別収集に伴い，それまでステーションに排出されていた事業所ごみの一部が許可業者委託や自己搬入に切り替わることが考えられるので，事業系可燃ごみについても確認しておこう．はたして，事業系可燃ごみは戸別収集導入前の1,184tから1,566tへと著増していた[10]．家事合算でみると，戸別収集によるごみ量変化は8.6％の減少となる．それでも，まずまずの減量効果が得られたといってよい．

　次に，福生市の品目別増減の内訳集計に基づいて，分別の改善効果を確認しておこう[11]．それによると，戸別収集の導入による可・不燃ごみの減少，資源ごみの増加の効果がかなり明確に示されている．ごみについては，可燃ごみが1,283t（8.4％），不燃ごみが879t（33.5％）減少している．これに対して，資源については，缶，びん，ペットボトル，プラスチック容器類が330t（40.9％），紙類，布類が587t（25.5％），紙パックが15.9t（83.2％），食品トレーが9.8t（150.1％），それぞれ増加している．戸別収集に伴い，分別の適正化が進み，従来主に不燃ごみとして排出されていた資源物が，資源として分別排出されるようになったことを，明確に裏付けている．

4．戸別収集による経費増

　表12-6は，多摩地方の有料化都市において戸別収集を導入した際の収集運搬費の増加額（率）を示している．調査対象とした8市のうち半数の4市が，戸別収集に伴う経費増への対応として，戸別収集への切り替えと同時に，可燃ごみの収集回数を削減している．日野市では，不燃ごみの収集回数も減らした．

---

[9] データは，西多摩衛生組合『環境センター稼働後7年間のごみ処理状況』（2006年2月）による．
[10] ごみ量の家事シフトは戸別収集の狙いの一つであり，事業所が本来の排出者責任を果たすようになった結果であると言える．
[11] 福生市廃棄物減量等推進審議会「家庭ごみの有料化について」2001年1月，参考資料．

表12-5 戸別収集導入前後の可燃ごみ量(福生市)

(単位:t)

	導入前1年間	導入後1年間	変化率
家庭系可燃ごみ量	15,868	14,012	−11.7%
事業系可燃ごみ量	1,184	1,566	+32.3%
合　計	17,052	15,578	−8.6%

(注)可燃ごみ量は,西多摩衛生組合の清掃工場に搬入されたごみ量.
(出所)西多摩衛生組合資料

表12-6 戸別収集導入に伴う収集運搬費の変化

(単位:千円)

	導入年度	収集形態	収集回数の変更	収集車両の増車	収集運搬費		
					導入前年度	導入後年度	増加額(率)
青梅市	1988	民間委託	可燃週3回→2回	29台→39台	550,872	770,175	219,303 (+39.8%)
福生市	1999	民間委託	可燃週5回→3回	13台→30台	263,805	299,250	35,445 (+13.4%)
日野市	2000	民間委託	可燃週3回→2回 / 不燃週2回→1回	26台→31台	629,885	662,574	32,689 (+5.2%)
羽村市	2002	民間委託	変更なし(可燃週2回)	19台→28台	239,924	282,958	43,034 (+17.9%)
東村山市	2002	民間委託	変更なし(可燃週2回)	15台→20台	310,337	395,113	84,776 (+27.3%)
昭島市	2004 完全実施	完全実施時すべて民間委託	変更なし(可燃週2回)	8台増車	増車により1億6000万円の経費増となったが,不燃・粗大・資源の収集職員を他部局への任用替えで17人削減して吸収		
八王子市	2004	可燃直営	変更なし(可燃週2回)	可燃83台→88台	増車に現有車両で対応し,増車に伴う10人(1台2人乗車)の要員増を現有職員のやり繰りでまかなうことで,半期で859万円の経費増に抑制		
		不燃民間委託	変更なし(不燃週1回)	不燃25台→33台	333,107 (半期分)	381,658 (半期分)	48,551 (+14.6%)
町田市	2005	直営	可燃週3回→2回	53台→57台 (他に軽トラック5台増車)	増車による経費増を,収集回数減,退職者不補充,臨時職員採用,1台当たり乗車要員の削減などにより吸収		

(注)可・不燃ごみの収集運搬に関する経費を抽出.

収集形態別には，可燃ごみについて民間委託6市対直営2市，不燃ごみについて民間委託7市対直営1市と，多摩地域では民間委託化がかなり進展している[12]。昭島市では，戸別収集への切り替えを段階的に進め，民間委託の比率も次第に高めてきたが，戸別収集の完全実施に合わせて，資源収集を除きすべて民間委託に移行した．

表12-6の収集運搬費については，原則として，戸別収集導入の前年度と導入直後の年度の可・不燃ごみ収集運搬費用を掲載した．導入直後の年度とは，4月導入のケースについては4月から始まる年度，10月導入のケースについてはその翌年度のことである．直近年度とは異なるので，注意を要する．民間委託の場合，収集運搬委託費としてはっきりと出てくるが，直営については間接費の配賦方法により変わるので正確に把握することが難しい面がある．

民間委託の場合でも，山間・農村部を抱え地形が複雑な都市と，平坦な地形で整然とした住宅地からなる都市では収集条件がまるで異なるから，コスト差を一概に比較することはできない．また，収集委託は市内の民間業者数社に対して，分担する地区を決めて随意契約で行われることが多い．委託業者の収集作業では，パッカー車1台につき2人の作業員が張り付くが，契約はふつう台数ベースで行われる．その際，業者の操車状況（戸別収集に伴い新規に収集車両を購入したり，運転・収集作業員を張り付けたりする必要性の有無など）の違いにより，大きなコスト差が生じる．

さて，以上のようなことに留意した上で，8市について戸別収集導入に伴う収集運搬費の増加率をみると，大きい方では青梅市の約40％増から，小さい方では昭島市，町田市のほぼ0％まで，まちまちであった．青梅市で経費増が大きかったのは，地勢的条件や業者の操車条件によるものとみられる．

当初から民間委託の5市の中では日野市の経費増が5％と小幅にとどまっている．市の担当者は，経費増抑制を可能にした要因として，①可・不燃ごみ収集回数の減少，②ごみ量の半減，③収集車両の切り替え[13]，を挙げている．なお同市では，資源物についても戸別収集しているが，これの収集には回収車19台から32台への増車が必要とされ，大きな経費増が生じた．資源物を含む収集運搬

---

12) 多摩26市の中で，家庭系可燃ごみ収集を市職員だけの直営で実施しているのは，町田市，八王子市，国分寺市の3市のみである．
13) 日野市では，ダストボックス収集の廃止に伴い，収集車両を4tのクレーン付車から2tのパッカー車に切り替えた．

費全体では，58.6％の経費増となっている．

　直営で収集している町田市の場合，当初，可燃ごみ収集回数を週3回から2回に減らすことで浮いた経費で戸別収集による経費増をまかなえると見込んだ．しかし，導入間際になってこのままでは経費増が避けられないことが判明した．そこで，経費増を回避するための工夫を行った．戸別収集の導入に伴いパッカー車を4台，狭小路地用に軽トラックを5台それぞれ増車したが，いずれも予備車や旧式車両の活用で対応し，新車の購入は差し控えた．要員についても，ほぼ半数を占める4t車の乗員数をこれまでの3人から2人に減らし，退職者について不補充として臨時職員を採用して人件費を抑制した．

　可燃ごみ収集を直営で実施している八王子市でも，ロータリー式プレス車5台の増車に予備車両で対応し，増車に伴う10人（1台2人乗車）の要員増を現有職員のやり繰りでまかなうことで，経費増を抑制した．半期分の経費増はわずかに，当初の夜間に及んだ収集作業用の投光器や，取り残し苦情対応用の携帯電話などの経費859万円にとどまった．

　直営収集については，収集ごみ量単位当たりのコストが民間委託の倍近くかかるともいわれ，かなり割高となる．直営に対する批判や民間委託推進の議論が高まる中で，現業職員も作業負担の強化を受け入れざるを得ない状況下に置かれているといえよう[14]．

5．戸別収集運用上の課題

　戸別収集を導入した民間委託形態の市において，収集時間は以前と概ね変わらない．延べ時間では増えるが，収集車両と作業員が増加するので作業員1人当たりの作業時間に変化はほとんどみられない．民間業者は，戸別収集への移行にあたり，あらかじめ最短ルートを組み立て，作業員に戸別収集の練習をさせるなどの対応を行い，収集時間の短縮化を実現した．

　ある市の担当者は，「当初委託業者は午後7時までかかると主張したが，実際にやってみると5時に終了し，その後作業に習熟して今では4時に終了してい

---

[14] 直営で市職員が収集する場合，収集時に排出指導を行えるとか，高齢者に声かけができるといったメリットがあることにも留意する必要がある．筆者は八王子市の直営収集車に便乗させてもらい，戸別収集作業を視察したが，収集職員が玄関先に居た老婦人に「今日はごみ，無いですか？」と声をかけていた．

写真12-2　一般道路での戸別収集作業　　写真12-3　行き止まり路地からの引き出し作業

る」と話してくれた．習熟効果を示すデータとして，羽村市では可燃ごみ収集委託先3社の平年度2年度分の収集終了時刻表を閲覧したが，3社平均でみて第2年度の方が第1年度より7分早く終了していた．

可燃ごみ収集で直営形態をとる八王子市では，戸別導入直後は収集作業に午後8時までかかったという．当初3カ月間の試行錯誤を経て，ようやく軌道に乗せることができ，現在では午後4時半には収集作業を終了している．直営の町田市では，収集車の運用に工夫を凝らし，1台のパッカー車を可燃ごみ排出日地区3回，不燃ごみ排出日地区1回の計4回転させている．

戸別収集を効率的に運用する上で決め手となるのは，「収集ルートや各家庭のごみ排出状況を熟知すること」（日野市担当者）である．実際，筆者が八王子市で視察した時も，収集作業員はどこに車両の入れない小路があるか，小路が通り抜け可能かどうか，各収集地点で通常どれだけのごみが出るかなどを熟知しており，車両の移動に先回りして小路からごみ袋を引き出したり，ごみ量の多い行き止まりの小路では運転手も収集を手伝うなど，テキパキと無駄のない作業ぶりが印象的であった（写真12-2，12-3）．

戸別収集における各市共通の課題点は，「取り残し」である．戸別収集開始から9年を経過した青梅市，7年目を迎えた日野市においても，1日数件程度取り残しの苦情が寄せられる．違法駐車する自動車の死角となって取り残したり，うっかりミスもある．市民から連絡があると，市職員が軽トラックで回収にあたるか，委託業者に回収を依頼することになる．「出し遅れ」は受け付けないが，「取り残し」との判別が難しいという．「取り残し」を無くするには，作業員が収集地点ごとの排出状況をきちんと把握することが欠かせない．

また，収集時まで長時間自宅前にごみを置いておくことに対する苦情も増えている．画一的に「午前8時までに排出」とするのでなく，収集ルートに応じて地区ごとにきめ細かな排出時間を設定することも，サービス向上策として，これからの課題となる．

第13章

不法投棄・不適正排出対策

　環境経済学のテキストブックを手繰ると，図13-1に示すような絵が出てきそうである．地方自治体のごみ処理の実情に疎い学生なら，「不法投棄量（件数）は，ごみ処理サービスが無料のときQ_0であったが，有料化が導入されてP_1の手数料が課せられるとQ_1に増加する」と解説されて，何の疑問も抱かないかもしれない．

　しかし，第4章2節で紹介したように，筆者の全国都市家庭ごみ有料化アンケート調査では，有料化を実施して不法投棄が「増加した」とする回答は36.1％で，「増加しなかった」とする回答の47.2％を下回っていた．このアンケート調査の結果をみる限り，「有料化して不法投棄が増加するケースもあるが，増加しないケースも多い」というのが正解ではなかろうか．

　注意したいのは，不法投棄が「増加しなかった」と回答した都市も，手をこまねいてそうなったのではなく，不法投棄・不適正排出対策に必死に取り組んだ結果として問題化するのを防止できたということである．本章では，有料化導入時の不法投棄・不適正排出対策への取り組みを取り上げる．

1．不法投棄に対する受け止め方

　市町村が家庭ごみ有料化を導入する前に有料化に関する住民アンケート調査を実施すると，有料化に反対する理由として最も多いのは「不法投棄の増加」である．ちなみに，町田市が有料化の導入を検討するにあたって2003年8月に実施した市民アンケート調査（発送先＝市民2000人）では，「有料化のメリットとデメリットについてどのようにお考えですか」と質問し，選択肢を11設けて3つまで選択してもらったところ，「不法なごみ処理が増える」が最も多く，回答総数831人のうち過半数の455人（54.8％）が不法投棄を有料化のデメリットの最たるものと認識していた．「ルールを守らない人が増え集積所が汚れる」すなわ

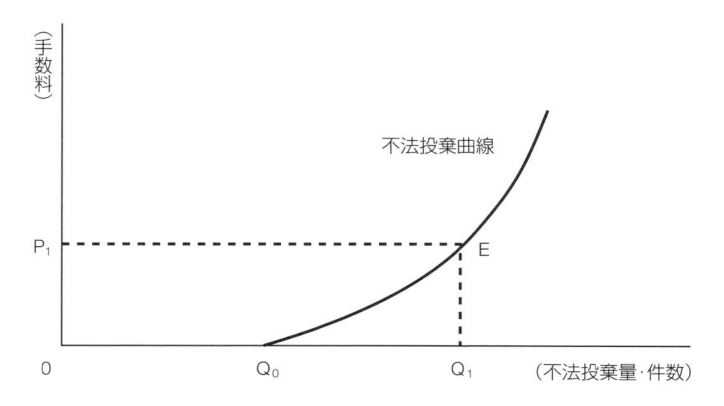

図13−1 有料化と不法投棄の関係

(縦軸：手数料、横軸：不法投棄量・件数。不法投棄曲線が右上がりに描かれ、点EでP_1とQ_1が対応。Q_0は曲線が横軸から立ち上がる点)

表13-1 有料化のメリットとデメリット（町田市民アンケート調査）

項目	回答数	構成比
1. ごみの減量につながる	371	16.5%
2. リサイクル量増加につながる	104	4.6%
3. ごみ処理費用負担が公平になる	168	7.5%
4. 市の収入が増加しごみ施策が充実する	50	2.2%
5. 住民のごみ減量意識が向上する	356	15.9%
6. 家計の負担が増える	351	15.6%
7. 作業負担が増える	60	2.7%
8. ルールを守らない人が増え集積所が汚れる	250	11.1%
9. 不法なごみ処理が増える	455	20.3%
10. 有料化による効果はない	57	2.5%
11. その他	24	1.1%
合計	2246	100.0%

(注) 回答総数：831人，選択数：3つまで．

ち「不適正排出」を選択した人も250人（回答総数の30.1％）いた（**表13-1**）．

しかし，有料化実施後には，不法投棄に対する住民の受け止め方は異なってくるようである．福生市が有料化の10カ月後に実施したアンケート調査（発送先＝市民1,000人）の結果を紹介しておこう．まず「ごみ有料化の実施について好ましいと思いますか」との質問に対し，回答総数380人の回答の内訳は，「好ましいと思う」が260人（68.4％），「好ましくないと思う」が61人（16.1％），「特に意見はない」が59人（15.5％）であった[1]．

「好ましくないと思う」を選択した人にその理由を尋ねたところ，多かったのは「費用負担が大きくなったから」が34人（26.4％），「生産者によるごみ減量・リサイクルの取り組みが十分に進んでいないと思われるから」が23人（17.8％），「税の二重取り（増税）となったと思われるから」が19人（14.7％）の順で，「不法投棄が増え周辺の環境・景観が悪化したと思われるから」は第4位の18人（14.0％）にとどまった．

このように，不法投棄に対する住民の受け止め方は，有料化導入の前と後とでは異なってくることが多い．有料化を導入する前には，住民は不法投棄や不適正排出の増加に対して懸念を抱くことが多いが，導入してみると思ったほどの問題とならず，むしろ有料化によってごみ問題への関心が高まり排出状況が改善されたと受け止めることが多いようである．

2．不適正排出の類型と対策

一般的な傾向として，有料化を導入した当初は，不法投棄や不適正排出が発生しやすい．不法投棄（指定された排出・搬入場所以外の場所へのごみの投棄）や不適正排出（指定された場所への排出ではあるが，指定袋制下でのレジ袋等での排出，決められた時間外の排出，分別状況が著しく悪い排出などごみの排出状況が不適正な排出）は有料化実施の有無にかかわらず発生するが，有料化を導入することにより新たに有料指定袋を使用しない不適正な排出も発生することになる．

有料指定袋を用いない不適正排出には，意図的なものと，情報阻害によるものとがある．意図的な不適正排出の動機としては，①有料指定袋の購入に伴う経済的負担を免れようとするもの，②指定袋購入の手間を面倒くさがるもの，などが考えられる．また，情報阻害は，賃貸集合住宅に居住する単身赴任者や学生，外国人など，自治会に加入せず地域社会とのつながりが稀薄な住民に起こりやすい．筆者も2000年に旧与野市で市民意識調査（発送先＝市民2,000人）を実施した際，他市より転入してきた単身者から「ごみが有料であることを（この調査で）初めて知りました」（自由記述欄）との回答を受けたことがある．

1）「好ましいと思う」を選択した人に主な理由を尋ねたところ，「資源の分別・リサイクルが進んだと思うから」が150人（37.9％），「ごみ減量化により環境への負荷が軽減できたと思われるから」が125人（31.6％）と多く，全体の約7割を占めた．

有料化を導入した場合に，有料指定袋を使用しない不適正な排出に対して，どのような対策が必要か．まず，意図的なもののうち経済的負担の回避を動機とするものについては，なぜ有料指定袋を使用しなければならないか，その理由をわかりやすく住民に伝達することが大切である．筆者の与野調査でも，「有料袋の使用の理由を今まで知らなかった．……高い袋を買うのがバカバカしかったので，その辺にある安い袋を使っていたが，（この調査を機に）改めることにした」（自由記述欄）との回答があった．

また，特に手数料水準が高い場合には，経済的困難に直面して有料指定袋の購入に支障のある世帯や，紙おむつの使用でごみ減量努力の範囲外の排出が不可避な世帯に対して負担軽減措置を導入する配慮も必要である．

指定袋購入の手間を動機とする不適正排出に対しては，住民にとっての袋購入の取引コストを軽減することで対応しなければならない．指定袋購入に不便な地域が出ないように指定袋取扱店を配置する必要がある．

情報阻害を原因とする不適正排出については，転入手続き時における有料化制度の説明や有料指定袋のサンプル提供，大学新入生ガイダンス時の説明，不適正排出が頻発する集合住宅の排出場所への啓発看板の掲示など，あらゆる機会を捉えた情報伝達が求められる．

いずれのタイプの不適正排出であれ，ごみに関心を持たせることができれば，減少させることができる．有料化導入当初は，情報阻害もあって不適正排出が増加する．しかし，自治体や自治会役員による排出指導や啓発活動により，不適正排出は次第に減少傾向をたどることが多い．**図13-2**は，各地の自治体でみられる有料化導入後の不適正排出状況の一般的な傾向を示している[2]．不適正排出がほぼ収束するt_0までの期間は，自治体によってまちまちであるが，数カ月かかるケースもある．

3．不法投棄・不適正排出防止への取り組み

有料化を導入した当初は，空き地・山林・河川などへの不法投棄や，有料指定袋を使用しないなどの不適正排出が増加することが懸念される．そのため，有料化を導入した自治体は，特に導入当初，重点的に不法投棄・不適正排出対策に取

---

[2] たとえば，第7章の表7-6「佐世保市における不適正排出率の推移」を参照されたい．

第13章　不法投棄・不適正排出対策　211

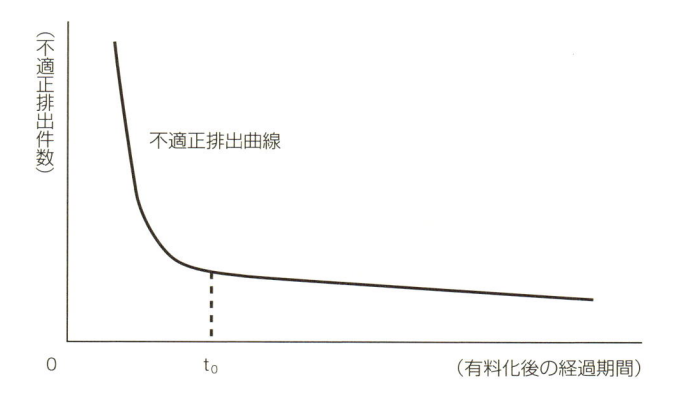

図13-2　有料化導入後の不適正排出状況

り組んでいる．

　不法投棄については，監視員によるパトロール・回収・指導，監視カメラや警告看板の設置，郵便局・タクシー会社・新聞販売店との情報提供協定，町内会や警察との連絡体制などの対策が取られることが多い．不法投棄が多発する地域では，通報者に報奨金を提供する自治体もある．

　不適正排出対策としては，ごみ集積所での自治体職員や自治会役員による指導啓発，集合住宅の管理人・所有者との連携，指導員によるパトロール・指導，町内会・自治会単位での説明会の開催などの取り組みがなされている．筆者の各地自治体でのヒアリング調査では，不適正排出は有料化導入当初増加するが，こうした取り組みにより徐々に件数が減少している．最近ヒアリング調査した多摩地域自治体の取り組みを紹介しておこう．

　有料化導入当初，不法投棄の増加に悩まされたのは八王子市である．同市は，市域が広大で，山あり川ありと，不法投棄が発生しやすい地理的条件を具備していたことから，以前から不法投棄が大きな問題となっていた．2004年10月からの有料化導入後，一時的に不法投棄が急増したが，11月をピークにその後減少に転じた．しかし，翌年度も不法投棄量は高止まりしている．

　市では，監視員による夜間パトロールの実施，多発地点への監視カメラの設置，郵便局・タクシー会社との情報提供協定，リサイクル推進員による見回りなどの防止対策を実施しており，大量に不法投棄されるケースは少なくなっているが，資源物集積所や駐車スペース，人気の少ない道路脇などへのレジ袋に入れたごみ

写真13-1 資源物集積所での警告シール貼付作業(八王子市内) 　　写真13-2 資源物集積所のポイ捨てごみ(八王子市内)

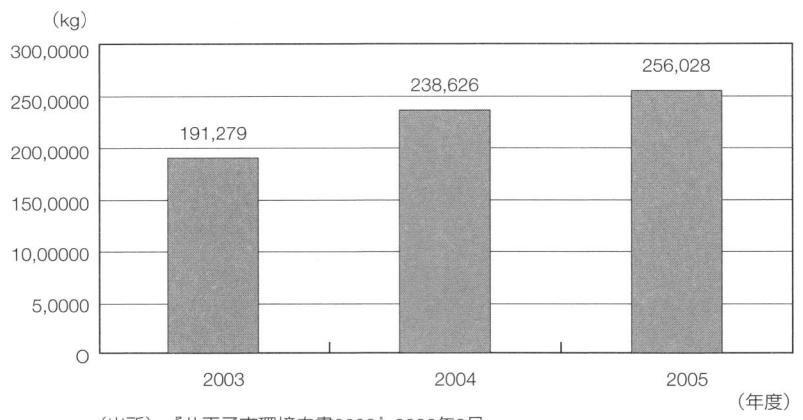

年度	収集量(kg)
2003	191,279
2004	238,626
2005	256,028

(出所)『八王子市環境白書2006』2006年9月.

図13-3 八王子の不法投棄収集量

のポイ捨てがまだ後を絶たない状況にある(**写真13-1, 13-2**).有料化導入後は市民からのポイ捨てごみに関する通報が増え,パトロールによる不法投棄ごみの回収活動もあって,市の不法投棄収集量は経年推移でみると増加傾向にある(**図13-3**).

町田市でも,有料化導入当初,戸別収集への切り替えで資源物専用となった集積所に,レジ袋などに詰め込んだ可・不燃ごみが不法投棄される状況が頻繁に見られた.しかし,市の指導員が不法投棄のある集積所に出向き,中身を調べ,出した人が判明した場合にはごみを引き取らせ,指導することにより,現在では件

数はかなり減少している．集合住宅で不法投棄が多発する集積場所については，管理会社や所有者に連絡し対応を依頼し，戸別に啓発ビラをポスティングするといった対策を講じている．

昭島市では，緊急地域雇用促進特別交付金を活用し，シルバー人材センターに不法投棄の監視，集積所でのごみ減量啓発と排出指導を委託している．また，収集車3台を待機させ，市民からの不法投棄の苦情に対応できる態勢を整えている．

東村山市には，ごみ減量課と連携する8名のごみGメン（清掃指導員）がおり，不法投棄・不適正排出されたごみ袋の破袋調査や排出指導，パトロールにあたっている[3]．隣接する所沢市（家庭ごみは無料）の集積所への不法投棄（越境ごみ）もあり，連絡があった場合には，Gメンが出向いて破袋調査し，投棄者を指導している．ごみの投棄場所となりやすい公園については，園内のごみ箱は撤去し，花壇を設置して美化することで不法投棄を防止している．また，不適正排出が発生しやすい集合住宅対策として，管理会社に対して「ごみ管理人」を置くよう指導している．

羽村市は，有料化導入当初の半年間，指導員が集合住宅の所有者・管理人・管理会社に対してごみ排出の指導や働きかけを行ったという．

福生市では，10戸以上の集合住宅については，開発指導要綱に基づいて，扉付き集積所の設置を指導し，集合住宅の集積所で問題となりがちな不法投棄の発生防止，環境衛生の確保に取り組んでいる．

日野市では，不動産会社に対して，賃貸契約の約款にごみの適正排出について一項盛り込むよう要望しているという．不法投棄対策としては最近，市職員が自動車で市内を巡回する「ごみ相談パトロール隊」を組織した．

4．集合住宅の不適正ごみ対策

多摩地域では大部分の有料化都市が戸別収集を実施しているので，その対象となる戸建住宅については排出者責任が明確化され，不適正排出は起こりにくい．

---

[3] 東村山市ごみGメンの活動は活発である．Gメンのリーダーからは，「排出状況が悪くて通常の働きかけでは改善の見込まれないアパートについて，所有者の協力のもと入居者に掛け合い，一定期間，各戸のドア脇にごみを排出してもらったら，それ以降不適正排出がなくなった」とか，「破袋調査の際，人名が特定できないようハサミで切り刻んだ封書や書類を掻き集めて貼り合わせ，排出者を突き止めた」といった「武勇伝」の数々を伺うことができた．

しかし，戸別収集の対象外となる集合住宅では不適正排出が発生しやすい．

収集時に集合住宅の集積所で不適正に排出されたごみ袋があると，警告シールを貼付して取り残し，放置されたままで排出者も特定できない場合，管理会社や所有者に連絡して片付けさせる．管理人等が有料指定袋に入れて改めて排出することになる．これが，多摩有料化自治体による集合住宅不適正ごみ対応の流儀である[4]．

最近のトピックとして注目されるのは，八王子市が2006年7月から開始した「集合住宅ごみ等優良排出管理認定制度」である．この制度は，集合住宅の集積所を利用する居住者とその管理者のごみ分別・減量意識の向上，集積所の適正な維持管理を図ることを目的としており，10世帯以上の集合住宅の集積所を対象として，一定の要件を満たす場合に，優良な排出管理がなされている集積所として市が認定するものである．

認定業務のフローは次のようである（**図13-4**）．認定を希望する集積所管理者は，申請書に申請集積所の写真や敷地内見取り図を添えて担当課または清掃事務所に直接持参する．直接持参としているのは，集積所の管理状況や立ち入り調査等について担当者が確認するためである．申請を受けると，市は次の6項目により集合住宅集積所の状況等を審査し，項目ごとに定める基準に適合すると認めた場合に認定する．

①排出物の分別にかかわる利用住民への周知
②可燃物，不燃物および資源物専用容器等の設置
③獣害等による飛散防止策の実施
④適正な分別の実施
⑤不法投棄対策の実施
⑥集積所の適正な維持管理の実施

認定にあたっては，市の担当者が現場に立ち入って確認調査を実施する．認定を受けた申請者には，認定適合マークが印刷された円形の看板が交付される．この看板は，裏側のシールを剥がすと接着面となり，集積所に貼付することができる．

市はこの制度について，広報紙やホームページを通じて市民に広報している．

---

4) 日野市では集合住宅での不適正排出ごみについて警告シールを貼付し，その後1回だけは市で処理するが，次回からは管理会社または所有者に処理を依頼している．その際，警告の看板を提供することもある．

第13章 不法投棄・不適正排出対策　215

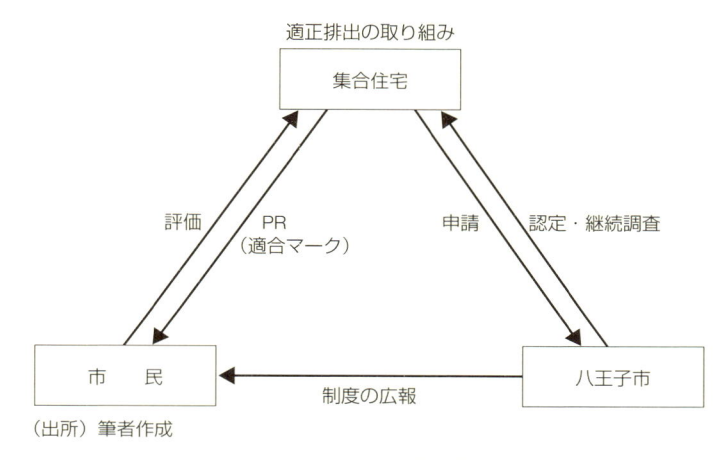

図13-4　集合住宅ごみ等優良排出管理認定制度のフロー
（出所）筆者作成

また，認定後も，継続して集積所の状況を調査し，認定継続の可否を判断することになる．したがって，認定を受けた集合住宅集積所の利用者と管理者は，認定後も適正な排出や維持管理に努めるようドライブがかかる．認定を受けることは，集合住宅の所有者にとっても，この制度を認知した市民から環境面で評価され，ひいては資産価値を高め，入居希望者を増やすことにつながるメリットがあるのではなかろうか．

八王子市にはこの制度の対象となる集合住宅が約6000件あるが，初年度約100件が，審査を経て認定された．

5．おわりに

従来，不法投棄や不適正排出があっても，大規模なものでない限り，「またか」，「しょうがない」で済ませてきた住民や自治体が，有料化を契機に敏感に反応するようになる．有料化が導入されると，ポイ捨てされたごみが気になって住民が行政に苦情・通報する件数が増加し，行政も有料化の目的の一つとする「ごみ処理費用負担の公平性の確保」のために公平な負担を免れようとする不法投棄・不適正排出行為の防止対策に真剣に取り組むようになる．まちの環境美化への関心が高まることも，有料化の効果の一つといえそうである．

第14章

事業系ごみ対策と公企業の役割

1．はじめに

　家庭ごみについて分別収集や有料化など地方自治体の取り組みにより，ごみ減量・リサイクルが進展している中で，事業系ごみの増加傾向が目立つようになった．家庭ごみ有料化とその併用施策に伴って，家庭ごみが減少した自治体においても，事業系ごみの増勢により，1人1日あたり家事合算ごみ量としてみるとリバウンドが生じていることが多い．

　そこで，事業系ごみ処理における構造的な諸問題とそれへの取り組み方策について，最近実施された京都市，大阪府をはじめとする自治体の調査結果を参考にしながら，筆者なりに整理してみたい．その上で，廃棄物・リサイクル市場の不完全性を克服するための手段として，公企業を活用した札幌市の取り組みを取り上げる．公企業は，適切に運用すれば，事業系ごみ処理市場の不完全性を補正する上で，有効に機能しうることを明らかにする．

2．地方自治体による事業系ごみ対策

(1) 事業系ごみの処理制度

　事業系ごみとは，事業活動に伴って排出されるごみのことである．廃棄物処理法では，廃棄物を一般廃棄物と産業廃棄物に区分し，一般廃棄物について産業廃棄物以外の廃棄物としている[1]．事業系ごみも一般廃棄物と産業廃棄物に分けられるが，自治体が処理を行うのは，事業系一般廃棄物である．

　廃棄物処理法第3条では，事業者の責任について，「その事業活動に伴って生じた廃棄物を自らの責任において適正に処理し」，また「廃棄物の再生利用等を

---

1) 産業廃棄物とは，事業活動に伴って生じるごみのうち法令で定められた廃プラスチック，金属くず，ガラスくずなど20種類のごみのことである．典型的には，工場，建設現場，農場などから排出される廃棄物がこれにあたる．

行うことによりその減量に努め」なければならない，と規定している．排出事業者による事業系一般廃棄物の処理は通常，次のいずれかの方法による．

①許可業者委託
②自己搬入
③家庭ごみ収集への排出

許可業者とは，廃棄物処理法第7条に基づいて市町村から許可を受けて，ごみの収集・運搬を行う業者である．許可業者は排出事業者と契約して，事業者が排出したごみを収集し，自治体の清掃工場に搬入している．自己搬入は，排出事業者が自らごみを自治体の清掃工場に持ち込むことである．事業系ごみの家庭ごみ収集への排出は，小規模事業所について一定量以内のごみに限って，一部の自治体が認めている．近年，事業者責任を徹底する観点から，事業系ごみの家庭ごみ集積所への排出や行政による個別収集を一切取りやめる自治体が徐々に増えてきている．

事業系ごみのうち，古紙やびん・缶などの資源物については，リサイクルを目的として資源回収業者に回収を依頼することも行われている．

大阪府が2001年に府内4市域の排出事業所を対象に実施したアンケート調査（有効回答1851事業所）では，事業所規模が小さい場合には「家庭ごみ収集への排出」の割合が比較的高く，事業所規模が大きくなるほど「許可業者委託」の比率が高くなる傾向がみられた[2]．

一方，零細な事業所も含め事業系ごみを一切行政収集していない京都市では，事業系ごみ（リサイクルしているごみを除く）の処理方法は，排出事業者アンケートから，**図14-1**のようであった[3]．許可業者に委託する排出事業者が全体の3分の2を占めていた．他には，「テナントビル入居で，管理者と契約」が10％，「市施設に直接持ち込み」が9％，「自社処理」が3％などであった．

(2) 事業系ごみ処理における課題

事業系ごみの組成については，京都市の調査では，**図14-2**に示されるように，紙類（全体の38％）と厨芥類（同30％）で全体の約7割を占めている．他

---

[2] 大阪府「事業系一般廃棄物調査報告書」（2002年3月）参照．
[3] 京都市のアンケート調査結果は，京都市廃棄物減量等推進審議会「今後のごみ減量施策のあり方―クリーンセンター等への許可業者搬入手数料のあり方について（最終まとめ）―」（2005年7月）に収載されている．

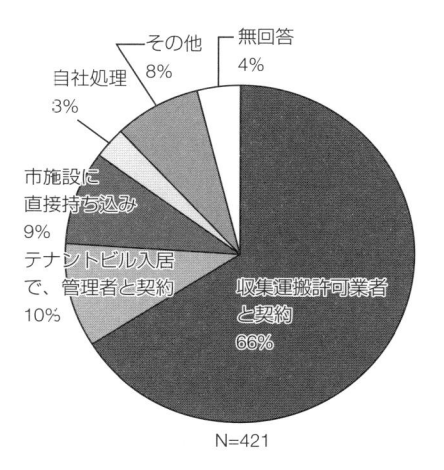

図14-1 の円グラフ（事業系ごみの処理方法（京都市））
- その他 8%
- 無回答 4%
- 自社処理 3%
- 市施設に直接持ち込み 9%
- テナントビル入居で、管理者と契約 10%
- 収集運搬許可業者と契約 66%
- N=421

（注）1. リサイクルしているごみを除く.
2. 一部筆者が簡素化.
（出所）京都市廃棄物減量等推進審議会「今後のごみ減量施策のあり方」2005年7月.

図14-1 事業系ごみの処理方法（京都市）

図14-2 の円グラフ（事業系ごみの組成（京都市））
- その他可燃物 6.1%
- 金属・ガラス等不燃物 4.5%
- 木竹類 3.5%
- 繊維類 2.9%
- 紙類 38.1%
- 厨芥類 30.4%
- プラスチック類 14.5%

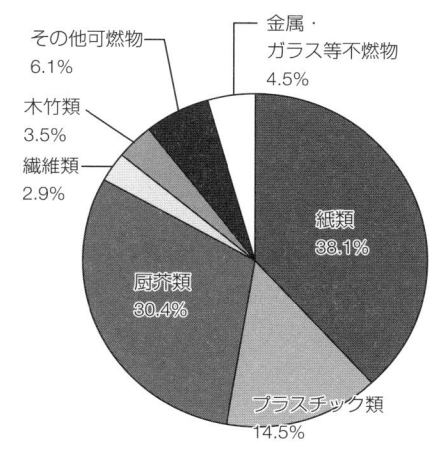

（出所）京都市調査

図14-2 事業系ごみの組成（京都市）

都市の調査でも概ね，この2種類が事業系ごみの大半を占める結果となっている．したがって，自治体による事業系ごみ対策の組成別ターゲットの主対象は，紙類と厨芥類ということになる．

前出の大阪府調査によると，排出事業者による品目別リサイクル実施率は，**図14-3**に示すように，缶類，びん類，古紙類については60％台と比較的高いものの，食品残渣やプラスチック類については10％に届かない状況であった[4]．飲食店，旅館，コンビニなどから大量に発生する食品残渣のリサイクル実施率が低位にとどまっているのは，リサイクルルートが十分に確立されていないことによる．外食・中食化などライフスタイルの変化に伴い食品ごみが増加する傾向にあり，食品関連事業者による生ごみ堆肥化や乾燥による減量化など自主的な取り組みが求められるが，自治体にも受け皿整備の役割が期待されている[5]．

---

4) この調査では，資源物について，小規模な事業所では集団資源回収や行政の資源ごみ収集に依存することが多く，事業所規模が大きくなると資源回収業者や許可業者のリサイクルルートに引き渡していることも把握された．

5) この分野については，食品リサイクル法が施行され，食品関連の事業所に対して2006年度までにリサイクル等の実施率を20％以上とする数値目標が課せられている．

京都市が2005年4月に実施した排出事業者アンケート（回答421事業者）では，「事業系ごみの減量・リサイクルを進めるうえで何が必要か」との問いに対して，最も多かった回答は「ごみ減量・リサイクルを進めればごみ処理料金が軽減される仕組み」で，全体の47％を占め，次いで多かったのは「リサイクルの受け皿の整備」で，全体の30％を占めていた[6]．

「ごみ減量を進めれば処理料金が軽減される仕組み」，この当たり前のことについて，排出事業者が「最も必要」としているのは，必ずしもそのような契約になっていないことを示唆する．排出事業者・許可業者間のごみ処理費用の契約について，大阪府報告書は事業者調査結果に基づいて次のように総括する．

「許可業者とのごみ処理費用の契約は排出量を計量して定めたものではなく，事業所規模や業種により経験的に処理料金が設定されているのが現状である．…したがって，水道料金のように節水イコール経費節減に結びつきにくく，事業者がごみを減量してもすぐにごみ処理費用の削減につながるわけではない．…ごみ減量行動が事業者にメリットをもたらすような仕組みを調査研究する必要がある．[7]」

京都市の排出事業者調査では，**図14-4**に示すように，月極め契約が全体の4割強を占めており，従量制の契約でも料金算出のベースとなる排出量の設定が許可業者により容積，重量，袋数とまちまちである．月極め契約では，経験的な排出量，ごみ組成，収集頻度，収集時間，搬入先までの距離などの要素に基づいて，実際の排出量に関係なくごみ処理料金が設定されるから，排出事業者にとってごみ減量・リサイクルへの取り組みのインセンティブが働かないことになる．

また，許可業者調査では，市が清掃工場への搬入について2001年度に実施した手数料の値上げが排出事業者・許可業者間の契約料金に十分反映されていないことも判明した．搬入手数料の値上げ分をある程度契約料金に転嫁できた許可業者は全体の2割で，大部分の業者は自らが値上げ分を吸収していた．許可業者には中小・零細な企業が多く，かなり競争的な市場である上に，契約のルールも十

---

[6] 京都市廃棄物減量等推進審議会前出最終まとめ参考資料より．同時に実施した許可業者アンケートでは，市内の許可業者から，公共のリサイクル施設の整備について，次のような要望が寄せられた．
- 市として，許可業者が搬入できるリサイクル施設をつくって欲しい．
- ごみ減量・リサイクルのために，食品リサイクルセンターなどの施設をつくって欲しい．
- 有料でもいいので，リサイクル対象物についてもクリーンセンターに搬入できるようになればありがたい．
- 行政がリサイクル施設をつくり，処理手数料も明確にするべき．

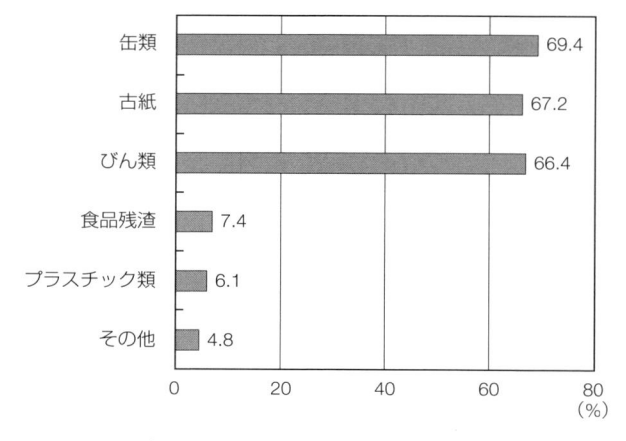

品目	リサイクル率(%)
缶類	69.4
古紙	67.2
びん類	66.4
食品残渣	7.4
プラスチック類	6.1
その他	4.8

(出所) 大阪府「事業系一般廃棄物調査報告書」2002年3月.

図14-3 事業系ごみの品目別リサイクル実施率

分に確立されていないこともあり，交渉上，排出事業者の立場が強くなる傾向がある．従量制の契約であっても，搬入手数料を負担させることができなければ，排出事業者に対してごみ減量へのインセンティブを十分に提供できないことはいうまでもない．

(3) 事業系ごみ処理改善の方向

上述した諸問題をふまえ，地方自治体が事業系ごみの減量・リサイクルにどのように取り組んだらよいか，検討してみたい．全国的な取り組み動向をウォッチングすると，概ね次のような改善策が導入または検討されているようである．

第1は，リサイクルの受け皿整備である．小規模な事業者が単独で資源物を資源回収業者に引き渡すと，排出量が少ないことから契約上不利となる．そこで，一部の地域では，古紙類やびん・缶についてオフィスや商店街の共同リサイクルシステムづくりを自治体が支援している．しかし，こうしたシステムをつくっても，その存在や意義が事業者に十分認知されていないケースも多く，行政による情報提供や参加の働きかけを充実する必要がある．生ごみ，木くず等については，地域にリサイクル施設が存在しないため，排出事業者としてリサイクルに協力す

---

7) 大阪府前出報告書, 61頁.

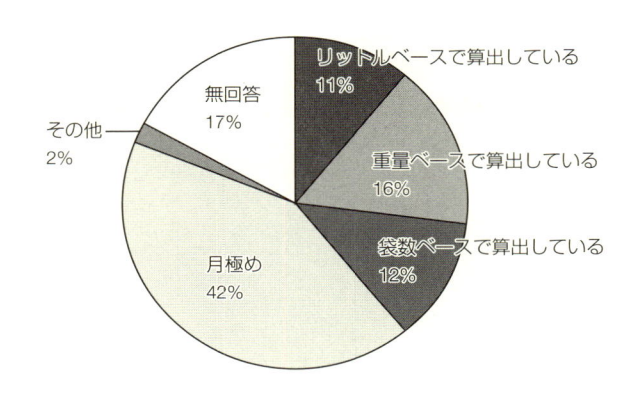

第14章　事業系ごみ対策と公企業の役割　　221

［円グラフ］
- リットルベースで算出している　11%
- 重量ベースで算出している　16%
- 袋数ベースで算出している　12%
- 月極め　42%
- その他　2%
- 無回答　17%

（出所）図14－1と同じ．
（注）一部筆者が修正．

図14–4　排出事業者・許可業者間の契約料金

る意向があっても，できない場合がある．リサイクル施設の整備についても自治体の支援や関与が求められている．

　第2は，経済的インセンティブの提供である．まず，自治体の清掃工場への搬入について，政策的な手数料減額措置を見直して，処理原価に見合うかそれに近い手数料を設定する必要がある．また，排出事業者が許可業者に支払うごみ処理費については，搬入手数料が含まれていることを知らない事業者が多く，十分な負担がなされていないケースもみられることから，少なくとも小規模な排出事業者に対しては，搬入手数料に見合う有料の事業系専用指定袋による排出を義務づけることが望ましい．そうすれば，ごみ減量のインセンティブが働くことになる．ちなみに，広島市では，2005年10月から事業者の規模や自己搬入・許可業者委託を問わずすべての事業系ごみについて，搬入手数料に見合う有料の指定袋での排出方式を導入したところである．

　第3は，清掃工場での搬入時検査である．清掃工場に持ち込まれるごみの中にはリサイクル可能な紙類などが多量に含まれていることがある．ピットの入り口で運搬車のごみを点検することにより，資源物の混入防止を指導することができる．近年，搬入時検査を実施し，ごみ量の削減に結びつける自治体が増えている．

　第4は，排出事業者指導の充実である．近年，事業系ごみの増加への対策として，廃棄物処理法や条例に基づいて，多量のごみを排出する事業者に対して，廃

棄物管理者の選任，減量計画書の作成・提出，立入検査の実施，減量・適正処理に関する改善勧告，廃棄物管理者講習などの指導を行う地方自治体が増えてきた．こうした事業者指導は，比較的規模の大きな都市で実施されているが，中小都市ではまだ着手していないところが多い．大規模な都市においては，最もインパクトのある立入指導，減量ノウハウの普及効果が期待できる講習会などを充実させることが今後の課題である．

　以上，事業系ごみ対策の諸課題について，筆者なりに整理したが，次節では公企業を活用してリサイクルの受け皿整備，経済的インセンティブの提供，情報の不完全性克服といった課題に取り組んでいる事例を取り上げる．

3．公社による事業系ごみ収集の一元化：札幌市のケース

(1) 札幌市のごみ減量・リサイクル対策

　札幌市は人口188万人を越す日本有数の大都市である．同市のごみの量は，都市規模の成長と生活様式の変化に伴って増加し，埋立地の確保などの必要に迫られると同時に，資源保護・環境保全を視野に入れたごみ排出の抑制や再資源化などの対応が急務とされた．

　こうした状況の中で札幌市は，1994年からリサイクル団地の整備に着手しさらに1998年にはエコタウン計画の承認を受けるなど，積極的な対応をしている．また，2000年3月には，ごみの抑制と環境への負荷の少ない都市づくりをめざして「さっぽろごみプラン21」をつくり，数値目標（2014年度までに1998年度の15％以上の減量）を設定して，ごみの減量・リサイクルへの取り組みを進めている．

(2) 札幌市環境事業公社の役割

　札幌市は，ごみの総排出量の6割近くを占める事業系ごみの減量・リサイクルを推進するため，1990年4月に第三セクター，（財）札幌市環境事業公社を設立した．公社の当初の業務は，公社設立と同時に稼働した市のごみ資源化工場の運営であった．この工場は，木くず，紙くず，廃プラスチック（塩ビ除く）から固形燃料（RDF）を製造するプラントと，廃木材から集成材原料のチップを製造するプラントからなる．公社は，これらの施設の管理運営業務を市から委託されている．

1994年には，事業系一般廃棄物の収集業務の公社への一元化が実施された．札幌市はごみ増加の主因であった事業系ごみの減量・リサイクルを効率的に進めること，および小規模排出事業所の収集徹底を狙いとして，それまで事業系一般廃棄物の収集運搬を行っていた民間7業者の許可をいったん取り消し，公社1社に集約した．各民間業者は，公社の指示のもとに収集運搬を行う「代行者」として，一定地区を分担する形となった．これにより，従来同一地域で複数の業者が複雑に入り交じっていた収集ルートを簡素化でき，収集に要する時間や経費が大幅に削減された．また，一元化により，市のごみ減量・リサイクル施策にそった収集運搬業務の遂行が容易になることも期待された[8]．

　容器包装リサイクル法が施行されると，資源物の選別が公社の業務に加わる．容器包装リサイクル推進への対応として，公社が選別施設を建設し，事業系については公社の独自事業，家庭系の資源物選別については市からの受託事業として運営することになった．資源選別施設はPFIの先駆的事業として中沼と真駒内に建設され，1998年10月から稼働している．これにより事業系のびん・缶・ペットボトルの混合収集が可能となり，資源化量は飛躍的に増加することとなった．

　公社はまた，1998年から大口排出事業所から排出される生ごみを収集し，市内や石狩市の生ごみリサイクル施設に引き渡して，飼料化・堆肥化している．リサイクルされる生ごみは年間約2万tで，全体の25％にも及んでおり，大都市としては類例をみない画期的な取り組みといってよい．

　1999年から，公社は大型ごみ収集センターの管理運営と大型ごみ収集受付業務についても，札幌市から事業委託されている．この業務と関連して，リサイクルプラザなどでリサイクル家具・自転車の補修・展示即売会の運営も行っている．

　調査研究や普及啓発も公社の事業範囲に含まれる．調査研究としては剪定枝リサイクルにおけるミミズ消化方式の堆肥化実験，ガラスびん残渣の再利用研究など，啓発事業としてはリサイクル情報誌等の発行，各種イベントへの参加などを実施している．

　公社は2003年にISO14001の認証を取得するなど，環境マネジメントシステムの運用にも積極的に取り組んでいる．

---

8) 公社は，市のリサイクル推進施策にそって，リサイクルされる「資源化ごみ」（RDFの原料となる），「生ごみ」，「びん・缶・ペットボトル」について，「一般ごみ」より安い料金で収集することにより，事業系ごみの分別・資源化を推進している．

(3) ごみの適正処理・リサイクル推進への取り組み

　設立以来，公社は，調査啓発事業，資源化事業，事業系ごみ収集運搬事業を3つの柱として，札幌市のごみの適正処理・リサイクルの担い手として重要な役割を果たしている．

　現在，公社は，予備を含め200台余りの収集車両により，札幌市内全域約3万3,000事業所のごみを収集し，市の清掃工場等の処理施設または民間のリサイクル施設に搬入している．

　公社が収集している事業系ごみの現状を確認しておこう．2005年度に公社が収集した事業系ごみと再生可能品の総収集量は約19.7万t，うち清掃工場等で処理した量が約15.8万t，リサイクルされた量（資源化ごみ，生ごみ）が約3.9万t（リサイクル率約20%）となっている．清掃工場等で焼却処理等された廃棄ごみ量は1996年度をピークに毎年減少している．2005年度には1996年度比で16%もごみが減少している（図14-5）．

　公社への一元化が特に功を奏したのは，リサイクルの分野であった．公社が設立される以前，事業系の資源物については，大量に排出される一部の事業所を除いて民間事業ベースでは採算が取れないため，ほとんどがごみとして処理されていた[9]．事業系ごみのリサイクル推進は，他の大都市と同様，札幌市にとっても難題であった．公社に収集業務を一元化し，資源化施設の運営業務を委託することにより確実な収集・資源化のルートが整備され，小規模事業所から排出されるごみのリサイクルが飛躍的に進展した．

　事業系のびん・缶の収集実績は，1994年度には約500事業所，約1,000tに過ぎなかったが，収集一元化後の1997年度には約2,000tと約2倍になった．それでも，当時のごみ組成調査の結果から，びん・缶全体の2割にも満たない状況であった．しかし，選別施設稼働後の2000年度には，ペットボトルを含めた資源物の収集量は約5,300tへと大幅に増加している．近年では，収集効率のよい一部の多量排出事業所のびん・缶・ペットボトルが民間の再生事業者に移行したため，減少傾向が続いている（図14-6）．しかし，民間業者を含めた収集量は1万t以上になり，かなり高いリサイクル率であると推定される．

　公社は，1994年の条例改正に伴い，従来家庭ごみと同じごみステーションに

---

[9] 当時は選別施設がなく，びんや缶といった品目別に分別収集していたため，排出時の分別が煩雑で保管場所の確保が難しいなどの問題があり，多量に排出される一部の事業所を除いて民間事業ベースで採算が取れないため，ほとんどがごみとして処理されていた．

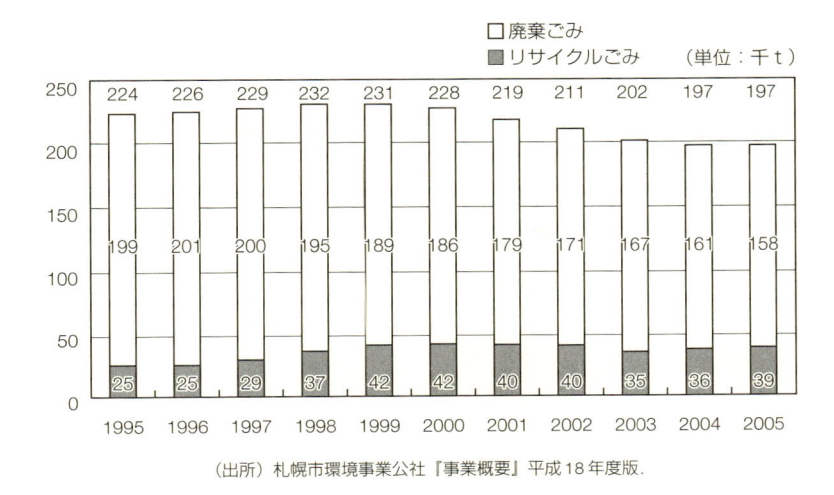

第14章 事業系ごみ対策と公企業の役割　225

□ 廃棄ごみ
■ リサイクルごみ　　（単位：千t）

年	リサイクルごみ	廃棄ごみ	合計
1995	25	199	224
1996	25	201	226
1997	29	200	229
1998	37	195	232
1999	42	189	231
2000	42	186	228
2001	40	179	219
2002	40	171	211
2003	35	167	202
2004	36	161	197
2005	39	158	197

（出所）札幌市環境事業公社『事業概要』平成18年度版．

図14-5　公社ごみ収集運搬実績の推移

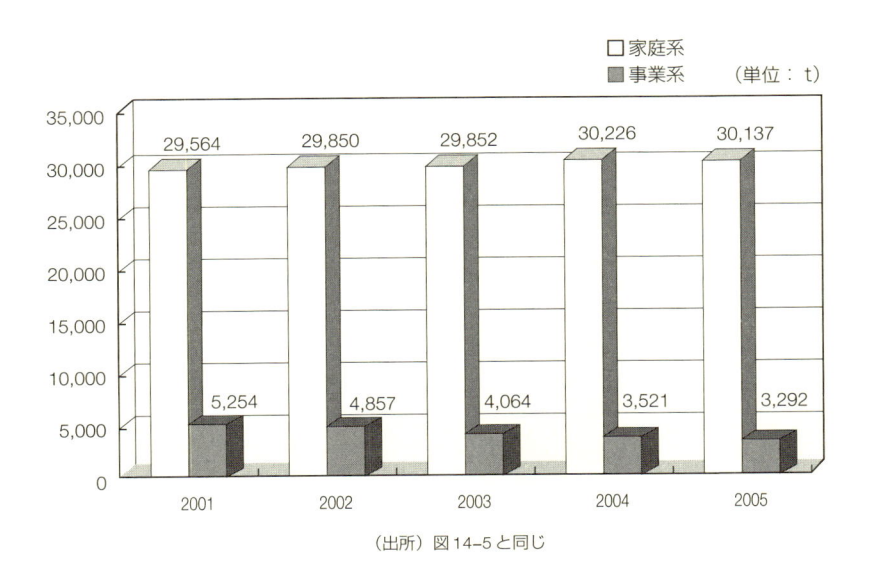

□ 家庭系
■ 事業系　　（単位：t）

年	家庭系	事業系
2001	29,564	5,254
2002	29,850	4,857
2003	29,852	4,064
2004	30,226	3,521
2005	30,137	3,292

（出所）図14-5と同じ

図14-6　公社の年度別資源物搬入量

出されていた2万件にも及ぶ少量排出事業所のごみの個別収集を開始した．その際，少量排出事業所が料金支払などの手間を省けるように，有料の専用指定袋によるプリペイド方式を採用した．これは，全国的に見ても先駆的な取り組みといってよい．現在，収集方式の内訳は，ごみ収集時に計量して伝票に数量を記入し，月ごとに請求する伝票収集が約10,500事業所，プリペイド袋収集が約22,000事業所となっている．2004年11月からは，プリペイド袋によるびん，缶，ペットボトル分別収集も，すすきの地区において試行導入されている．

(4) 公社の課題

公社の収支状況をみると，これまでは概ね順調に推移してきたといってよい．しかし，道経済の低迷を背景に，市の委託費の削減，排出事業者の経費削減のための自己搬入への移行など，公社を取り巻く環境は今後厳しさを増してくることが予想される．そうした事態に備えて公社は，事業の効率化推進をはじめ，組織体制の強化，職員の意識改革，顧客指向の徹底，積極的な情報発信などに取り組んでいる．市の廃棄物処理行政の一翼を担う公企業として，ごみ減量・リサイクルの推進と，さらなる効率化や事業展開力の強化とを両立させることが，公社に求められる今後の取り組み課題である．

4．まとめ

本章では，事業系ごみ処理市場における市場の不完全性とそれへの主要な対応策について整理し，その上で補正手段の一つとしての公企業の活用事例について紹介した．成功事例とみられる札幌市の公社については，①減量・リサイクルに努力すればごみ処理料金が軽減される仕組みを提供できる，②リサイクルの受け皿となる施設を先行的に整備できる，③収集・運搬を通じて生ごみリサイクルセンターと排出事業者との橋渡し役を果たせる，④民間許可業者から取り残されがちな小規模排出事業者にもごみや資源物の収集・運搬サービスを提供できる，といったメリットを指摘できる．そうした特質を備える公社ではあるが，事業環境が変化する中で，効率化や事業強化が重要な取り組み課題となってきている．

本書のベースとなった発表論文

「最新・家庭ごみ有料化事情　第1回　家庭ごみ有料化の現状」『月刊廃棄物』第31巻7号（2005年7月）
「最新・家庭ごみ有料化事情　第2回　有料化の目的と制度運用」『月刊廃棄物』第31巻9号（2005年9月）
「最新・家庭ごみ有料化事情　第3回　有料化の効果」『月刊廃棄物』第31巻10号（2005年10月）
「最新・家庭ごみ有料化事情　第4回　制度運用上の工夫と大都市での進展状況」『月刊廃棄物』第31巻11号（2005年11月）
「最新・家庭ごみ有料化事情　第5回　韓国ソウル市のごみ有料化事情」『月刊廃棄物』第31巻12号（2005年12月）
「最新・家庭ごみ有料化事情　第6回　都道府県による市町村家庭ごみ有料化への支援策」『月刊廃棄物』第32巻1号（2006年1月）
「最新・家庭ごみ有料化事情　第7回　日本一高い手数料水準の自治体での実践」『月刊廃棄物』第32巻2号（2006年2月）
「最新・家庭ごみ有料化事情　第8回　超過量方式で減量効果を上げた都市の実践」『月刊廃棄物』第32巻3号（2006年3月）
「最新・家庭ごみ有料化事情　第9回　多摩地域の有料化Ⅰ：西多摩エリアで形成された有料化のスキーム」『月刊廃棄物』第32巻4号（2006年4月）
「最新・家庭ごみ有料化事情　第10回　多摩地域の有料化Ⅱ：有料化スキームの伝播フロー」『月刊廃棄物』第32巻5号（2006年5月）
「最新・家庭ごみ有料化事情　第11回　多摩地域の有料化Ⅲ：大都市・八王子市の取り組み」『月刊廃棄物』第32巻6号（2006年6月）
「最新・家庭ごみ有料化事情　第12回　多摩地域の有料化Ⅳ：有料化の制度設計に取り組んだ町田市審議会（前編）」『月刊廃棄物』第32巻7号（2006年7月）
「最新・家庭ごみ有料化事情　第13回　多摩地域の有料化Ⅴ：有料化の制度設計に取り組んだ町田市審議会（後編）」『月刊廃棄物』第32巻8号（2006年8月）
「最新・家庭ごみ有料化事情　第14回　多摩地域の有料化Ⅵ：戸別収集の効果とコスト」『月刊廃棄物』第32巻9号（2006年9月）
「最新・家庭ごみ有料化事情　第15回　不法投棄・不適正排出対策」『月刊廃棄物』第32巻10号（2006年10月）
「家庭ごみ有料化で手数料をどう決めるか」『月刊廃棄物』第31巻8号（2005年8月）
「ごみ減量の自治体戦略」,『月刊地方自治職員研修』527号（2005年5月）
「事業系ごみ対策と公企業の役割」『公営企業』第37巻9号（2005年12月）
「家庭ごみ有料化の現状と課題」『生活と環境』第51巻1号（2006年1月）
「ごみ減量化とヤードスティック競争―東京多摩地域でのごみ減量の推進力―」『都市問題研究』第58巻6号（2006年6月）
「ごみの有料化は何をもたらしたか―全国の都市における有料化の現状と展望―」『資源環境対策』第42巻15号（2006年11月）

索　　　引

□あ　行

一般廃棄物処理実態調査 …………………… 6
エコオフィス認定制度 ………………… 17-18
エコショップ認定制度 ……… 16-18, 71, 163
エコセメント事業 ………………… 188, 194
エコポイント制 ………………………… 17
越境ごみ ……………………………… 213

□か　行

家事シフト ………………… 66, 118, 142, 201
カラス対策特殊加工袋 ……………… 10, 77
韓国環境省「ごみ有料化施行指針」
　…………………………… 82-83, 87, 96

基金化（手数料収入の）……… 14, 56-57, 176
共通エコポイント制 ………………… 17-18

減量計画書の作成・提出と実績の報告
　……………………………………… 18, 222
減量の取り組み尺度としての指定袋容量 … 21

固形燃料化（RPF）
　………………… 126, 144, 148, 193-194, 222
戸別収集
　…… 13, 15, 18-22, 50-51, 90, 132-134, 195-205
戸別収集の習熟効果 ………………… 199-200
ごみ元年キャンペーン ………… 175, 177-178
ごみ減量化やまなしモデル ………………… 9
ごみ減量効果（有料化による）………… 64-74
ごみ減量女性連絡会議（水俣市）………… 17
ごみ減量の受け皿整備
　…………… 16, 23, 71, 87, 109, 111, 114, 155
ごみ相談パトロール隊 ……………………… 213

□さ　行

再使用指定袋 …………………………… 95, 98
佐世保方式二段階有料化制度 …………… 120
札幌市環境事業公社 …………………… 222

シール制 ………………………… 114, 118
事業系ごみ対策 ……………… 18, 163, 216, 222
事業系専用指定袋
　………………… 53, 85, 142, 147, 155, 221, 226
資源物有料化の是非 ………… 14, 16, 19, 77
市長選挙と有料化 …………………… 47, 77
指定袋のアップサイジング ……………… 78
指定袋のダウンサイジング ………… 16, 21-22
指定袋のデュアルユース ………………… 143
指定袋のバラ売りプログラム …… 95, 97, 131
指定袋の容量別使用枚数 …………… 21-22
社会的な減免制度 ……………… 13-14, 45, 210
社会的配慮 ………………………… 23, 45
集合住宅ごみ等優良排出管理認定制度
　………………………………………… 214-215
集積所適正管理認定制度 ………………… 161
集団資源回収の活発化 ……………………… 16
小規模事業系ごみの扱い
　…………………… 52-53, 66, 126, 147, 173
情報の非対称性 ……………………… 184
奨励的施策の併用 ………… 14, 16-18, 71-72, 126
助成的施策（プログラム）… 13, 15, 71-72, 126

税の二重取り ………………………… 56
世帯人数とごみ排出原単位 ……………… 125
全都清調査 …………………………… 25-27

総合的施策 ……………………………… 4
ソウル市の家庭ごみ有料化 ……………… 84
ソウル市における生ごみのリサイクル率 … 90

索 引

□ た 行

体積換算係数 ……………………… 186-187
ダストボックス収集 ………… 50, 127-130, 136
多摩有料化スキームの伝幡フロー …… 150-151
多量排出事業者対策 ………………… 18, 221
単なる指定袋制 …………………… 1-2, 26, 38

地域環境美化及びリサイクル推進基金条例
　………………………………………… 57
地方自治法第227条の手数料規定 …………… 4
地方分権一括法 ………………………… 4-5
中央環境審議会の意見具申 ……………… 3-4
町内会による指定袋販売 ………………… 76

使い捨て用品使用規制（韓国）……… 87, 92-94

定額制有料化（定額有料制）…… 2, 26, 38, 108
手数料が最も高い自治体 ……………… 43, 104
手数料収入の特定財源化 ………………… 14, 56
手数料水準の改定 ………………………… 46
手数料水準の決め方 ………………… 57-63, 82
手数料体系のイメージ …………………… 13
手数料体系の変更 ……………………… 27, 47
手数料の徴収方法 ………………………… 13

東京たま広域資源循環組合
　………………… 127, 136, 183, 185-186, 188
都道府県による市町村有料化への支援策
　………………………………………… 6-12
取り残し（戸別収集での）……………… 205

□ な 行

生ごみの分別収集・資源化
　………… 9, 83, 87, 90-91, 100, 165, 223

□ は 行

廃棄物管理者講習 ……………………… 222
廃棄物管理者の選任 …………………… 222
廃棄物減量再資源化等推進整備基金 …… 182
廃棄物処理法に基づく基本方針 ……… 4, 6, 57
排出者責任の明確化
　…… 13, 18, 76, 130, 139, 147, 176, 195, 213

バイパス問題（直接搬入による）……… 124
発生抑制への取り組み ………………… 14, 23
搬入時検査 …………………………… 119, 221

PFI ……………………………………… 223
東村山市アメニティ基金条例 …………… 148

フォワードルッキング・コストに基づく価格
　設定 ………………………………… 156
不適正排出対策 ……… 4, 122, 207, 210-211, 213
不適正排出の類型 ……………………… 209
不法焼却・投棄の告発報奨金制度 …… 86, 102
不法投棄対策 ………… 4, 74, 86, 207, 210-211

併用施策の導入
　………………… 15, 21, 53-54, 71-72, 157, 177

包装方法・材質規制（韓国）…………… 87, 91

□ ま 行

幻の有料化 …………………………… 152

みどりの保全基金 …………………… 162-163

無料のボランティア袋の配布
　……………………………… 14, 45, 122, 176

□ や 行

ヤードスティック競争
　………………… 127, 183-184, 189, 191, 194
ヤードスティック方式 …………… 184-185, 189

有料化ガイドライン ……………………… 4
有料化都市における制度運用上の工夫
　…………………………………………… 76-79
有料化によるごみ減量のメカニズム …… 2-3
有料化の制度設計 ………… 13, 21, 23, 82, 120,
　　　　　　　　　　 146, 154, 164, 168-169, 175
有料化の法的根拠 ……………………… 4-5
有料化の目的 ……………………… 4, 48-49
有料指定袋のバイパス ……………… 124, 154

容器包装リサイクル法（容リ法）
　　……………105, 109, 127, 133, 142, 165, 223

□ら　行

リサイクルの受け皿整備……… 15, 219-220, 222
リバウンド現象……………… 18, 21, 66-67, 119
リバウンド防止 ……… 4, 21, 71-72, 114-116, 177
レジ袋収集専用指定袋（レジ袋の分別収集）
　（韓国）………………………………………100
レジ袋有料化（韓国）………………………… 95

ごみ有料化

	平成 19 年 4 月 30 日　　発　　　行
	平成 20 年 11 月 10 日　第 3 刷発行

著作者　　山　谷　修　作

発行者　　小　城　武　彦

発行所　　丸 善 株 式 会 社

出版事業部
〒103-8244　東京都中央区日本橋三丁目9番2号
編集・電話(03)3272-0513／FAX(03)3272-0527
営業・電話(03)3272-0521／FAX(03)3272-0693
http://pub.maruzen.co.jp/
郵便振替口座　00170-5-5

© Shusaku Yamaya, 2007

印刷・株式会社 精興社／製本・株式会社 松岳社

ISBN 978-4-621-07854-9　C3036　　　　Printed in Japan

JCLS 〈㈱日本著作出版権管理システム委託出版物〉
本書の無断複写は著作権法上での例外を除き、禁じられています。複写される場合は、そのつど事前に㈱日本著作出版権管理システム（電話 03-3817-5670, FAX 03-3815-8199, E-mail : info@jcls.co.jp）の許諾を得てください。